U0175951

动荷载下边坡疲劳损伤劣化及其稳定性

简文彬　樊秀峰　豆红强　李　润　吴振祥　著

科学出版社

北京

内 容 简 介

本书系统论述各类动荷载作用下边坡疲劳损伤劣化机制、案例边坡的动力响应和稳定性分析。全书共 7 章，分别介绍岩石类材料疲劳损伤理论和边坡动力响应研究、疲劳损伤理论基础与边坡疲劳寿命分析方法、岩石疲劳损伤规律、列车荷载下边坡响应分析、爆破荷载下复杂岩质高边坡动力响应及其稳定性演化规律。

本书可供从事岩土工程、地质工程专业人员使用，可供交通、铁道、土木、水利水电、国土资源等部门与边坡工程有关的工程技术人员和有关科研人员参考，也可作为岩土工程、地质工程专业的研究生教学参考书。

图书在版编目（CIP）数据

动荷载下边坡疲劳损伤劣化及其稳定性/简文彬等著. —北京：科学出版社，2022.1

ISBN 978-7-03-067549-1

Ⅰ. ①动… Ⅱ. ①简… Ⅲ. ①岩石－边坡稳定性－研究 Ⅳ. ①TU457

中国版本图书馆 CIP 数据核字（2020）第 260366 号

责任编辑：任加林 / 责任校对：王颖
责任印制：吕春珉 / 封面设计：东方人华

科 学 出 版 社 出版
北京东黄城根北街 16 号
邮政编码：100717
http://www.sciencep.com

北京中科印刷有限公司 印刷
科学出版社发行 各地新华书店经销
*
2022 年 1 月第 一 版 开本：B5（720×1000）
2022 年 1 月第一次印刷 印张：15 1/4
字数：304 000

定价：118.00 元
（如有印装质量问题，我社负责调换〈中科〉）
销售部电话 010-62136230 编辑部电话 010-62137026（BA08）

前　言

随着我国经济的不断发展和交通工程、矿山工程、水利水电工程等建设的快速推进，大量的边坡工程，尤其是地质条件复杂的高陡岩质边坡工程及其灾害防治问题日益突出。这些伴随着山区公路、铁路的岩质边坡不仅地质环境复杂，而且长期受到公路、铁路列车交通荷载的影响，边坡岩土体产生疲劳损伤，可能在远低于原岩破坏强度时发生变形与破坏，对岩体工程的长期稳定产生重大隐患。相对于边坡的静力问题，边坡动力问题更为复杂。随着人们对动荷载影响作用的认识和对边坡工程长期安全性的重视，针对岩石在动荷载作用下的动力特性及疲劳劣化机理的研究已经成为岩石力学工作者的研究热点。

作为一种天然结构，边坡岩体存在大量的结构面，岩体的力学行为常常受到这些结构面的控制。岩质边坡动力反应在很大程度上受结构面的制约，在长期的循环荷载作用下，岩体中的节理、裂隙产生疲劳破坏。这种疲劳破坏实质上是一个动态发展的过程，从宏观上讲，是一个损伤不断累积，力学性质不断劣化，直至失稳破坏的过程；从微观上讲，是岩体内部微裂纹的萌生、发展、贯通，直至破坏的过程。在这个过程中，节理裂隙岩体可能在远低于原岩破坏强度时就发生变形及破坏，从而造成公路、铁路的不均匀沉降及边坡的失稳滑动，严重威胁岩体工程的安全。因此，研究节理岩体在循环荷载作用下的破坏过程及破坏模式，总结循环荷载引起的节理岩体边坡的疲劳劣化特性和疲劳劣化规律，有助于对循环荷载作用下节理岩体的破坏机理进行全面的认识，进而对节理岩体边坡疲劳劣化进行诊断，对边坡岩体的长期稳定性进行科学的评价。在此基础上，对循环荷载作用下节理岩体的锚固效应进行研究，使节理岩质边坡的加固及滑坡治理等方面更具有针对性，有助于优化循环荷载作用下节理岩质边坡的锚固方案，提高方案的合理性，对减少或避免因各类环境振动造成的岩土灾害、对循环荷载下岩质边坡的长期安全及耐久性具有重要的理论和实际意义。

本书的出版得到国家自然科学基金面上项目"动荷载作用下土坡疲劳失稳研究"（项目编号：40672176）、"循环荷载下岩坡疲劳劣化研究"（项目编号：41072232）、福建省自然科学基金项目"节理岩体边坡在高速列车荷载下的动力响应及其疲劳失稳研究"（项目编号：2010J01254）的资助。感谢作者团队的博士研究生胡忠志、洪儒宝与硕士研究生张登、康荣涛、黄瑛瑛、王文韬、彭军、周倍锐、肖健友的支持与帮助，谨此致谢。

本书编写过程中参考了相关文献，未能一一列出，在此对相关作者表示衷心的感谢。

限于作者水平及时间有限，书中不足之处敬请读者批评指正。

作 者

2019 年 11 月

目　　录

第1章 绪　　论

1.1　研究背景及意义

随着我国基础设施建设的不断深入和发展，建设区域向山区延伸，在建筑、交通、能源、采矿等领域的建设中出现了大量由人工开挖形成的工程边坡。边坡工程的稳定问题日益突出，也越来越多地受到岩土工作者的重视[1]。动荷载是造成岩质和土质边坡失稳的重要原因，其中尤以地震荷载破坏性最大，因此得到了最充分的研究[2,3]。据估计，2008 年汶川地震共造成滑坡、崩塌、泥石流等地质灾害 2 万多处，给人民的生命财产造成了毁灭性的打击，也引起了学术界的广泛关注[4]。因为地震荷载具有罕遇的特点，所以多数研究人员都只关注边坡在一次地震历时中的性能演化及稳定问题。工程中另一类动荷载却是边坡服役寿命中长期承受的，如交通循环荷载和矿山爆破循环荷载，且这些荷载不是一般的静荷载，而是频率变化、振幅变化且作用历时也在改变的不规则循环动荷载。尽管在一次荷载历时中，这些荷载由于幅值小、衰减快等特点对边坡稳定性的威胁较小。但是，随着荷载作用次数的增加，边坡岩土体将发生疲劳损伤，其力学性质不断劣化，有可能在远低于极限强度的荷载水平上发生失稳。由于循环荷载引发的边坡疲劳失稳已有不少实例[5,6]，成为工程建设中亟待解决的问题；因而，深入研究动荷载作用下岩体的动力特性与其疲劳破坏机理非常有必要。

循环荷载作用下岩石的疲劳破坏是一个动态的过程，在宏观上是一个不可逆变形逐渐发展积累直至失稳破坏的过程；在微观上则是一个微裂纹萌生、扩展和贯通，损伤逐渐加剧的过程[7]。循环动荷载对边坡稳定性的影响主要表现为两个方面[8]：一是触发效应，如本身处于极限平衡状态的边坡岩体受动荷载作用，下滑力突然增加，进而触发滑坡、崩塌等地质灾害；二是累积效应，如地震中由超孔隙水压力累积而诱发的边坡失稳。随着高速铁路、地铁等大规模工程建设和矿山大规模爆破作业的开展，动荷载反复循环作用，其累积效应开始不断显现并受到重视。岩体是在漫长的地质年代中形成的地质体，在建造及后期改造过程中其内部形成了一系列宏观和微观的缺陷[9-11]。由于这些缺陷的存在，岩体表现出与连续介质迥异的力学性质，难以用基于连续性假设的传统力学观点加以描述。这使得岩体的动力问题变得异常复杂，目前的研究尚不成熟[12-15]。循环荷载下裂缝发育的基本力学特征、高陡边坡开挖损伤、松动及变形渐进发展过程、高陡边坡爆破损伤时空分布特征等问题的研究更多处于探索阶段[16-18]。

因此，研究循环荷载作用下岩石的疲劳损伤特性及其演化规律，充分认识并掌握岩体内部疲劳损伤机理及其宏观力学响应特征，进行岩体疲劳损伤破坏的诊断、建立岩体抗疲劳设计参数，对科学评价动荷载作用下高速公路、铁路岩体地基的长期稳定性及治理具有重要的理论研究意义及工程应用价值；同时有助于全面深入了解岩石的力学性能，丰富岩石材料的本构关系，是一项有意义的基础性研究工作。

1.2   疲劳理论研究的发展过程

疲劳是指材料构件和结构在循环荷载的反复作用下性能逐渐劣化以至失稳破坏的过程。疲劳具有普遍性，它是材料构件和结构最主要的破坏形式之一。除了最常见的金属之外，橡胶、木材、混凝土、塑料、陶瓷、岩石及复合材料等都存在疲劳问题。疲劳也具有特殊性，循环荷载作用下发生疲劳破坏的试件其变形规律和破坏特征与常规荷载作用下有很大不同，疲劳失效问题是许多工程领域关系到使用安全性和经济性的重要问题。对于疲劳的研究工作，随着工程实践的发展和理论研究的深入，大体上经历了两个阶段：极限理论阶段和过程理论阶段[19]。

1.2.1   极限理论阶段

早期理论采用唯象学描述方法，以宏观试验为基础，主要探讨疲劳寿命和应力应变幅值、范围、平均水平及环境变量之间的关系，为疲劳荷载作用下结构的设计提供基本的理论依据和经验公式。这一系列的理论主要关心的是疲劳破坏时一点的应力-应变状态与外界因素之间的关系，所以称为极限理论。

1896 年，德国工程师 Wohler 在研究火车车轴的疲劳问题过程中提出利用应力幅水平（S）-疲劳寿命（N）曲线描述疲劳行为的方法。现在 S-N 曲线已经成为研究疲劳问题最基本、最有效的工具之一，被广泛应用于疲劳设计和分析领域。Suresh[20] 提出的考虑平均应力的简单理论和德国工程师 Gerber[21] 研究的平均应力对疲劳寿命的影响在疲劳的发展历史上都起过重要的作用。

S-N 曲线主要是根据周期荷载的应力峰值、振幅、平均应力等反映应力水平的参量建立疲劳方程，进而对材料的疲劳寿命进行估计。Wohler 之后，大量的学者深化了他的研究，建立了许多单对数或双对数的疲劳方程。

土木工程领域比较著名的有描述混凝土材料的 Feret 半对数疲劳方程，即

$$S = \frac{\sigma_{\max}}{f_{\mathrm{r}}} = \alpha - \beta \lg N \qquad (1\text{-}1)$$

式中，$\sigma_{\max}$ 为循环应力最大值；f_{r} 为混凝土的弯拉强度；α、β 为疲劳试验确定的系数。

挪威 Aas-Jacobson 考虑应力下限的疲劳方程，即

$$S = \frac{\sigma_{\max}}{f_r} = a - b(1-R)\lg N \qquad (1\text{-}2)$$

式中，a、b 为疲劳试验确定的系数；R 为低、高应力比，即 $R = \sigma_{\min}/\sigma_{\max}$；$\sigma_{\max}$ 为循环应力最大值；$\sigma_{\min}$ 为循环应力最小值。

20 世纪 60 年代初，低周应变疲劳性能的研究得到了发展，它通过应变-寿命曲线来研究材料的疲劳性能。最著名的是塑性应变幅和疲劳寿命之间的 Manson-Coffin 关系。

极限理论主要研究破坏时一点的应力-应变状态与外界因素之间的关系，方法简单易行，因而在工程上得到了广泛应用，现有《混凝土结构设计规范（2015 年版）》（GB 50010—2010）中仍然采用 S-N 曲线表达等幅单轴疲劳的破坏准则。但是模型的准确性受材料强度的离散性影响很大，只有在金属这样均匀性好的材料中才能得到比较好的结果。

1.2.2　过程理论阶段

近年来，人们逐渐认识到服役期间承受疲劳荷载的结构，其结构抗力会随疲劳损伤累积而衰减，最终导致结构可靠度降低。设计中需要对服役期间结构的损伤发展情况有所了解，工程实践中也迫切需要对按早期理论设计的有损伤结构进行安全性评估。这样就需要着眼于疲劳损伤全过程，全面地研究混凝土、岩石疲劳损伤过程性能劣化的演变规律，包括疲劳变形发展规律、刚度衰减规律、损伤累积理论等[22]。

过程理论以整个疲劳损伤过程中各点状态为研究对象，从疲劳损伤的演变和发展、疲劳破坏机理和机制、疲劳裂纹的发生和扩展这些更本质的方面探讨疲劳破坏问题，提出许多疲劳损伤和疲劳断裂理论。虽然很多理论尚不成熟，但为解决疲劳问题提供了全新的角度和方法。

断裂理论出现得比较早，主要考虑从宏观裂纹形成到材料断裂过程的裂纹扩展情况。损伤力学使用宏观理论来解决宏观裂纹出现以前微观缺陷、微裂纹和微孔隙的产生和发展过程。它是在连续介质力学和热力学的基础上，运用固体力学的方法，研究材料或结构宏观力学性能的演化直至破坏的全过程，从而形成了固体力学的一个新的分支——损伤力学。从 1958 年 Kachanov 提出完好度（损伤度）的概念开始，损伤力学在短短几十年的发展中，已经被国内外研究者应用于各种损伤的研究，尤其是在疲劳损伤方面[23-28]。在岩石损伤力学方面，国内的谢和平[29]不仅运用了岩石微观断裂的相关理论，还运用了蠕变损伤的相关理论，并以此为基础，将损伤分析和岩石蠕变大变形有限元分析结合起来，形成了岩石损伤力学的思想体系。卢楚芬[30]运用连续损伤力学研究疲劳断裂问题，在裂纹沿裂纹面扩展的条件下，给出了基本型及复合型裂纹体的求解方法，该方法建立了疲劳损伤与疲劳断裂过程之间的直接联系。杨友卿[31]对岩石材料强度所具有的概率统计方面的特征进行研究，结合 Miner 准则，对不同围压下岩石强度的变化通过损伤力学理论进行分析，并给出了三轴应力状态下的岩石本构关系的计算表达式，理论结果与 Carrara 大理岩应力-应变的试验曲线进行对比，形态十分接近。赵明阶等[32]则借助损伤力学观点，用岩石超声波速定义损伤变量，以岩石在受荷情况下具有的声学模型为研究基础，建立岩石损伤演化方程，给出运用岩石超声波速估计岩石强度的方法。朱珍德等[33]对大理岩试样进行单轴压缩变形破坏全过程的数字化试验，在扫描电子显微镜（scanning electron microscope，SEM）图像数字化处理基础上，对微裂隙的萌生、扩展及贯通进行了数字化定量分析，并采用摩擦弯折裂纹模型分析岩石变形破坏过程中微裂纹的变化规律。

　　综上所述，疲劳理论的发展概况如图 1-1 所示。

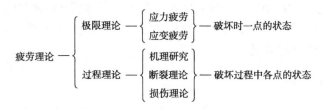

图 1-1　疲劳理论的发展概况

　　从未来发展的趋势来看，宏观的唯象学和微观的机理分析相结合是一种更合理的方法，本书将对两者的结合进行探讨。

1.3　循环荷载下岩石类材料疲劳损伤理论研究进展

1.3.1　损伤变量的研究

　　利用损伤力学对材料进行疲劳累积损伤研究时，需要选择一个能度量材料内部损伤的变量，在损伤力学中，这个变量被称为"损伤变量"。损伤变量是研究材料劣化程度的重要指标，正确定义和选择损伤变量是对材料进行损伤力学分析的前提条件。在多年的研究中，学者们对损伤变量提出了很多不同的定义，随着研究的深入及试验方法的进步，损伤变量的定义不断出现新的扩充。

　　从微细观角度研究材料的损伤过程，常用裂纹密度、损伤计算机体层值（computer tomography value，CT 值）等方法来定义损伤变量。Yang 等[34]用裂纹密度来度量损伤变量，即假定损伤变量为裂纹密度的函数；杨更等[35]利用损伤CT 值表达损伤变量来建立岩石材料损伤变量的公式；仵彦卿等[36]以 CT 值为基础定义了岩石密度损伤增量，建立了 CT 值与岩石密度损伤增量的关系式，并指出密度损伤增量异常带是微裂纹萌生带，密度损伤增量与应力的关系曲线上的拐点是岩石局部破坏的起始点。

从宏观角度研究材料的损伤过程，常用能量法、声发射法、弹性模量、声波波速等来定义损伤变量。金丰年等[37]从能量耗散角度定义损伤变量，提出了损伤变量的理论计算公式及损伤阈值的确定方法。张明等[38]利用声发射累积数与材料内部损伤存在一致对应的观点，建立准脆性材料声发射的损伤模型。谢和平等[39]以弹性模量的变化来反映岩石的损伤演化，建立了岩石在单向循环拉伸荷载下的损伤演化方程。樊秀峰等[40]对循环荷载作用下砂岩的疲劳劣化特性进行超声波速的实时研究，利用超声波速定义损伤变量，提出砂岩损伤演化的三阶段线性方程。金解放等[41]通过研究发现岩石的波阻抗与其纵波波速的相对变化量很接近，通过波阻抗来定义岩石损伤的方法是可行的，并给出以波阻抗定义损伤变量的表达式。

1.3.2　疲劳损伤模型的研究

对于疲劳累积损伤理论的研究，迄今为止，学者们已提出了数十种模型，归纳起来主要分为线性疲劳累积损伤理论和非线性疲劳累积损伤理论[42]。

Palmgren-Miner 理论是出现较早的经典理论之一，是线性累积损伤理论，其将疲劳损伤演化用一条斜直线近似，没有考虑加载次序的影响（简称 Miner 准则）。国内外大量试验证明，在复杂加载条件下，对于不同的加载次序，Miner 准则中 $\sum_{i=1}^{m} \dfrac{n_i}{N_i}$ 并不总等于 1（n 为循环应力数，N 为总疲劳寿命），在两级疲劳加载试验中，加载次序为低—高时，$\sum_{i=1}^{m} \dfrac{n_i}{N_i}$ 值通常大于 1；加载次序为高—低时，$\sum_{i=1}^{m} \dfrac{n_i}{N_i}$ 值通常小于 1。李永强等[43]通过混凝土试件的弯曲疲劳试验，证明 Miner 准则用于描述混凝土弯曲疲劳特性时会产生较大的误差，需要对其进行修正。李朝阳等[44]认为，损伤的累积过程表现出非线性的规律，用 Miner 准则计算变幅疲劳寿命存在较大的缺陷。冯秀峰等[45]分别利用 Miner 准则、相对 Miner 准则和 Corten-Dolan 累积损伤法则对随机变幅疲劳荷载作用下试样的疲劳寿命进行了估算，发现 Miner 准则的精度最低且偏于不安全。

自 Miner 准则提出以来，由于其存在一定的缺陷和不足，专家和学者有针对性地提出大量的累积损伤理论，其中非线性疲劳累积损伤理论占多数。

Schutz[46]在前人的基础上提出了相对 Miner 准则，对该法则而言，它的实质是：取消临界损伤值为 1 的假设，采用经验或试验的方法对其数值进行确定。

Marco 和 Starkey[47]提出损伤曲线（damage curve，DC）法，后来许多学者发展了此非线性理论，假定损伤变量 D 与循环次数比成指数关系，即

$$D \propto \left(\frac{n}{N} \right)^{\alpha} \qquad\qquad (1\text{-}3)$$

式中，n 为循环应力数；N 为总疲劳寿命；α 为大于 1 的常数。应力水平越低，α 越大；应力水平越高，α 越接近于 1。

Corten 和 Dolan[48] 提出了 Corten-Dolan 理论，该理论是非线性损伤理论，它考虑了荷载间的相互作用，在许多领域已有比较广泛的应用。赵少汴[49] 运用该理论进行拖拉机、汽车零件的寿命估算获得较好的精度。

Manson 提出了双线性累积损伤理论，在该理论中对疲劳过程进行了阶段性的划分，主要分为裂纹的形成阶段和裂纹的扩展阶段。该理论对这两个不同的阶段分开进行描述，并且还考虑了加载的顺序，在形式上是较为简单的，但在针对疲劳累积进行的描述上过于简化，裂纹形成和裂纹扩展这两个阶段的分界点也很难确定，在工程应用上较难实现。

叶笃毅等[50] 将材料韧性的耗散作为疲劳损伤的度量，提出了非线性韧性耗散模型，其损伤变量 D_n 与循环次数的关系为

$$D_n \approx \frac{-\ln\left[1 - \dfrac{n}{N_f}\right]}{\ln N_f} \tag{1-4}$$

式中，N_f 为单次循环荷载作用后的剩余韧性，即材料在疲劳断裂前的拉伸荷载作用下吸收的能量。对此模型来说，其物理基础较好，具有简单的形式，虽然不需要其他试验常数，但是在该模型中还是忽略了荷载之间的影响和作用。

将连续损伤力学方法系统地应用到疲劳寿命预测的，首推 Chaboche 等[51] 与方华灿等[52]，他们对该方法做了系统的总结和更深刻的研究。

陈凌等[53] 基于连续损伤力学，通过应力–位移曲线面积的变化来定义损伤变量，提出一种新的低周疲劳损伤模型

$$D = 1 - (1 - D_0)\left[\left(\frac{1-N}{N_f}\right)\right]^{(C/\Delta\sigma)^m} \tag{1-5}$$

式中，$\Delta\sigma$ 为名义应力范围；D_0 为初始损伤；C、m 为材料常数。

潘华等[54] 用残余应变定义混凝土的损伤变量 $D = \dfrac{\varepsilon_r - \varepsilon_{r0}}{\varepsilon_{rc} - \varepsilon_{r0}}$，并建立混凝土疲劳损伤模型

$$D = 1 - \left[1 - \frac{n}{N}\right]^{\frac{1}{\alpha+1}} \tag{1-6}$$

此种方法根据连续损伤力学理论，由构造出的耗散势导出材料的损伤演变方程，积分得到损伤模型，再通过试验进行验证和确定相关常数。

上述疲劳累积损伤理论包括线性、非线性及双线性，这些都是在"确定性"基础上提出的，近 20 年来随着疲劳可靠性设计的提出，概率疲劳累积损伤理论开始有了较大的发展。

概率 Miner 准则将循环荷载作用 n 次后材料的疲劳损伤称为瞬时累积损伤 $D(n)$，它是内在分散性和外在分散性的综合体现。姚卫星应用概率 Miner 准则认为 $D(n)$ 较好地服从对数正态分布[55]。

廖敏等[56]定义每次循环荷载造成的损伤为 $D=1/N$，$D(n)=\sum_{i=1}^{n}D_i$，当 n 足够大时，应用中心极限定理确定 $D(n)$ 的分布，即

$$F_{D(n)}=\varphi\left[\frac{D(n)-\mu_{D(n)}}{\sigma_{D(n)}}\right] \tag{1-7}$$

当 $D(n)=D_{cr}$（D_{cr} 为临界损伤，是一个随机变量，其均值为 1）时发生疲劳破坏。该模型在等幅、随机谱的情况下有很好的预测精度[56,57]。

以上模型大多是在金属、混凝土或机械构件的疲劳试验的基础上建立起来的，反映了各自材料的损伤演变特征，其中一些经典的模型对于材料的疲劳特性具有一定的普遍意义。但由于各种材料性质不同，所受外载条件也各不相同，表现出的疲劳特性十分复杂。对于岩石这种天然材料，已有的疲劳累积损伤模型是否能描述其损伤行为及计算其疲劳寿命，还须经过试验的验证。

岩石与混凝土材料均属于脆性材料，两者有相似之处，也有各自的特点。岩石的疲劳破坏是一个复杂的过程，对于岩石疲劳损伤过程如何选择合适的损伤变量，建立客观的疲劳损伤模型，既有明确的物理意义，又有较强的工程应用价值，具有重要的理论和实际意义。本书的理论研究以此作为切入点展开，即对目前已进入工程应用的 Miner 准则及 Corten-Dolan 累积损伤法则对岩石材料疲劳累积损伤的适用性展开配合试验的理论分析，确定出适合所研究的岩石材料的材料常数及相关参数；并利用目前新兴的损伤力学理论，从不可逆热力学理论的角度，探索并建立理论严密、工程适用的岩石疲劳累积损伤模型。

1.3.3　岩石疲劳损伤室内试验研究

已有的研究成果给岩石领域的疲劳研究提供了基础和可借鉴的思路。岩石损伤特性的研究是解决岩石破坏强度与岩体稳定性问题的理论基础，当前研究还主要以试验为主要手段。

Singh[58]率先开展了岩石疲劳强度、所含颗粒平均粒径和抗压强度之间的关系研究，证实了疲劳强度与岩石颗粒平均粒径密切相关。Tien 等[59]研究了准静力、重复及循环荷载下饱和砂岩的应变、孔隙水压力和疲劳特性，并建立了轴向应变和疲劳寿命之间的关系。Lajtai 等[60]和 Ray 等[61]研究了脆性的石灰岩和塑性的盐岩应变率对岩石强度的影响。Li 等[62]研究了脆性砂岩的疲劳裂纹扩展，结果表明疲劳裂纹扩展的决定性因素是应力强度因素 ΔK 的范围，疲劳裂纹扩展

对 ΔK 的微小变化具有很高的敏感性；同时，疲劳裂纹的扩展率随应力比的变化也十分敏感。Ishizuka 等[63]研究了应变率和加载频率对岩石疲劳强度的影响，结果表明长期循环荷载下的 S-N 曲线可以通过相对短期的 0.5Hz 的静态抗压强度与循环荷载应力的比值条件下实现。Royer-Carfagni 等[64]在低周单轴抗压试验中进行了大理岩的疲劳损伤研究，试验表明永久变形比弹性模量的衰减与损伤具有更好的相关性，在垂直与平行断裂面的方向表现出明显不同的力学特征，最明显的破裂现象首先是剪切的变形，其次是由微观破裂造成的体积膨胀。Bagde 等[65,66]进行了动态单轴循环荷载下完整砂岩的疲劳特性研究，其研究结果表明频率和振幅以及波形对岩石特性有显著影响。随着频率和振幅的增加，其疲劳强度和轴向的刚度将减小，动模量随加载频率增加而随振幅减小。

Mullcr-Salzburg 等[67]其指出在循环荷载的作用下，岩石不可逆变形发展存在三个阶段，即初始变形阶段、等速变形阶段和加速变形阶段，提出以变形来度量岩体的强度和破坏，并进一步提出岩石是否发生破坏和应力门槛值有关，认为岩石疲劳门槛值接近常规屈服值。蒋宇等[68]研究了循环荷载作用下岩石疲劳破坏过程中的变形规律和声发射特征，并揭示了两者之间的内在联系。

纵观分析，已有的试验研究大都侧重岩石在应力作用下基本的变形特性，及上限应力或幅值等对疲劳寿命的影响因素分析，但对疲劳损伤过程多角度系统的研究还有待深入，且结合超声波测试对动荷载作用下岩石损伤过程进行系统跟踪分析的文章也鲜有涉及。事实上，超声波已广泛应用于岩石的检测，主要根据纵波速度 V_p 和横波速度 V_s 进行岩石分类、岩体特征评估等定性判断，但是对疲劳损伤的跟踪监测定性、定量研究却很少。由于不同损伤程度的岩石具有不同的声学特性和不同的超声波传播参数，运用超声波研究岩石的损伤特性，对于了解岩石疲劳损伤过程提供了新的、有较强适用性的手段，不但丰富了岩石疲劳损伤的理论基础，而且为岩石超声波技术进入工程实际应用迈进了一步。

另外，已有的试验动荷载类型大多是等幅循环荷载，对于多级变幅荷载或随机荷载下岩石的疲劳特性研究却很少，实际上工程岩体所承受的荷载几乎都是随时间变化，所引起的疲劳损伤累积特性与等幅荷载时有明显的不同，其疲劳强度与疲劳寿命的估算难度也更大，对其开展研究将对工程岩体的抗疲劳设计具有重要的指导意义。

同时，工程岩体常因各种地质营力作用而不断被风化，风化以后的岩石在动荷载的作用下表现出的疲劳损伤特性与自然状态的岩石有所不同，强度劣化效应更加明显。另外，各种含不同粒径成分的岩石，由于成分和结构的差异，在循环荷载下也会表现出不同的疲劳损伤过程，开展其在损伤及破裂过程中声学参数、力学参数和频谱特性的对比研究，对于深入了解各自的强度弱化机理和疲劳损伤规律具有重要的理论和工程实际意义。

综上所述，从试验研究的角度，本书对多种循环荷载（等幅、二级变幅和三级变幅）条件下岩石疲劳损伤特性的试验展开研究，对其应力、应变（最大应变及残余应变等）及其与损伤演变的关系进行系统的分析；同时跟踪研究超声波速的变化情况，了解其相应的频谱变化规律，提取对损伤敏感的力学参数、声学参数；探索岩石力学性状、结构变化，疲劳损伤裂纹的萌生、扩展，直至破坏的规律，进而为研究岩石疲劳损伤机理及其损伤模型的建立奠定客观、准确的试验基础。

1.3.4 结构面强度劣化规律研究

由于获取具有天然结构面试块是非常困难的，即使能够获得，试块的离散性也比较大，难以通过试验揭示其可靠的规律。因此，当前结构面的循环剪切试验多以模型试验为主。尽管当前对循环荷载下结构面抗剪强度劣化规律的研究还很不充分，但仍然取得了一些初步成果。

在结构面变形规律方面，Jing 等[69]首先提出了循环剪切条件下结构面变形的概念模式，将结构面的摩擦角分为起伏角、残余摩擦角和基本摩擦角。其概念曲线大致可分为三段，即正向剪切、卸载和反向剪切。在首次正向和反向剪切过程中应力-应变曲线出现峰值，之后续剪切不再出现峰值，并且滞回曲线的间距逐步减小。这一概念模式被后来诸多学者证明具有较高的准确性[69-73]。

在结构面刚度退化规律方面，Jafari 等[70]用砂浆模拟岩体结构面开展试验，研究了循环剪切条件下，结构面的强度劣化规律，并提出了节理在循环荷载作用下应力-应变关系的概念模式。其研究结果表明，节理的强度主要受剪切速率、循环次数和应力幅值的影响。Lee 等[71]则采用真实岩体结构面进行试验，引入了节理损伤系数和等效起伏角的概念并据此提出了结构的退化准则。由于 Lee 等考虑了两级起伏角的影响，而非 Jafari 等[70]的单一起伏角的锯齿形结构面，因而更接近于结构面的真实情况。Homand 等[72]通过试验，建议以表面积表征结构面的粗糙程度并给出了循环荷载下结构面强度的经验公式。Belem 等[73]在总结前人成果的基础上提出了结构面的循环剪切本构方程，其理论计算结果和试验结果吻合较好。

刘博等[74]研究了循环剪切条件下结构面起伏角、法向应力和岩壁强度对结构面强度的影响，填补了国内的一部分空白。尹显俊等[75]在回顾了国内外已有的循环剪切试验的基础上，考虑了结构面切向和法向耦合的剪胀关系，建立了结构面切向循环加载的本构关系。彭从文等[76]基于 Plesha 本构，将结构面分解成不同层次的细观结构面，通过粗糙度定义等效起伏角来模拟结构面的剪切特性取得了良好效果。

1.4　循环荷载下岩土边坡动力响应研究

岩土边坡及其所处的环境是一个大系统，它不断与周围环境进行着能量的交换。若在这个大系统中存在动力作用，其势必会引起边坡岩土体的不同响应。常见的动力作用主要是指边坡受到地震荷载、爆破荷载和交通荷载的影响。以交通荷载为例，由于其具有不同的频率与幅值变化和作用历时，将会引起边坡岩土体的不同响应，尤其是岩土存在滤波与选频性能，将可能产生共振增幅作用[77]，而共振增幅则是岩土体动力响应的一个重要特性。事实上，在该持续动力荷载作用下，边坡岩土体将不可避免地产生疲劳损伤，进一步加剧边坡的失稳破坏。另外，长期动力荷载引起的边坡岩土体的动力永久变形问题也是当前一个亟待解决的研究课题，吸引着各国学者的努力[78]。

有关边坡稳定的影响因素具有复杂性、不确定性，目前对其研究大多局限于静力或拟静力状态下，从地形地貌、土体性质、土体结构面、地下水、地震、人类工程切坡等方面进行分析[79,80]。如 Ling 等[81]较早研究了地震荷载对岩坡稳定性的影响，考虑了裂隙水的作用。罗伯特·L.威格尔[82]、张克绪等[83]对地震系数的确定方法进行了系统的总结。许红涛等[84]对拟静力法进行了改进，考虑了爆破振动的频谱结构、幅值和相位角对边坡稳定性的影响，提出了一种计算岩质边坡稳定性的时程分析方法。

但是，当前在进行土坡稳定性分析评价及治理方面基本上仍局限于上述能引发斜坡快速失稳的因子[85-87]，而对诸如交通荷载等环境振动导致的岩土体边坡长期疲劳破坏，则并未得到应有的重视，对此进行的系统的相关研究更鲜有涉及。事实上，列车、汽车等交通荷载的反复振动必然会加剧边坡岩土"材料"的强度弱化，并进而产生疲劳破坏[88]。这也是影响边坡稳定的一个重要因子。正如 Popescu 教授所指出，人类工程振动中的交通也是滑坡影响因素之一，滑坡治理措施应与滑坡影响因子相对应[89,90]。

目前，对岩土边坡的动力响应研究主要是基于地震荷载下的动力特性及稳定性分析进行的，取得了较为丰富的成果，从边坡岩土体地震反应分析方法[91]、边坡岩土体的动力特性和强度准则及参数测试[92]、边坡地震失稳机理与失稳位置[93]、边坡地震稳定性评价指标与安全标准[94]、边坡地震动输入[95]和边坡地震稳定性评价指标的计算精度[96]等各方面都做了较为详尽的研究。此外，一些学者致力于在环境振动作用下岩土体的原位动力响应问题，如简文彬对岩土层结构的地微动特征从理论与工程应用的角度进行了较为深入的剖析[97-100]。但是对边坡岩土体在交通动荷载振动下进行原位的频率响应特性测试与基于其疲劳损伤的稳定性研究则鲜有涉及。因此，本书对岩土边坡在交通荷载作用下的疲劳损伤振动特性进行了现场原位测试，并进一步研究了其动力响应规律及疲劳累积损伤效应。

1.5 小 结

本章系统回顾了疲劳理论的研究与发展进程，并着重从损伤变量、疲劳损伤模型、疲劳损伤室内试验及结构面强度劣化等角度系统介绍了循环荷载作用下岩石类材料疲劳损伤理论的进展，之后又简要地介绍了当前循环荷载作用下边坡岩土体的动力响应研究及其存在的问题。

参 考 文 献

[1] 郑颖人，陈祖煜，王恭先，等. 边坡与滑坡工程治理 [M]. 北京：人民交通出版社，2007.

[2] 李宁，姚显春，张承客. 岩质边坡动力稳定性分析的几个要点 [J]. 岩石力学与工程学报，2012，31（5）：873-881.

[3] 刘红帅，薄景山，杨俊波. 确定岩质边坡地震安全系数的简化方法 [J]. 岩石力学与工程学报，2012，31（6）：1107-1113.

[4] 许强，裴向军，黄润秋，等. 汶川地震大型滑坡研究 [M]. 北京：科学出版社，2009.

[5] 张友葩，高永涛，方祖烈，等. 交通荷载下挡土墙的失稳分析 [J]. 北京科技大学学报，2003，25（1）：18-22.

[6] EKEVID T，LI M X D，WIBERG N E. Adaptive FEA of wave propagation induced by high-speed trains [J]. Computers and Structures，2001，79（29/30）：2693-2704.

[7] 葛修润，蒋宇，卢允德，等. 周期荷载作用下岩石疲劳变形特性试验研究 [J]. 岩石力学与工程学报，2003，22（10）：1581-1585.

[8] 张倬元，王士天，王兰生，等. 工程地质分析原理 [M]. 北京：地质出版社，1993.

[9] 闫长斌. 爆破作用下岩体累积损伤效应及其稳定性研究 [D]. 长沙：中南大学，2006.

[10] 倪骁慧，李晓娟，朱珍德，等. 不同频率循环荷载作用下花岗岩细观疲劳损伤量化试验研究 [J]. 岩土力学，2012，33（2）：422-427.

[11] 倪骁慧，朱珍德，赵杰，等. 岩石破裂全程数字化细观损伤力学试验研究 [J]. 岩土力学，2009，30（11）：3283-3290.

[12] ERARSLAN N，WILLIAMS D J. Mechanism of rock fatigue damage in terms of fracturing modes [J]. International Journal of Fatigue，2012，43：76-89.

[13] Erarslan N，Williams D J. The damage mechanism of rock fatigue and its relationship to the fracture toughness of rocks [J]. International Journal of Rock Mechanics and Mining Sciences，2012，56：15-26.

[14] 肖建清. 循环荷载作用下岩石疲劳特性的理论与试验研究 [D]. 长沙：中南大学，2009.

[15] 葛修润. 岩石疲劳破坏的变形控制律、岩土力学试验的实时 X 射线 CT 扫描和边坡坝基抗滑稳定分析

的新方法 [J]. 岩土工程学报，2008，30（1）：1-20.

[16] 胡英国，卢文波，金旭浩，等. 岩石高边坡开挖爆破动力损伤的数值仿真 [J]. 岩石力学与工程学报，2012，31（11）：2204-2213.

[17] 闫长斌. 基于声速变化的岩体爆破累积损伤效应 [J]. 岩土力学，2010，31（S1）：187-192.

[18] 闫长斌，李国权，陈东亮，等. 基于岩体爆破累积损伤效应的 Hoek-Brown 准则修正公式 [J]. 岩土力学，2011，32（10）：2951-2956.

[19] 蒋宇. 周期荷载作用下岩石疲劳破坏及变形发展规律 [D]. 上海：上海交通大学，2003.

[20] SURESH S. 材料的疲劳 [M]. 王中光，等译. 北京：国防工业出版社，1993.

[21] GERBER W Z. Calculation of the allowable stresses in iron structures [J]. Z Bayer Archit Ing Ver，1874，6（6）：101-110.

[22] 林燕清. 混凝土疲劳累计损伤与力学性能劣化研究 [D]. 哈尔滨：哈尔滨建筑大学，1998.

[23] WANG J. A continuum damage mechanics model for low-cycle fatigue failure of metals [J]. Engineering Fracture Mechanics，1992，41（3）：437-441.

[24] THEPVONGSA K，SONODA Y，HIKOSAKA H. Fatigue damage analysis of welded structures based on continuum damage mechanics[J]. Fatigue Damage of Materials：Experiment and Analysis，2003，40（12）：309-319.

[25] CHOW C L，YANG F，FANG H E. Damage mechanics characterization on fatigue behavior of a solder joint material [J] // Proceedings of the Institution of Mechanical Engineers，Part C：Journal of Mechanical Engineering Science，2001，215（8）：883-892.

[26] CHOW C L，WEI Y. A model of continuum damage mechanics for fatigue failure [J]. International Journal of Fracture，1991，50（4）：301-316.

[27] JAFARI M K，PELLET F，BOULON M，et al. Experimental study of mechanical behaviour of rock Joints under cyclic loading [J]. Rock Mechanics and Rock Engineering，2004，37（1）：3-23.

[28] MOELLE K H R，LI G，LEWIS J A. On fatigue crack development in some anisotropic sedimentary rocks[J]. Engineering Fracture Mechanics，1990，35（1/2/3）：367-376.

[29] 谢和平. 岩石混凝土损伤力学 [M]. 北京：中国矿业大学出版社，1990.

[30] 卢楚芬. 疲劳断裂问题的损伤力学分析 [J]. 湘潭大学自然科学学报，1989，11（4）：34-39.

[31] 杨友卿. 岩石强度的损伤力学分析 [J]. 岩石力学与工程学报，1999，18（1）：23-27.

[32] 赵明阶，徐蓉. 岩石损伤特性与强度的超声波波速研究 [J]. 岩土工程学报，2000，22（6）：720-722.

[33] 朱珍德，黄强，王剑波，等. 岩石变形劣化全过程细观试验与细观损伤力学模型研究 [J]. 岩石力学与工程学报，2013，32（6）：1167-1175.

[34] YANG R，BAWDEN W F，KATSABANIS P D. A new constitutive model for blast damage [J]. International Journal of Rock Mechanics and Mining Sciences & Geomechanics Abstracts，1996，33（3）：245-254.

[35] 杨更社，孙钧，谢定义. 岩石材料损伤变量与 CT 数间的关系分析 [J]. 力学与实践，1998，20（4）：47-49.

[36] 仵彦卿，丁卫华，蒲毅彬，等. 压缩条件下岩石密度损伤增量的 CT 动态观测 [J]. 自然科学进展，

2000，10（9）：830-835.

[37] 金丰年，蒋美蓉，高小玲. 基于能量耗散定义损伤变量的方法 [J]. 岩石力学与工程学报，2004，
23（12）：1976-1980.

[38] 张明，李仲奎，杨强，等. 准脆性材料声发射的损伤模型及统计分析 [J]. 岩石力学与工程学报，2006，
25（12）：2493-2501.

[39] 谢和平，鞠杨，黎立云，等. 岩体变形破坏过程的能量机制 [J]. 岩石力学与工程学报，2008，
27（9）：1729-1740.

[40] 樊秀峰，吴振祥，简文彬. 循环荷载下砂岩疲劳损伤过程的声学特性分析 [J]. 岩土力学，2009，
30（S1）：58-62.

[41] 金解放，李夕兵，殷志强，等. 循环冲击下波阻抗定义岩石损伤变量的研究 [J]. 岩土力学，2011，
32（5）：1385-1393.

[42] FATEMIA A，YANG L. Cumulative fatigue damage and life prediction theories：A survey of the state of
the art for homogeneous materials [J]. International Journal of Fatigue，1998，20（1）：9-34.

[43] 李永强，车惠民. 混凝土弯曲疲劳累积损伤性能研究 [J]. 中国铁道科学，1998，19（2）：52-59.

[44] 李朝阳，宋玉普. 混凝土海洋平台疲劳损伤累积 Miner 准则适用性研究 [J]. 中国海洋平台，2001，
16（3）：1-4.

[45] 冯秀峰，宋玉普，朱美春. 随机变幅疲劳荷载下预应力混凝土梁疲劳寿命的试验研究 [J]. 土木工
程学报，2006，39（9）：32-38.

[46] SCHUTZ W. The prediction of fatigue life in the crack initiation and propagation stages：A state of the art
survey [J]. Engineering Fracture Mechanics，1979，11（2）：405-421.

[47] MARCO S M，STARKEY W L. A concept of fatigue damage [J]. Transaction of the ASME，1954，
76（4）：627- 632.

[48] CORTEN H T，DOLAN T J. Cumulative fatigue damage [C] //Proceedings of the International Conference on
Fatigue of Metals，London，1956，1：235-242.

[49] 赵少汴. 常用累积损伤理论疲劳寿命估算精度的试验研究 [J]. 机械强度，2000，22（3）：206-209.

[50] 叶笃毅，王德俊，童小燕，等. 一种基于材料韧性耗散分析的疲劳损伤定量新方法 [J]. 实验力学，
1999，14（1）：80-88.

[51] CHABOCHE J L，LESNE P M. A non-linear continuous fatigue damage model [J]. Fatigue and Fracture
of Engineering Materials and Structures，1988，11（1）：1-17.

[52] 方华灿，陈国明. 模糊概率断裂力学 [M]. 东营：石油大学出版社，1999.

[53] 陈凌，蒋家羚. 一种新的低周疲劳损伤模型及实验验证 [J]. 金属学报，2005，41（2）：157-160.

[54] 潘华，邱洪兴. 基于损伤力学的混凝土疲劳损伤模型 [J]. 东南大学学报（自然科学版），2006，
36（4）：605-608.

[55] 姚卫星. Miner 理论的统计特性分析 [J]. 中国航空，1995，16（5）：601-604.

[56] 廖敏，杨庆雄. 一种新的疲劳累积损伤动态干涉模型 [J]. 航空学报，1994，15（1）：116-120.

[57] 李荣，邱洪兴，淳庆. 疲劳累积损伤规律研究综述 [J]. 金陵科技学院学报，2005，21（3）：17-21.

［58］SINGH S K. Relationship among fatigue strength，mean grain size and compressive strength of a rock ［J］. Rock Mechanics and Rock Engineering，1988，21（4）：271-276.

［59］TIEN Y M，LEE D H，JUANG C H. Strain，pore pressure and fatigue characteristics of sandstone under various load conditions［J］. International Journal of Rock Mechanics and Mining Sciences & Geomechanics Abstracts，1990，27（4）：283-289.

［60］LAJTAI E Z，DUNCAN E J S，CARTER B J. The effect of strain rate on rock strength ［J］. Rock Mechanics and Rock Engineering，1991，24（2）：99-109.

［61］RAY S K，SARKAR M，SINGH T N. Effect of cyclic loading and strain rate on the mechanical behaviour of sandstone ［J］. International Journal of Rock Mechanics and Mining Sciences，1999，36（4）：543-549.

［62］LI G，MOELLE K H，LEWIS J A. Fatigue crack growth in brittle sandstones［J］. International Journal of Rock Mechanics and Mining Sciences & Geomechanics Abstracts，1992，29（5）：469-477.

［63］ISHIZUKA Y，ABE T，KOYAMA H，et al. Effects of strain rate and frequency on fatigue strength of rocks ［J］. Doboku Gakkai Ronbunshu，1993，1993（469）：15-24.

［64］ROYER-CARFAGNI G，SALVATORE W. Localised fatigue damage of Carrara marble［J］. Transactions on Engineering Sciences，1998，19：65-76.

［65］BAGDE M N，PETROŠ V. Fatigue properties of intact sandstone samples subjected to dynamic uniaxial cyclical loading［J］. International Journal of Rock Mechanics and Mining Sciences，2005，42（2）：237-250.

［66］BAGDE M N，PETRO V . Waveform effect on fatigue properties of intact sandstone in Uniaxial cyclical loading ［J］. Rock Mechanics and Rock Engineering，2005，38（3）：169-196.

［67］MULLER-SALZBURG L，GE X R. Studies on the mechanical behaviour（deformation behaviour）of jointed rock masses under cyclic load ［C］//Proc 5th Congress of the International Society for Rock Mechanics，1983：43-49.

［68］蒋宇，葛修润，任建喜. 岩石疲劳破坏过程中的变形规律及声发射特性 ［J］. 岩石力学与工程学报，2004，23（11）：1810-1814.

［69］JING L，STEPHANSSON O，NORDLUND E. Study of rock joints under cyclic loading conditions ［J］. Rock Mechanics and Rock Engineering，1993，26（3）：215-232.

［70］JAFARI M K，HOSSEINI K A，PELLET F，et al. Evaluation of shear strength of rock joints subjected to cyclic loading ［J］. Soil Dynamics and Earthquake Engineering，2003，23（7）：619-630.

［71］LEE H S，PARK Y J，CHO T F，et al. Influence of asperity degradation on the mechanical behavior of rough rock joints under cyclic shear loading ［J］. International Journal of Rock Mechanics and Mining Sciences，2001，38（7）：967-980.

［72］HOMAND F，BELEM T，SOULEY M. Friction and degradation of rock joints surfaces under shear loads［J］. International Journal for Numerical and Analytical Methods in Geomechanics，2001，25（10）：973-999.

［73］BELEM T，SOULEY M，HOMAND F. Modeling surface roughness degradation of rock joint wall during monotonic and cyclic shearing ［J］. Acta Geotechnica，2007，2（4）：227-248.

［74］刘博，李海波，朱小明. 循环剪切荷载作用下岩石节理强度劣化规律试验模拟研究 ［J］. 岩石力学与

工程学报，2011，30（10）：2033-2039.

[75] 尹显俊，王光纶，张楚汉. 岩体结构面切向循环加载本构关系研究 [J]. 工程力学，2005，22（6）：97-103.

[76] 彭从文，朱向荣，王金昌，等. 基于 Plesha 本构的岩石节理多层结构模型研究 [J]. 岩土力学，2010，31（7）：2059-2071.

[77] 刘汉龙，余湘娟. 土动力学与岩土地震工程研究进展 [J]. 河海大学学报，1999，27（1）：6-15.

[78] 谢定义. 工程建设中的岩土工程问题与研究 [J]. 西安理工大学学报，1995，11（1）：47-50.

[79] 简文彬，姚环，焦述强，等. 漳（州）-龙（岩）高速公路石崆山高边坡稳定性评价 [J]. 岩石力学与工程学报，2002，21（1）：43-47.

[80] 蒋建平，章杨松，罗国煜. 土体宏观结构面及其对土体破坏的影响 [J]. 岩土力学，2002，23（4）：482-485.

[81] LING H I，CHENG A H D. Rock sliding induced by seismic force [J]. International Journal of Rock Mechanics and Mining Sciences，1997，34（6）：1021-1029.

[82] 罗伯特·L. 威格尔. 地震工程学 [M]. 中国地震局工程力学研究所，译. 北京：科学出版社，1978.

[83] 张克绪，谢君斐. 土动力学 [M]. 北京：地震出版社，1989.

[84] 许红涛，卢文波，周创兵，等. 基于时程分析的岩质高边坡开挖爆破动力稳定性计算方法 [J]. 岩石力学与工程学报，2006，25（11）：2213-2219.

[85] LUZIO E D，BIANCHI-FASANI G，ESPOSITO C，et al. Massive rock-slope failure in the Central Apennines（Italy）：the case of the Campo di Giove rock avalanche [J]. Bulletin of Engineering Geology and the Environment，2004，63（1）：1-12.

[86] RIOS D A，HERMELIN M. Prediction of landslide occurrence in urban areas located on volcanic ash soils in Pereira，Colombia [J]. Bulletin of Engineering Geology and the Environment，2004，63（1）：77-81.

[87] AYDIN A，EGELI I. Stability of slopes cut in metasedimentary saprolites in Hong Kong [J]. Bulletin of Engineering Geology and the Environment，2001，60（4）：315-319.

[88] 刘传正. 环境工程地质学导论 [M]. 北京：地质出版社，1995.

[89] POPESCU M. A suggested method for reporting landslide remedial measures [J]. Bulletin of Engineering Geology and the Environment，2001，60（1）：69-74.

[90] POPESCU M E. From landslide causes to landslide remediation，special lecture [C] //Proceedings of the 7th International Symposium on Landslides，Trondheim，1996：75-96.

[91] 刘春玲，祁生文，童立强，等. 利用 FLAC[3D] 分析某边坡地震稳定性 [J]. 岩石力学与工程学报，2004，23（16）：2730-2733.

[92] ASHFORD S A，SITAR N. Analysis of topographic amplification of inclined shear waves in a steep coastal bluff [J]. Bulletin of the Seismological Society of America，1997，87（3）：692-700.

[93] 祁生文，伍法权，刘春玲，等. 地震边坡稳定性的工程地质分析 [J]. 岩石力学与工程学报，2004，23（16）：2792-2797.

[94] 刘汉龙，费康，高玉峰. 边坡地震稳定性时程分析方法 [J]. 岩土力学，2003，24（4）：553-556.

[95] 苏超，李俊宏，任青文. 有限单元法在高拱坝坝肩动力稳定分析中的应用 [J]. 河海大学学报（自然科学版），2003，31（2）：144-147.

[96] 周正华. 单元几何形状畸变对动力有限元计算精度的影响 [R]. 哈尔滨：中国地震局工程力学研究所，地震科学基金成果汇编 "九五" 分册. 2001：193-194.

[97] JIAN W B，HUANG Z P，ZHANG M X，et al. Spectrum characteristics of ground microtremor in Fujian coastal area [C] //Proceedings of the Twelfth Asian Regional Conference on Soil Mechanics and Geotechnical Engineering（12ARC），World Scientific Publishing Co. Pte. Ltd.，2003.8.

[98] 简文彬，李哲生，黄真萍，等. 福建沿海地区地微动的谱结构特征 [J]. 工程地质学报，2002，10（2）：216-219.

[99] 简文彬，舒志彪，李哲生，等. 场地地微动信号的小波分析 [M]. 中国地球物理学会工程地球物理专业委员会. 中国工程地球物理检测技术（2001）. 北京：地震出版社，2001：190-193.

[100] 简文彬，李哲生，黄真萍，等. 地基土层构造与地微动频率效应 [M] //刘汉龙. 土动力学与岩土地震工程（第六届全国土动力学学术会议论文集）. 北京：中国建筑工业出版社，2002：416-421.

第 2 章　疲劳损伤理论基础与边坡疲劳寿命分析方法

疲劳损伤是一门综合性学科，涉及的知识面很广，不仅涉及固体力学中的弹性力学、塑性力学、断裂力学、应力分析等，还与数学、物理、化学、冶金、机械、材料等学科有关。疲劳是固体力学的一个分支，它主要研究材料或结构在重复荷载作用下的强度问题，研究材料或结构的应力状态与寿命的关系。随着我国公路、铁路建设向山区延伸，高速公路、铁路边坡长期处于车辆振动环境之中，其所受到的交通荷载是频率变化、振幅变化且作用历时也在随机改变的不规则动荷载，在此荷载长期反复作用下，边坡岩土体将产生疲劳损伤乃至发生突然的疲劳破坏。本章首先简要介绍后续研究中所涉及的相关疲劳理论基础，并由此得出适合于边坡问题的边坡疲劳寿命分析方法。

2.1　疲劳的基本概念

2.1.1　疲劳的定义与分类

大小、方向随时间做周期性或随机性交替变化的荷载称为交变荷载（alternating load）[1]。交变荷载可使材料或结构内产生随时间变化的交变应力（alternating stress）或交变应变（alternating strain）。

经过足够的应力或应变循环之后，损伤累积可使材料或结构产生疲劳裂纹（fatigue crack），并使裂纹扩展直至断裂的过程称为疲劳破坏（fatigue failure）[2,3]。疲劳破坏的特点是材料或结构若长期处于交变荷载的作用下，则在最大工作应力远低于材料的屈服强度或强度极限，且无明显的塑性变形情况下发生骤然（脆性）断裂。这也是其与静载或一次性冲击加载破坏的最大不同[4]。

因此，疲劳问题的主要研究内容是材料或结构在交变荷载作用下的强度问题，以及应力、应变状态与疲劳寿命的关系。

从不同角度出发可以将疲劳进行不同的分类[5]。

（1）按引起疲劳的荷载性质分为机械疲劳、热疲劳、蠕变疲劳和微动疲劳。其中机械疲劳包括振动疲劳、冲击疲劳、接触疲劳、摩擦疲劳和磨损疲劳。

（2）按环境温度分为低温疲劳、常温疲劳和高温疲劳。

（3）按有无腐蚀介质作用分为一般疲劳和腐蚀疲劳。

（4）按应力状态分为弯曲疲劳、扭转疲劳、拉压疲劳和复合疲劳。

（5）按应力高低和断裂寿命分为高周疲劳和低周疲劳。

（6）按应力与时间是否有确定的函数关系分为确定疲劳和随机疲劳。其中确定疲劳按应力比是否变化又可分为常幅疲劳和变幅疲劳。

2.1.2 应力谱与其基本参量

疲劳荷载随时间变化的历程可借助荷载-时间曲线（load-time curve）加以描述，称为疲劳荷载谱（fatigue load spectrum）。通过结构应力分析荷载谱可以进一步转化为应力-时间曲线（stress-time curve）的形式，即应力谱（stress spectrum）。

交变荷载决定了交变应力的类型，荷载谱和应力谱可以分成三个主要类型：常幅谱、变幅谱和随机谱。实际工作状态下的荷载往往是不规则的，以变幅谱和随机谱居多，对获得的变幅谱和随机谱可通过数理统计的方法对其进行规则化处理，目前常用的谱处理数理统计方法有峰值法、雨流法和双参数循环计数法等[6]。

在交变荷载的作用下，应力从最大值到最小值每重复变化一次称为一个应力循环，应力重复变化的次数称为循环次数 N（以循环次数 N 代替时间 t），完成一个应力循环所需的时间称为一个周期 T，如图 2-1 所示。

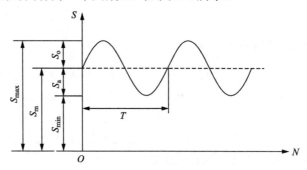

图 2-1　交变应力的基本参量

应力循环中的应力以 S 表示，既可以是正应力 σ，也可以是剪应力 τ。由应力循环中的最大应力 S_{max} 与最小应力 S_{min} 可以衍生出以下几个经常用到的概念[6]。

（1）平均应力（mean stress）或名义应力，用 S_m 表示，即 $S_m = (S_{max} + S_{min})/2$。

（2）应力变程，用 ΔS 表示，$\Delta S = S_{max} - S_{min}$。

（3）应力幅（stress amplitude），用 S_a 表示，$S_a = \dfrac{S_{max} - S_{min}}{2} = \Delta S/2$。

（4）循环特征（characteristic of cycle），又称应力比或不对称系数，用 r 表示，$r = S_{min}/S_{max}$。

2.1.3　*S-N* 曲线

材料或结构产生疲劳破坏所需的应力或应变循环次数 N_f，称为疲劳寿命（fatigue life）。通过等幅谱加载，测试一组承受不同最大应力的试样的疲劳寿命（(S_{max1}，N_{f1}），(S_{max2}，N_{f2}），(S_{max3}，N_{f3}），…，(S_{maxn}，N_{fn})），以最大应力 S_{maxi} 为纵坐标，以疲劳寿命 N_{fi} 为横坐标，便可绘出材料在交变应力下的应力-寿命曲线（stress-life curve），即 *S-N* 曲线（有时也采用单对数 *S*-lg*N* 或双对数 lg*S*-lg*N* 的形式给出），如图 2-2 所示。

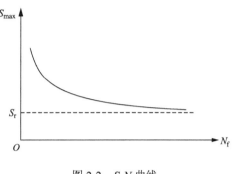

图 2-2　*S-N* 曲线

从图 2-2 可以看出，当最大应力降低至某一值后，*S-N* 曲线趋于水平，表示材料可经历无限次应力循环而不发生疲劳破坏，相应的最大应力值称为材料的疲劳极限（fatigue limit）或持久极限（endurance limit），并用 S_r 表示。对于某些没有明显水平部分的 *S-N* 曲线，一般可规定疲劳寿命 N_0 时的最大应力值为条件疲劳极限，并用 $S_r^{N_0}$ 表示。

2.2　疲劳破坏的力学理论

一直以来，人们都采用材料力学和结构力学理论作为材料或构件的计算方法。它们通常假定材料或构件是均质连续体，没有考虑初始缺陷或裂纹的存在，在计算安全系数时也未考虑其他失效形式的可能性，如脆性断裂或快速断裂，并且一度认为，选用较高的安全系数就能避免这种低应力断裂。然而，工程实践证明，虽然存在缺陷或裂纹的材料或构件，在远低于其设计应力的应力作用下不会发生突然的破坏，但是当该应力作为交变应力长期作用于材料或构件上时，由于损伤的累积，材料或构件有可能产生断裂破坏等全面失效。因此，对含有初始缺陷或裂纹的物体的疲劳破坏需要做进一步的研究，进而发展了新的破坏理论。

目前，关于研究疲劳破坏的力学理论主要由断裂力学和损伤力学构成。断裂力学是研究含裂纹构件的强度及其裂纹扩展规律的一门学科，它将含裂纹试件的断裂应力、裂纹尺寸和试件抵抗裂纹扩展的能力联系在一起，认为对于含裂纹构件的初始裂纹 α_0 在交变荷载的作用下，将缓慢扩展到临界裂纹 α_c，导致构件丧失承载能力而完全失效。断裂力学以构件初始裂纹为出发点，研究该裂纹在交变应力作用下的扩展规律，并估算疲劳裂纹扩展寿命，以确定其安全可靠性。断裂力学克服了传统的疲劳寿命设计不能充分保证构件安全可靠性的缺点，是对传统疲劳试验和分析方法的重要补充和发展[7]。

　　试件的破坏包括断裂破坏都不会突然发生，而是损伤累积的结果。构件本身存在的微裂纹在循环荷载作用下，不断长大、汇合形成宏观裂纹，宏观裂纹继续扩展，导致试件性能劣化，最终失去承载能力而破坏，这是一个完整的疲劳破坏过程。研究构件疲劳破坏过程，首先要确定微裂纹的萌生位置，然后在此基础上深入分析裂纹的扩展情况。而断裂力学只能分析宏观裂纹的扩展，无法预估宏观裂纹的萌生位置，并且忽略了裂纹扩展过程中材料或构件性能的劣化及其导致的应力重分布。然而，在裂纹尖端区域，裂纹对材料或构件的性能有极大的影响，损伤力学正是在这一工程背景中产生与发展的[7]。

　　损伤力学是连续体力学的一个重要分支，通过引入一个连续场变量 D（损伤变量）来描述材料性能的劣化特征，系统地讨论微观缺陷对材料的机械性能、结构应力分布的影响以及缺陷的演化规律，可用于分析结构破坏的整个过程，即微裂纹的演化、宏观裂纹的形成直至材料的完全破坏[8-10]。

　　断裂力学与损伤力学的关系如图 2-3 所示。

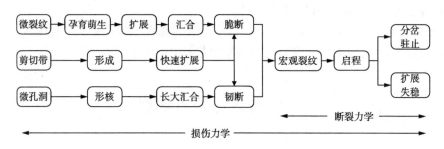

图 2-3　断裂力学与损伤力学的关系

　　尽管损伤力学理论克服了断裂力学理论不能预估宏观裂纹的萌生位置及忽略材料性能劣化等缺点，但也存在不足之处。按照损伤力学理论，材料在低于 *S-N* 曲线上的疲劳极限的应力水平作用下，不会发生疲劳破坏；实际上，尽管材料所受应力水平低于其疲劳极限，但在交变应力作用下，材料内部的初始裂纹可能发生缓慢扩展至临界裂纹，同样可能导致材料发生疲劳破坏。此时，就要用断裂力学理论研究材料疲劳破坏问题。

　　疲劳从裂纹萌生到断裂破坏，受许多因素的影响，比较复杂，但按裂纹的发展过程大致可以分为四个时期[7-11]。

　　（1）裂纹成核时期。构件表面局部区域反复滑移而产生微裂纹的核，但塑性变形不明显。

　　（2）微裂纹扩展时期。微裂纹沿滑移面扩展深入表面十几微米。

　　（3）宏观裂纹扩展时期。微裂纹逐渐扩展为宏观裂纹。

　　（4）最后断裂时期。裂纹扩展至临界裂纹 α_c 后迅速失稳断裂。

在工程实践上，习惯将以上四个时期综合为两个阶段，前两个时期称为疲劳裂纹形成阶段，后两个时期称为疲劳裂纹扩展阶段。为此，将疲劳寿命 N_f 定义为疲劳裂纹形成阶段寿命 N_i 与疲劳裂纹扩展阶段寿命 N_p 的总和，即 $N_f=N_i+N_p$。

通过以上分析，损伤力学通过含缺陷材料损伤变量 D 的变化情况，能够从微观的角度较精确地分析缺陷材料的性能劣化情况，因此在疲劳裂纹形成阶段，适合采用基于损伤力学的疲劳累积损伤理论分析方法；断裂力学通过对疲劳裂纹扩展情况的描述，从宏观上分析裂纹扩展对缺陷构件力学性能的影响，在疲劳裂纹扩展阶段，一般采用基于断裂力学的疲劳裂纹扩展理论分析方法。将从微观角度出发的损伤力学和从宏观角度出发的断裂力学相结合，相辅相成，能够对材料在循环荷载作用下疲劳破坏的整个过程作较全面的解释。

2.2.1　连续介质损伤力学理论

损伤是指在荷载作用下，材料的微结构发生渐进性的不可逆的损坏从而引起其力学性能劣化甚至发生破坏的现象。对于岩土介质来说，损伤既是一种现象，也是一个过程。岩石的变形破坏与损伤是不可分割的，按照岩石变形的性质和状况，可将岩石损伤分为以下几类：弹性损伤、弹塑性损伤、蠕变损伤、疲劳损伤、动力损伤等[12]。

疲劳损伤是指材料在高于疲劳极限的交变应力的作用下，微观结构发生变化，引起微裂纹萌生、扩展及相互贯通，导致材料宏观力学性能的劣化，最终产生宏观裂纹甚至发生材料破坏的现象。

在连续损伤力学中，材料中存在的微缺陷被理解为连续的变量场，将它们对材料的影响用一个或几个连续的内部场变量来表示，这种变量称为损伤变量[9,10]。材料的损伤引起材料微观结构和某些宏观物理性能的变化，因此，可以从宏观和微观两个角度来定义损伤变量的基准量[13]。

从微观的角度，可以选用的基准量包括：①孔隙的数目、长度、面积和体积；②孔隙的形状、排列、取向；③裂隙的张开、滑移、闭合或摩擦等缺陷性质。

从宏观的角度，可以选用的基准量包括：①弹性系数（如弹性模量 E 和泊松比）；②屈服应力；③拉伸强度；④延伸率；⑤密度；⑥电阻；⑦超声波速；⑧声发射。

根据上述两类基准量，可以用直接测量法和间接测量法测量材料的损伤[13]。

直接测量法是用金相学方法直接测试材料中各种微观缺陷的数目、形状、大小、分布状态、裂纹性质以及各类损伤所占的比例等。一般常用切片进行电镜观察、扫描电镜结合复印技术、渗透 X 射线观测、断层扫描技术、增强 X 射线和软 X 射线等手段。由直接测量法测得的结果具有明确的物理意义，使人便于理解损伤机理，但与材料的宏观力学行为的联系较为困难，需做一定宏观尺度下的统计处理后才能用于损伤力学的研究，而且对损伤直接观测结果的准确性还取决于试验技术水平。

间接测量法的原理是基于材料的宏观物理力学行为，取决于其微观结构的状态，故可以通过测试材料的某种物理量或机械性能的变化来描述损伤的状态和损伤的发展。通过电阻、声速等物理量的变化或刚度、强度、塑性变形、疲劳极限和剩余寿命等机械性能的变化可以间接地描述和判断材料的受损程度。间接测量法便于工程实际应用，但要建立其与材料内部缺陷损伤的联系却比较困难。

2.2.1.1　损伤变量的定义方法

同一损伤过程可以采用不同的损伤变量来描述。从微观角度出发，把损伤看成净空隙密度[14]，以微缺陷的面积、长度、体积及其分布等几何特征为参数表征损伤，因此有效应力实质上为一种净应力的概念，如用 A 代表体元的横截面积（外法线为 $\overline{n}$），A_c 表示有效面积，A_m 表示微观裂纹与微观空洞所占面积，即 $A_m = A - A_c$，则定义损伤变量为

$$D_n = \frac{A_m}{A} = \frac{A - A_c}{A} \tag{2-1}$$

其中 $D_n = 0$ 对应于无损状态，$D_n = 1$ 表示体元完全断裂。如物体内部各点与各个方向上微观裂纹和空隙的分布相同，则损伤变量为标量，故有 $D_n = D$。

从宏观角度考虑，可以把损伤看成是一定尺度单元内的当量空隙密度，以单元尺寸内材料的物理性质的劣化量来表征。因此损伤变量在一定意义上起"劣化因子"作用，用材料密度[9]定义为

$$D = \left(1 - \frac{\rho'}{\rho}\right) \tag{2-2}$$

式中，ρ、ρ' 分别为对应无损状态与损伤状态的质量密度。

虽然同一损伤过程可以采用不同损伤变量来描述，但是从开始到破坏，这些损伤变量的变化规律是不同的。

无论采用何种损伤定义方式，疲劳损伤都具有以下特点[15]。

（1）不可逆性。疲劳损伤无论在空间上还是在时间上都是一个连续变化的内变量，是材料真实缺陷对材料力学行为影响的笼统表观量。因此，真实损伤与损伤状态变量之间有一定的函数关系。按照连续介质损伤力学的观点，疲劳累积损伤是在交变荷载作用下，材料内部结构不可逆变化过程的宏观连续变量；从能量观点看又是一种能量耗散的不可逆过程[16]。损伤力学从宏观角度用材料的微观裂纹和微孔洞数量，或材料弹性模量、屈服极限、质量、密度等的变化，来表征材料内部损伤变量[10]，该变量与时间过程具有单调性。因此，无论在宏观上还是微观上，疲劳损伤都是一个不可逆过程。

（2）随机性。疲劳损伤的随机性主要来自材料内在因素的随机性与外部因素的随机性。微观观测表明，材料的实际损伤是各向异性的，分布是随机的，演化

过程也是随机的、不连续的；宏观疲劳损伤正是微观结构与组织的分布不确定性引起大量微损伤的集体贡献. 材料的内在因素同样引起材料宏观性能如弹性模量、屈服极限、抗拉强度、断裂韧性等物理性能的随机分布. 同时，外荷载、加工工艺、伺服环境等外部条件在疲劳损伤过程中伴有随机性，这种随机性也可引起疲劳损伤的巨大分散性，在实验室可以通过控制试验条件把这种分散性降低到最小. 然而，即使严格控制试验荷载谱、试验条件及试验试件，疲劳寿命和疲劳特性数据仍表现出相当大的分散性.

2.2.1.2　有效应力与应变等效性假设

由于损伤的存在，介质的实际应力承载面积必然会小于其名义面积. 因此，介质所承受的真实应力，势必要高于其名义应力. 为反映这一差别，可以利用损伤变量去修正名义应力，从而得到与真实应力相当的有效应力[17].

Kacahnov 在研究蠕变断裂问题时，采用了一个连续性损伤因子 ψ，其表示式为

$$\psi = \frac{\tilde{A}}{A} = \begin{cases} 0 & \text{破断情况} \\ 1 & \text{无损状态} \end{cases} \tag{2-3}$$

式中，A 为试件横截面积；$\tilde{A}$ 为有损伤后的有效面积. 于是对于一维问题净应力（即有效应力）$\tilde{\sigma}$ 为

$$\tilde{\sigma} = \frac{\sigma}{\psi} \tag{2-4}$$

在研究蠕变本构关系时，采用了更为直接的连续性损伤变量 D，其表示式为

$$D = \frac{A - \tilde{A}}{A} = 1 - \psi = \begin{cases} 0 & \text{无损状态} \\ 1 & \text{破断情况} \end{cases} \tag{2-5}$$

这样式（2-4）便可化为

$$\tilde{\sigma} = \frac{\sigma}{1 - D} \tag{2-6}$$

对于多维问题，净应力张量可借助 Cauchy 公式推导. 对于无损状态，某截面上法向应力为

$$P = \boldsymbol{\sigma} \cdot \boldsymbol{n} \tag{2-7}$$

式中，$\boldsymbol{\sigma}$ 为 Cauchy 应力张量；$\boldsymbol{n}$ 为截面单位法向矢量. 对同一截面受损后的法向净应力 $\tilde{\boldsymbol{P}}$ 也有同样的形式

$$\tilde{\boldsymbol{P}} = \tilde{\boldsymbol{\sigma}} \cdot \boldsymbol{n}$$

因为在无损和受损状态时的法向应力相等，即

$$AP = \tilde{A}\tilde{P}$$

故有

$$\tilde{P} = \frac{P}{\psi} = \frac{P}{1-D} \qquad (2\text{-}8)$$

也即

$$\left(\tilde{\sigma} - \frac{\sigma}{\psi}\right) \cdot n = \left(\tilde{\sigma} - \frac{\sigma}{1-D}\right) \cdot n = 0 \qquad (2\text{-}9)$$

由于截面选择的任意性，于是可以得出在多维情况下，净应力张量为

$$\tilde{\sigma} = \frac{\sigma}{\psi} = \frac{\sigma}{1-D} \qquad (2\text{-}10)$$

受损材料的应变性能可用无损时的本构方程表示，只要在表示应变的方程中将应力变成净应力。

例如，在一维线弹性力学中：

$$\text{无损状态} \quad \varepsilon = \frac{\sigma}{E}$$

$$\text{受损状态} \quad \tilde{\varepsilon} = \frac{\tilde{\sigma}}{E} = \frac{\sigma}{\tilde{E}}$$

$$\tilde{E} = \frac{E}{1-D} \qquad (2\text{-}11)$$

式中，$\tilde{E}$ 为受损材料的弹性模量。由式（2-11）也可得

$$D = 1 - \frac{E}{\tilde{E}} \qquad (2\text{-}12)$$

用式（2-12）即可在拉伸试验中求得材料的损伤。

2.2.1.3　损伤理论的不可逆热力学基础

疲劳失效属于不可逆的热力学过程。由于疲劳失效过程必然伴随热量产生与热量流动而并非仅仅涉及机械能的转换；同时，又因为在该过程中所发生的介质劣化与塑性应变均具有不可逆性，有必要从热力学第一定律和第二定律出发讨论对损伤本构方程的一些基本限制[12]。

首先考察状态变量。状态变量包括可以从外部直接测量到的外变量和描述体系内部所发生的不可逆变化的内变量。内变量理论是损伤力学的基础。这个理论假设：材料的本构行为可以由一组或几组状态变量来确定。常用的内变量有累积塑性应变 P、损伤变量 D 和总累积损伤β。与此相应的相伴变量为应变阈值 R、损伤应变能释放率 Y 和损伤强化阈值 B。

在介质变形梯度及运动速率足够小时，由热力学第一定律得到的能量方程为

$$\rho \dot{e} = \sigma_{ij} \dot{\varepsilon} + \rho \dot{\gamma} - \dot{q}_{ij} \qquad (2\text{-}13)$$

式中，ρ 为介质的质量密度；$\dot{e}$、$\dot{\gamma}$ 分别为单位质量介质所含的内能与所释放的能量；$\dot{q}_{ij}$ 为热通量。

其次，由热力学第二定律导出的 Clausius-Duhamel 不等式为

$$\rho T\dot{s} - \rho\dot{\gamma} + \dot{q}_{ij} - T^{-1}\dot{q}_i - T^{-1}\dot{q}_iT_i \geqslant 0 \qquad (2\text{-}14)$$

式中，T 为热力学温度；$\dot{s}$ 为单位质量介质所含的熵。

若定义单位质量介质所含的 Helmholtz 自由能为

$$G = g(e,T,s) = e - Ts \qquad (2\text{-}15)$$

则利用 g 可得式（2-13）和式（2-14）的等价形式为

$$\sigma_{ij}\dot{\varepsilon}_{ij} + \rho(\dot{\gamma} - \dot{g} - \dot{T}s - T\dot{s}) + \dot{q}_{ij} = 0 \qquad (2\text{-}16)$$

$$\sigma_{ij}\dot{\varepsilon}_{ij} - \rho(\dot{g} + \dot{T}s) - T^{-1}\dot{q}_iT_i \geqslant 0 \qquad (2\text{-}17)$$

由于 g 是单位质量介质的状态函数，对于匀质材料来说，将 g 视为 $\dot{\varepsilon}_{ij}$ 与 T 下的函数即可。但是，对于处于相同 $\dot{\varepsilon}_{ij}$ 与 T 下的同一种损伤材料而言，若其损伤度与塑性史有所不同的话，其 g 值也可以是有差别的。换而言之，仅仅用 $\dot{\varepsilon}_{ij}$ 与 T 来表征弹塑性损伤介质的状态已显得不够充分了。为此，就有必要引进新的状态内变量来描述这种物性变化。

为反映介质当前的塑性变形状态，可以将 ε_{ij} 分解为在完全卸载后可恢复的弹性应变 ε_{ij}^e，不可恢复的塑性应变 ε_{ij}^p，并且满足 $\varepsilon_{ij} = \varepsilon_{ij}^e + \varepsilon_{ij}^p$；同时为反映介质当前的损伤状态，可设置 D_i（$i=1$，2，…，m）作为有关的一组内变量；此外，引入 h_j（$j=1$，2，…，n）作为表征介质塑性与损伤史的一组状态参量。h_j 与 ε_{ij}^p 及 D_i 的变化历程有关，不能作为独立的内变量。

对于弹塑性损伤材料，一般可以认为自由能与 ε_{ij}^p 无关，从而有

$$G = g(\varepsilon_{ij}^e, D_i, T) \qquad (2\text{-}18)$$

当然 g 还可以与 h_j 有关，而为使推理简明，可以不予考虑。由此可得

$$\dot{g} = g\frac{\partial g}{\partial \varepsilon_{ij}^e}\dot{\varepsilon}_{ij}^e + \sum_{i=1}^m \frac{\partial g}{\partial D_i}\dot{D}_i + \frac{\partial g}{\partial T}\dot{T} \qquad (2\text{-}19)$$

将式（2-19）代入式（2-16），可得

$$\left(\sigma_{ij} - \rho\frac{\partial g}{\partial \varepsilon_{ij}^e}\right)\dot{\varepsilon}_{ij}^e - \rho\left(s + \frac{\partial g}{\partial T}\right)\dot{T} + \sigma_{ij}\dot{\varepsilon}_{ij}^p - \rho\sum_{i=1}^m \frac{\partial g}{\partial D_i}\dot{D}_i + \rho(\dot{\gamma} - T\dot{s}) - \dot{q}_{i,j} = 0 \quad (2\text{-}20)$$

考虑到 $\dot{\varepsilon}_{ij}^e$ 与 $\dot{T}$ 的任意性，必然有

$$\sigma_{ij} = \rho\frac{\partial g}{\partial \dot{\varepsilon}_{ij}^e}, \quad s = -\rho\frac{\partial g}{\partial T} \qquad (2\text{-}21)$$

若定义损伤驱动力为

$$Y_i = -\rho - \frac{\partial g}{\partial D_i} \qquad (2\text{-}22)$$

将式（2-21）与式（2-22）代入式（2-20），得到

$$\sigma_{ij}\dot{\varepsilon}_{ij}^{\mathrm{p}} - \sum_{i=1}^{m} Y_i \dot{D}_i + \rho(\dot{\gamma} - T\dot{s}) - \dot{q}_{i,j} = 0 \qquad (2\text{-}23)$$

将式（2-19）、式（2-20）与式（2-21）代入式（2-17），又可得到

$$\sigma_{ij}\dot{\varepsilon}_{ij}^{\mathrm{p}} - \sum_{i=1}^{m} Y_i \dot{D}_i - T^{-1}T_i\dot{q}_i \geqslant 0 \qquad (2\text{-}24)$$

式（2-18）、式（2-21）～式（2-24）即热力学基本定律对损伤本构关系的约束条件。

基于自由能的塑性部分和弹性损伤部分无关的假设，Y 还被定义为在恒应力和恒温度条件下与损伤变化所对应的弹性应变能 W_{e} 变化量的一半，即

$$Y = \frac{1}{2} \frac{\mathrm{d}W_{\mathrm{e}}}{\mathrm{d}D}\bigg|_{\sigma,T} \qquad (2\text{-}25)$$

式中，Y 为损伤应变能释放率。Y 的含义犹如断裂力学中应变释放率 G，这就提出如下损伤破裂判据：

$$Y = Y_{\mathrm{c}}(\text{材料特性}) \Rightarrow \text{破裂}$$

导致破裂的耗散 φ 的伪势存在[18]，可写出补余损伤进展公式为

$$Y = \frac{\partial \varphi}{\partial \dot{D}} \qquad (2\text{-}26)$$

式中，φ 是所有可观察变量、内部变量和它们一阶导数的凸函数，但不能有试验结果直接验证，这仅表明本构方程存在以下形式：

$$\dot{D} = f(\varepsilon^{\mathrm{e}}, T, \alpha_p, \dot{\varepsilon}^{\mathrm{e}}, \alpha_p, Y) \qquad (2\text{-}27)$$

研究人员通过大量的实际工作给出一维损伤进展的数学表达式，每种表达式都有各自的应用范围。这些模型推广到三维情况现在还是一个待解决的问题，主要原因是在几种假设之间进行选择时缺乏基本的试验依据。

2.2.2　疲劳累积损伤理论

当材料所承受的交变应力值高于其疲劳极限时，每一次循环都会使材料发生一定的损伤，这种损伤累积到一定程度时便会引起材料发生疲劳破坏，这就是疲劳累积损伤理论，它是估算变幅应力或随机应力作用下材料疲劳寿命的基础。

目前累积损伤理论可归纳为两大类：确定性疲劳累积损伤理论和不确定性疲劳累积损伤理论。其中，确定性疲劳累积损伤理论主要包括线性疲劳累积损伤理论和非线性疲劳累积损伤理论[14]。

2.2.2.1　确定性疲劳累积损伤理论

1）线性疲劳累积损伤理论

线性疲劳累积损伤理论是指在循环荷载作用下，疲劳损伤与荷载循环周数呈线性递增关系，当损伤累积达到某一程度时，材料或构件就会发生疲劳破坏的理论。线性疲劳累积损伤理论中最典型的理论是 Miner 准则[11]。

Miner 理论假设：①在任意等幅疲劳荷载下，材料在每一应力循环中吸收等量的净功，净功累积到临界值，即发生疲劳破坏；②在不同等幅及变幅疲劳荷载下，材料最终破坏的临界净功全部相等；③在变幅疲劳荷载下，材料各级应力循环中吸收的净功相互独立，与应力等级的顺序无关。

按照 Miner 准则，在含 m 个荷载块的加载序列中，第 i 个荷载块的应力幅为 $\Delta\sigma_i$，在应力幅 $\Delta\sigma_i$ 下的疲劳寿命为 N_{fi}，实际循环数为 n_i，则认为在应力幅 $\Delta\sigma_i$ 下的累积损伤为 $D_i = n_i / N_{fi}$，当所有累积损伤的分量和达到临界值 1 时构件发生破坏。Miner 准则可以写成如下形式：

$$D = \frac{n_1}{N_{f1}} + \frac{n_2}{N_{f2}} + \cdots + \frac{n_i}{N_{fi}} + \cdots = \sum_i \frac{n_i}{N_{fi}} = 1 \qquad (2\text{-}28)$$

由于 Miner 准则形式简单，使用方便，因此在工程中应用很广。其成功之处在于大量的试验结果（特别是随机谱试验）显示临界疲劳损伤 D_{cr} 的均值确实接近于 1；而其他方法则需要进行大量试验来拟合众多参数，精度并不比 Miner 准则更好。另外，Miner 准则的主要不足是由假设导致的，即其假定损伤与荷载状态、次序无关，不能考虑荷载间的相互作用。

2）非线性疲劳累积损伤理论

非线性疲劳累积损伤理论认为，对于每一应力水平，不论在寿命的前期或后期，每次循环的损伤应该是相同的。事实上，疲劳损伤并非线性的。许多学者通过研究建立了很多非线性疲劳损伤累积规律，下面介绍其中主要的两种。

（1）考虑荷载间相互作用效应的非线性疲劳累积损伤理论。

以 Corten-Dolan 累积损伤法则为例，其假定在试件表面的许多地方可能出现损伤，损伤核的数目 m 由材料所承受的应力水平决定。在给定的应力水平作用下所产生的疲劳损伤 D 可表示为

$$D = mrn^a \qquad (2\text{-}29)$$

式中，a 为常数；m 为损伤核的数目；r 为损伤系数；n 为应力循环数。

对不同的荷载历程，疲劳破坏总损伤为常数，并由此提出疲劳寿命估算公式，即

$$N = \frac{N_1}{\sum_{i=1}^{l} \alpha_i \left(\dfrac{S_i}{S_1}\right)^d} \tag{2-30}$$

式中，N 为疲劳寿命；S_1 为本次荷载循环之前的荷载系列中最大一次的荷载；N_1 为对应于 S_1 的疲劳寿命；α_i 为应力水平 S_i 下的应力循环数占总循环数的比例；d 为材料常数；l 为应力水平级数。

Corten-Dolan 累积损伤法则虽考虑了损伤发展的非线性，但是它仍有两点不足：①该理论认为损伤核数目 m 仅与应力水平有关，但是众多试验却表明损伤核数 m 还与应力作用次数有关；②使用二级程序荷载确定的 d 值进行随机荷载下疲劳寿命的估算仍有较大误差，而且 d 值并非不变，而是与应力状态有关的材料常数[16]。

（2）基于连续损伤力学概念的非线性疲劳累积损伤理论。

基于连续损伤力学方法建立的模型，如文献 [19] 认为疲劳损伤的发展是一个不可逆的能量耗散过程，耗散的能量可分解为外状态变量与内状态变量，内状态变量反映材料内部结构状态的变化，当其变化到一定程度时，材料便丧失了抗疲劳的能力，以致发生疲劳破坏。从这一概念出发并假设：①加载过程中材料中的不可逆应变仅为微观塑性应变；②损伤变化率对有效应力的影响很小。

于是得出疲劳损伤部分的非线性的损伤演变方程为

$$\dot{D} = \frac{Z\sigma_{eq}^{r-1}\sigma_{eq}}{\beta^m (1-D)^{r+\alpha}} \tag{2-31}$$

其中

$$Z = \left[\frac{S_t}{2ES_1}\right]^{S_1} \frac{m}{k}$$

$$r = 2S_0 + m$$

式中，α、β、m、S_0、S_1 为材料常数；E 为弹性模量；S_t 为三轴应力因子；σ_{eq} 为有效应力；D 为疲劳损伤。

于是单位循环时的疲劳损伤为

$$\frac{\delta D}{\delta N} = \frac{2Z(\sigma_{\max}^r - \sigma_{\min}^r)}{r\beta^m (1-D)^{r+\alpha}} \tag{2-32}$$

当初始条件为 $N=0$ 时，$D=0$，对式（2-32）进行积分，得

$$D = 1 - \left[1 - \frac{2Z(\sigma_{\max}^r - \sigma_{\min}^r)(r+\alpha+1)}{\beta^m r} N\right]^{\frac{1}{r+\alpha+1}} \tag{2-33}$$

设 $N=N_f$（即断裂失效）时，$D=1$，材料的疲劳寿命为

$$N_f = \frac{\beta^m r}{2Z(\sigma_{\max}^r - \sigma_{\min}^r)(r+\alpha+1)} \tag{2-34}$$

于是损伤表达式（2-34）可改写为

$$D = 1 - \left[1 - \frac{1}{N_{\mathrm{f}}} \right]^{\frac{1}{r+\alpha+1}} \qquad (2\text{-}35)$$

2.2.2.2　不确定性疲劳累积损伤理论

近 20 年来，为适应疲劳可靠性设计的要求，概率疲劳累积损伤理论有了很大的发展。下面简要介绍两种不同类型的理论。

1）概率 Miner 准则

概率 Miner 准则[19]设内在分散性用随机损伤变量 $D^{(1)}$ 描述，外在随机变量用 $D^{(2)}$ 描述，则瞬时累积损伤 $D(n)$ 的分布是 $D^{(1)}$ 和 $D^{(2)}$ 的和分布：

$$D(n) = D^{(1)} \vee D^{(2)} \qquad (2\text{-}36)$$

其中

$$D^{(1)} = n/N$$

式中，n 为加载循环数，是一个确定的量。

由疲劳寿命 N 的分布可以得到 $D^{(1)}$ 的分布。通常，可以认为疲劳寿命 N 服从对数正态分布或 Weibull 分布。

$D^{(2)}$ 主要考虑外荷载作用顺序的影响。为得到 $D^{(2)}$ 的分布，可以对荷载谱采用 Monte-Carlo 法进行分析，产生一个随机加载系列，用修正的 Miner 准则计算不同时刻的瞬时损伤 $D^{(2)}(n)$，抽样计算 m 次，就可获得 m 组 $D^{(2)}(n)$ 值，然后对 m 组 $D^{(2)}(n)$ 做统计分析，这样便可得到其分布。然后由式（2-36）计算出 n 次循环造成的疲劳损伤概率分布 $D(n)$。

2）疲劳累积损伤动态统计模型

疲劳累积损伤过程是一个复杂的不可逆随机过程[20]，这一随机过程可写为

$$D(n) = F(\{D_0\}, \{D^{(1)}\}, \{D^{(2)}\}) \qquad (2\text{-}37)$$

式中，$\{D_0\}$ 为描述材料内部初始缺陷的一族随机变量；$\{D^{(1)}\}$ 为描述疲劳累积损伤内在分散性的一族随机变量；$\{D^{(2)}\}$ 为描述疲劳累积损伤外在分散性的一族随机变量。

定义每次荷载循环造成的损伤为 $D = 1/N$，D 和 N 都是随机变量，取决于外荷载和材料本身；经 n 次加载，疲劳损伤可线性叠加，即 $D(n) = \sum_{i=1}^{n} D_i$，其中 D_i 用修正的线性疲劳累积损伤理论计算。当 n 足够大时，可以应用中心极限定理确定 $D(n)$ 的分布

$$F_{D(n)} = \varphi \left[\frac{D(n) - \mu_{D(n)}}{\sigma_{D(n)}} \right] \qquad (2\text{-}38)$$

当 $D(n)=D_{cr}$ 时发生疲劳破坏。其中 D_{cr} 为临界损伤，是一个随机变量，其均值为 1，变异系数与疲劳寿命的变异系数近似相等。

2.2.3　疲劳裂纹扩展理论

对于带有初始裂纹 a_0 的构件可以认为直接进入了宏观裂纹扩展时期，从初始裂纹 a_0 发展至临界裂纹 a_c，该过程称为疲劳裂纹的亚临界扩展，疲劳裂纹扩展理论便主要应用于该阶段[3,7]。

在断裂力学中，有这么一个参量 K，应力与该参量成正比，在同一变形状态下，不论其他条件怎样不同，只要 K 相同，裂纹尖端邻域的应力场强度完全相同，所以 K 反映了裂纹尖端邻域的应力场强度，称为裂纹尖端的应力场强度因子，简称应力强度因子。应力强度因子 K 可写成

$$K = Y\sigma\sqrt{a} \tag{2-39}$$

式中，a 为裂纹长度；σ 为裂纹位置上按无裂纹计算的应力，称为名义应力；Y 为与构件形状有关的一个量，称为形状系数。对于给定的 a 和 Y，随着 σ 的增加（或给定 Y 和 σ，而 a 增加），则 K 也会增加。当 K 增加达到一定值时，构件就会发生断裂破坏，此时的 K 值用 K_c 表示，称为材料的断裂韧度，是材料的常数。

为准确描述裂纹的亚临界扩展，把裂纹长度 a 对应力循环次数 N 的变化率 da/dN 定义为亚临界扩展速率。在单轴交变应力下，垂直于应力方向的裂纹扩展速率一般可写为

$$\frac{da}{dN} = f(\sigma,a,c) \tag{2-40}$$

试验证明，裂纹尖端的应力强度因子幅值 ΔK 是影响亚临界扩展速率的最主要因素。亚临界扩展速率 da/dN 与应力强度因子幅值 ΔK 关系如图 2-4 所示。

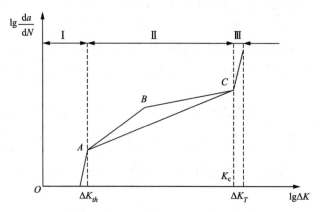

ΔK_{th}——裂纹扩展的下门槛值；ΔK_T——裂纹扩展的上门槛值。

图 2-4　da/dN 与 ΔK 关系曲线示意图

从图 2-4 中可见，曲线可以分成 Ⅰ、Ⅱ、Ⅲ三个区段：Ⅰ是裂纹的不扩展区；Ⅱ是裂纹的亚临界扩展区；Ⅲ是裂纹的失稳扩展区（最后断裂时期）。

ΔK_{th} 又称为断裂极限，小于该值构件可经历无限次应力循环而不发生疲劳破坏，与疲劳极限 S_r 表征的是无缺陷构件的无限寿命不同，断裂极限 ΔK_{th} 表征的是带缺陷构件的无限寿命。

2.3　疲劳寿命的估算

材料抗疲劳能力的主要指标之一就是材料的疲劳寿命，从材料（或结构）承受应力循环直到材料出现裂缝或是丧失承载能力为止，材料所承受的应力循环总数，或是应力循环的总持续时间，称为材料或结构的疲劳寿命。一般来说，材料的疲劳强度极限越高，外加的应力水平越低，试件的疲劳寿命就越长；反之，疲劳寿命就越短。

如前所述，疲劳寿命 N_f 为疲劳裂纹形成阶段寿命 N_i 与疲劳裂纹扩展阶段寿命 N_p 的总和。在实际工程中，疲劳寿命的估算方法一类是常规疲劳设计中根据 S-N 曲线，即应用线性疲劳累积损伤理论进行寿命估算，这种方法称为名义应力法，得到的结果是总寿命，主要适用于疲劳裂纹形成阶段；另一类是用局部应力-应变法估算裂纹形成寿命，用断裂的方法求得裂纹扩展寿命，两者之和为总寿命，该法适用于疲劳裂纹扩展阶段。

2.3.1　名义应力法

名义应力法的出发点是构件的危险部位（应力集中部位）的名义应力，以名义应力 S 为参数，以材料或构件的 S-N 曲线为基础，计入有效应力集中系数、尺寸系数、表面系数和不对称循环系数等因素的影响，结合适当的疲劳累积损伤理论，从而得到危险部位的疲劳寿命。

名义应力法又可分为传统名义应力法、应力严重系数法、有效应力法、细节额定系数法等。对 S-N 曲线的使用也分成直接获取构件的 S-N 曲线和由材料的 S-N 曲线修正得到构件 S-N 曲线两种。但概括起来，名义应力法的基本步骤如图 2-5 所示。

用名义应力法估算零件和构件的寿命时，需要用到许多修正系数和大量的试验曲线，这些都限制了它的应用。尽管如此，长期以来人们对这种方法进行了大量的研究，积累了许多宝贵的资料和经验，且计算方法也比较简单，所以在应力水平较低、荷载比较稳定的情况下，名义应力法仍在工程中广为应用。

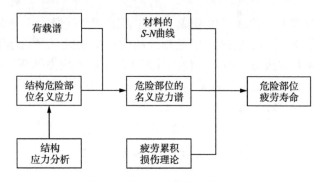

图 2-5　名义应力法的基本步骤

2.3.2　局部应力-应变法

局部应力-应变法的基本思想是认为构件的整体疲劳性能取决于最危险区域的局部应力-应变状态。该方法结合材料的循环应力-应变曲线，通过弹塑性有限元分析或其他计算方法，将危险部位的名义应力谱转换成危险点处的局部应力-应变谱，然后根据 ε-N 曲线与疲劳累积损伤理论估算危险部位的疲劳寿命。局部应力-应变法的基本步骤如图 2-6 所示。

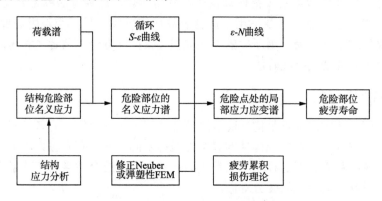

图 2-6　局部应力-应变法的基本步骤

局部应力-应变法认为应力只能反映结构承受的荷载，应变反映结构内部的变形，与疲劳机理有更直接的联系。特别是在荷载较大的局部，由于应力集中进入塑性状态，S-N 曲线不再适用，应变成为影响疲劳寿命的主要因素。该方法用 ε-N 曲线代替了 S-N 曲线，用循环的 S-ε 曲线代替了单调的 S-ε 曲线，考虑了塑性应变并计入了结构几何尺寸、荷载顺序的影响，提高了疲劳寿命估算精度。根据所采用的循环的 S-ε 曲线（稳态或瞬态）和 ε-N 曲线（Manson- Coffin 公式或 ε_{eq}-N 曲线）的不同，局部应力-应变法又分为稳态法和瞬态法两个大类。局部应力-应变主要适用于以塑性变形为主要影响因素的低周疲劳（应变疲劳）。

2.3.3　损伤容限设计

损伤容限设计是以断裂力学为理论基础，以无损检验技术和断裂韧性测定技术为手段，以有初始缺陷或剩余寿命估算为保证，确定零构件在使用期内能够安全使用的一种设计方法。传统的疲劳设计思想存在一个严重的问题，就是它把材料视为无缺陷的均匀连续体，这与工程实际中的构件情况是不相符的。对工程实际的构件，在焊缝处不可避免地存在各种缺陷，正是因这些缺陷的客观存在，使材料的实际强度大大低于理论模型的强度。断裂力学的基本假设，就是承认零构件有原始裂纹或裂纹缺陷，零构件脆性或疲劳破坏就是从这些缺陷处扩展或从原始裂纹缺陷经过缓慢扩展的结果。断裂力学所研究的就是这些缺陷在荷载作用下发生脆断的特性和规律。损伤容限设计就是用断裂力学中关于裂纹扩展的理论和方法来确定零件存在缺陷或出现裂纹后，在循环荷载作用下，由初始裂纹尺寸扩展到临界尺寸的应力循环次数（称作裂纹扩展寿命或剩余寿命）的设计方法，也根据已知的裂纹来确定零构件的许用应力。目前，损伤容限设计已经在航空航天、交通运输、化工、机械、材料、能源及海洋等工程领域得到广泛使用。

2.4　边坡疲劳寿命分析方法

应该指出的是，前述由等幅应力谱获得 *S-N* 曲线，该疲劳试验测得的仅仅是材料的疲劳极限，而并非结构的疲劳极限。在建立结构的疲劳强度条件时，应在材料疲劳极限的基础上还要考虑应力集中等环境影响因素和适当的安全因素。从广义上讲，边坡也属于结构的范畴，故通过室内岩石疲劳试验获得岩石材料疲劳特性后方能进一步考虑岩质边坡的疲劳。

2.4.1　结构疲劳分析方法的选择

结构疲劳分析的方法主要有两类：试验法和试验-分析法，其中试验-分析法又称为科学疲劳分析法[4]。

试验法完全依赖于试验，它直接通过与实际情况相同或相似的条件对结构做足尺试验以获得疲劳数据。试验法是传统方法，获得的数据真实可靠。但其同样也存在自身固有的缺点，适用于简单的小构件，但对于复杂结构、大型结构、受荷工况复杂、周期长的情况往往无能为力。对于边坡这类受荷工况复杂的大型工程结构具有明显的不适用性。

试验-分析法是依据材料的疲劳性能，对照结构所受的荷载历程，对结构做应力-应变分析，依据适合的疲劳法则（*S-N* 曲线与疲劳累积损伤理论或疲劳裂纹扩展理论），按分析模型来确定结构的疲劳寿命，如图 2-7 所示。试验-分析法降低了试验成本、减少了试验时间，更为重要的是其弥补了传统方法的不足，随着计算机技术和数值模拟方法的发展，该方法的优势日益明显。对于边坡疲劳寿命分析采用该方法较为理想。

图 2-7　试验-分析法

2.4.2　边坡疲劳荷载的特性

土木工程中的疲劳荷载一般可分为高周低幅、低周高幅、超高周三种类型，对此 Hsu[20] 总结了疲劳荷载的循环加载范围，如图 2-8 所示。

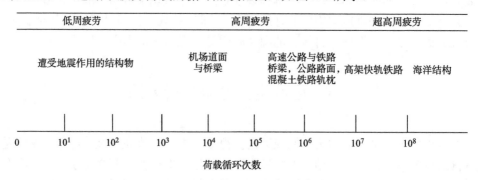

图 2-8　土木工程疲劳荷载的循环加载范围

图 2-8 中，高周疲劳具有疲劳寿命长、断裂应力水平低的特点，又称低应力疲劳，构件在破坏之前一般仅发生极小的弹性变形；低周疲劳表现为疲劳寿命短、断裂应力水平高，应力往往大到足以使每个循环产生可观的宏观的塑性变形，因此又称高应力疲劳或应变疲劳。高周疲劳传统上用应力范围来描述疲劳破坏所需的时间或循环数，即按应力疲劳法评估疲劳寿命；低周疲劳传统上用应变范围来描述全塑性区域疲劳破坏所需的时间或循环数，即按（局部）应变疲劳法评估疲劳寿命。可见，承受交通荷载的边坡疲劳问题，属于高周疲劳的范围，荷载循环次数在 $10^3 \sim 10^7$ 次，应以应力疲劳法进行该项疲劳研究。

2.4.3　边坡疲劳寿命估算方法的确定

为了更好地研究边坡疲劳破坏的全过程，可将其假定为均质边坡，以边坡出现宏观裂缝为破坏，故该疲劳分析仅涉及疲劳裂纹形成阶段的寿命 N_i。该阶段的疲劳法适合使用 S-N 曲线与疲劳累积损伤理论进行疲劳寿命的估算，根据适用条件采用名义应力法。由此可确立交通荷载作用下边坡疲劳寿命分析的研究路线，具体如下。

（1）荷载谱。交通荷载具有随机振动特性，对其的处理有三种方法：一是采用仪器现场记录一段有代表性的时间段的交通荷载响应谱，以该响应谱作为荷载块，在进行结构分析时循环加载；二是对交通荷载进行统计简化，换算成等效疲劳车荷载以此进行循环加载；三是直接通过试验确定应力集中区域，在该区域布置应变片，根据测得的应变和材料性能计算其应力，最终将应变谱转化为应力谱。

（2）S-N 曲线。边坡岩土体在交通荷载下受荷以同号的压应力循环为主，据此，室内疲劳试验以等幅压应力循环获得边坡岩土体材料的 S-N 曲线。

（3）疲劳累积损伤准则。路桥与边坡往往需要协调工作，根据英国路桥规范 BS 5400[21] 建议，交通荷载采用 Miner 准则处理。交通荷载属于随机谱，根据试验显示临界疲劳损伤 D_{cr} 的均值接近于 1，Miner 准则具有适用性。同时，Miner 准则方便适用，利于工程推广。

综上所述，可以将图 2-5 的名义应力法与图 2-7 的试验-分析法进行合并细化，以此作为边坡疲劳寿命的分析方法，如图 2-9 所示。

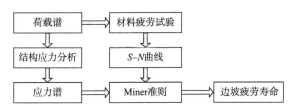

图 2-9　边坡疲劳寿命分析方法

基于以上边坡疲劳寿命分析方法，可以给出交通荷载作用下边坡疲劳寿命分析的基本流程如下。

（1）对边坡所在路段交通荷载的车型和车流量分布进行统计、简化、归并，根据等效轴重法则得到适用于该段的标准疲劳车，进而由标准疲劳车循环作用获得该段交通荷载的疲劳荷载谱。

（2）由荷载谱获得应力谱（在复杂应力条件下可以通过等效转化获得等效应力谱），通过数值模拟确定应力集中的区域，计算应力，获得应力谱。

（3）由于疲劳车荷载形成的荷载谱是规则的，故只需对获得的应力谱中的应力进行分级统计，进而计算应力循环的次数，以便确定其累积损伤。

（4）根据交通荷载特性，参照进行室内常幅疲劳试验获得坡体岩石材料的 S-N 曲线。

（5）基于 S-N 曲线与规则化应力谱，按 Miner 准则计算得到交通荷载作用下边坡疲劳寿命。

2.5　小　　结

本章首先简要介绍了疲劳的基本概念与分类，并对疲劳荷载产生的应力谱与其基本参量做了概述。其次又概述了当前研究疲劳破坏的力学理论基础，即主要由断裂力学和损伤力学构成，并在此基础上，综合对比了当前材料疲劳寿命的估计方法及各自的适用范围。最后，根据边坡所受疲劳荷载的力学特性，确定了边坡疲劳寿命的估算方法，并进一步明确了其计算流程。

参 考 文 献

[1] 桑多尔·B.I. 循环应力与循环应变的基本原理 [M]. 俞炳亮，译. 北京：科学出版社，1985.

[2] 傅祥炯. 结构疲劳与断裂 [M]. 西安：西北工业大学出版社，1995.

[3] 姚卫星. 结构疲劳寿命分析 [M]. 北京：国防工业出版社，2003.

[4] 张安哥，朱成九，陈梦成. 疲劳、断裂与损伤 [M]. 成都：西南交通大学出版社，2006.

[5] 曾春华，邹十践. 疲劳分析方法及应用 [M]. 北京：国防工业出版社，1991.

[6] 康颖安. 断裂力学的发展与研究现状 [J]. 湖南工程学院学报（自然科学版），2006（1）：39-42.

[7] LEMAITRE J. 损伤力学教程 [M]. 倪金刚，陶春虎，译. 北京：科学出版社，1996.

[8] 李灝. 损伤力学基础 [M]. 济南：山东科学技术出版社，1992.

[9] 余寿文，冯西桥. 损伤力学 [M]. 北京：清华大学出版社，1997.

[10] 王军. 损伤力学的理论与应用 [M]. 北京：科学出版社，1997.

[11] 余天庆，钱济成. 损伤理论及其应用 [M]. 北京：国防工业出版社，1993.

[12] 童小东. 水泥土添加剂及其损伤模型试验研究 [D]. 杭州：浙江大学，1998.

[13] 杨更社，张长庆. 岩体损伤及检测 [M]. 西安：陕西科学技术出版社，1998.

[14] 靳敏超，沈健，冯仲仁. 带预裂纹混凝土单双轴疲劳试验分析 [J]. 施工技术，2019，48（S1）：452-454.

[15] 杨晓华，姚卫星，段成美. 确定性疲劳累积损伤理论进展 [J]. 中国工程科学，2003，5（4）：81-87.

[16] 童小燕，王德俊，徐灏. 疲劳损伤过程的热能耗散分析 [J]. 金属学报，1992，28（4）：163-169.

[17] KACHANOV L M. Rupture time under creep conditions [J]. International Journal of Fracture, 1999, 97: 11-18.

[18] 尤明庆. 岩石试样的强度及变形破坏过程 [M]. 北京：地质出版社，2000.

[19] 赵明阶. 受载岩石混凝土的声学特性及其应用 [M]. 北京：科学出版社，2009.

[20] HSU TT C. Fatigue of plain concrete [J]. ACI Journal, 1981, 78 (4): 292-305.

[21] Steel, concrete and composite bridges. Part 10. Code of practice for fatigue (BS 5400) [S]. London: British Standards Institute, 1980.

第3章 岩石疲劳损伤及其劣化试验

由于岩石本身的复杂性、多样性，其所承受荷载的多变性，岩石疲劳损伤特性及疲劳破坏整个过程中相关参数的变化特征更深层次的研究需要进一步展开。为此，本章利用电液伺服疲劳试验机进行了循环荷载作用下完整砂岩、含节理岩体以及缺陷岩体的抗压疲劳损伤试验研究，并基于相似原理开展节理岩体与其锚杆锚固的疲劳试验研究，借助在线监测辅助试验系统及超声波测试设备研究了其疲劳损伤演变全过程，利用疲劳寿命试验结果得到相应的 *S-N* 曲线方程。最后，开展含结构面岩体的疲劳损伤剪切试验，并建立相应的结构面剪切本构模型。本章研究成果将为后续建立起疲劳损伤模型奠定坚实的试验基础。

3.1 完整岩石等幅与变幅抗压疲劳试验

3.1.1 试验概况

3.1.1.1 试验系统及加载条件

试验所用设备为 INSTRON 公司制造的 INSTRON1304 电液伺服疲劳试验机，整个试验是在福州大学中心实验室完成的。该仪器有较强的动载试验功能，可由用户自行设定动载条件（如波形、频率、间歇时间等）；动态试验的最大荷载容量可达 100kN，荷载测量精度为满量程的±0.25%。循环加载过程中的声波测量使用武汉岩土力学研究所研制的 RSM-SY5 智能型超声波检测仪；应变数据的采集使用 INVSA-8 动态应变仪及 306DF 智能信号采集处理分析仪。疲劳试验加载系统及测试设备如图 3-1 所示。

（a）电液伺服疲劳试验机　　（b）循环加载中声波与应变的测量　　（c）超声波检测仪、动态应变仪与
智能信号采集处理分析仪

图 3-1　疲劳试验加载系统及测试设备

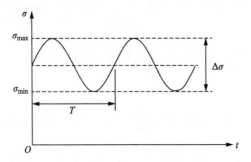

σ_{max}——周期荷载的上限应力；σ_{min}——周期荷载的下限应力，

$\Delta\sigma=\sigma_{min_{max}}$，$\Delta\sigma$为荷载幅值；$T$——周期（$f=1/T$，$f$为频率）。

图 3-2　周期加载波形示意图

疲劳破坏试验以荷载控制，为了消除加载频率对砂岩疲劳性能的影响，疲劳试验加载频率均为 5Hz，加载波形选用正弦波。加载波形的特征参数如图 3-2 所示。试验中固定下限应力、改变上限应力，应力以应力比的形式给出，应力比表示试验设定的应力参数与岩石静态抗压强度（σ_c）之比，如上限应力比就是指上限应力与岩石静态抗压强度之比。

此次等幅及变幅试验中，砂岩试件的单轴抗压强度 $\sigma_c=20.02$MPa，等幅疲劳试验荷载上限应力比为 0.8～0.9，变幅疲劳试验分两级：高—低、低—高，三级高—低、低—高的加载形式，下限应力比保持在 0.1 不变。

3.1.1.2　试件制作

试验砂岩采自福建三明沙县，为中风化，岩石试件呈灰黄色，块状结构。砂岩主要成分为石英、长石、方解石和高岭石。为了尽可能减小试件的离散性，试件是从同一块大的岩石上切割、加工得来，试件尺寸为 50mm×50mm×100mm 的长方体，两个端面的平整度误差小于 0.02mm。本次试验所用试件共 43 个，进行等幅及变幅试验共进行了 7 组，每组 5 个试件；进行不同含量成分（含砾砂岩与砂岩）及不同风化程度砂岩对比试验研究，又进行了 2 组，每组 4 个试件。

3.1.1.3　试验原理及方法

1）试验原理

本次试验在疲劳加载的同时，同步进行超声波速与应变的测量，已有文献 [1] 对超声波速的测量采取加载一定时间后卸载，再来测量波速，这样就难以避免由反复卸荷造成试件的附加弱化效应，影响超声波速测量的准确性。为此在本试验中设计超声波传感器固定在试件上，在加载过程中可以连续、实时测量超声波的变化；同时在试件的侧面粘贴两组 2mm 胶基电阻应变片，测量纵向及横向应变；在试验配合使用了疲劳损伤在线监测辅助试验系统以测试超声波速的变化[2]。试验测试的原理如图 3-3 所示。

2）在线监测辅助试验系统

疲劳过程是一种相当复杂的过程，通过各种手段测得的数据需经过一系列的分析与处理才能得到一个初步的变化规律，无法对瞬时损伤进行实时监测。在此次超声波跟踪疲劳损伤的过程中配合使用了在线监测辅助试验系统，用于实时观察试件的损伤进展情况及指导超声波速变化关键点的有效测量。

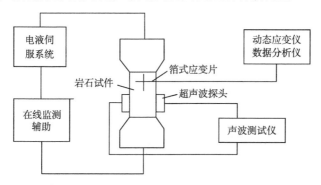

图 3-3　试验测试的原理

在线监测辅助试验系统，利用系统分析的方法在线跟踪损伤过程，有些学者把它成功地应用于金属材料的疲劳损伤监测[3]，但在岩土工程领域的应用却很鲜见。作者尝试在砂岩试件的疲劳测试中应用系统分析技术对岩石疲劳损伤过程中的微弱动态信号进行提取和分析，将岩石材料的动态应力、应变等宏观信号的细微变化与相应材料组织的微观演化相结合进行模拟，提取出材料的损伤参数，实时监测损伤过程，为疲劳损伤的宏观分析和量测提供直观、有效、快捷的数值度量和描述。

与此同时，采用 INSTRONI324 的信号发生器产生正弦动态信号，由电液伺服系统将该动态信号转化成荷载循环加载于试件，这种动态荷载就是对系统的激励；试件因受力而发生变形（即系统的响应），响应的动态变形信号可由 INSTRONI324 试验机的位移传感器输出。随着试件疲劳损伤的产生和发展，试验表明试件在相同的循环荷载作用下将产生不断变化的宏观动态响应，动态变形信号包含了材料的疲劳损伤信息，表现在由系统建立起来的数学方程（传递函数）中的某些参数跟着发生相应的变化，进而建立材料的响应方程（传递函数），并提取敏感的系统变化参数，跟踪试件疲劳损伤破坏的整个过程。疲劳过程在线测试的传递函数建模技术路线原理如图 3-4 所示。

在循环荷载作用下，学者们对材料的动态受力与动态变形之间的关系进行了大量的研究，在这些研究中所建立的数学模型比较成功的有 Dobson 模型[4]，在其基础上，经大量试验选择由微分方程组式（3-1）、式（3-2）构建传递函数

$$\ddot{u} + 2\omega\dot{u} + \alpha\omega^2 u + (1-\alpha)\omega^2 z = f(t) \qquad (3\text{-}1)$$

$$\dot{z} = A\dot{u} - \beta\,|\dot{u}|\,|z|\,z - \gamma\dot{u}\,|z|^2 \qquad (3\text{-}2)$$

式中，u 为试件受力点的位移；$\ddot{u}$ 为位移的二阶系数；$\dot{u}$ 为位移的一阶系数；z 为方程组内部变量（或中间变量）；ω 为系统的固有频率；$f(t)$ 为外作用力；$\dot{z}$ 为变量的一阶系数；γ、α、β 为材料指数（相同材料基本保持不变）。

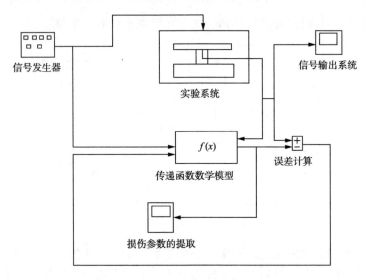

图 3-4　传递函数建模技术路线原理

非线性方程式（3-1）、式（3-2）基本能反映材料在循环过程中的常见特征。

数学方程中参数 A 及参数 γ、α、β 的确定由三层前向神经网络算法获得，做法如下：根据大量的试验数据计算经验，选取砂岩试件的材料指数范围 $\gamma=1.0\sim4.0$，$\alpha=0.1\sim1.5$，$\beta=0.5\sim2.5$，并在该范围分别选取 60 个元素组成向量，采用四/五阶 Runge-Kutta（龙格-库塔）法积分计算得到受力与位移对应的计算数据，然后训练 γ、α、β，以实测（A/D 转换器测量值）的 6 组受力与位移作训练样本，目标输出为相应的 γ、α、β 参数，输入层节点数为 12，输出层节点数为 4，隐含层节点数目的选择采用网络的输出层节点数加输入层的平方根作为参考，开始时选用 4 个；当无法得到要求的精度时，采用构造法加入新的神经元，直到满足精度为止，γ、α、β 的值由此确定。得到这些数值后，把参数 A 与 γ、α、β 一起训练，若达不到设定的精度要求时，采用构造法加入新的神经元直到网络满足精度（设定为 0.01）要求为止。理论上，BP 网络具有功能强大的函数逼近功能，特别是对于高度非线性函数。计算结果表明 γ、α、β 的数值，在每千周采集的动态数据中所进行的计算结果变化不大，而参数 A 在疲劳循环损伤过程中则发生显著变化。

通过大量的宏观和微观试验观察，参数 A 能够敏感地反映疲劳损伤过程，在此将无量纲参数 A 定义为岩土材料的损伤参数，试验中实时跟踪参数 A，将循环过程的损伤参数 A 计算结果对其循环初始值进行归一化处理，并实时将计算结果绘图。

3.1.1.4　试验加载工况

本次试验对砂岩进行了等幅及变幅（两级、三级）循环荷载下的力学特性、变形特性及疲劳寿命等的测试与研究工作；对各种不同成分含量及不同风化程度的砂岩在循环荷载下的波速变化特征进行了对比试验研究；其中各级疲劳试验加载工况如表 3-1 所示。

表 3-1　灰黄色砂岩循环荷载下等幅及变幅试验加载工况

疲劳形式	编号	S_{max}	循环次数比		加载频率/Hz	试件数量/个
			N_1/N_{f1}	N_2/N_{f2}		
单级	SA-1～SA-5	0.8	1		5	5
	SB-1～SB-5	0.85	1		5	5
	SC-1～SC-5	0.9	1		5	5
两级 低—高	DA-1～DA-5	0.8	0.2		5	5
		0.9			5	
两级 高—低	DB-1～DB-5	0.8	0.2		5	5
		0.9			5	
三级 低—高	TA-1～TA-5	0.8	0.1		5	5
		0.85		0.3	5	
		0.9			5	
三级 高—低	TB-1～TB-5	0.8	0.1		5	5
		0.85		0.3	5	
		0.9			5	
单级 (含砾砂岩)	SD-1～SD-4	与作对比试验的砂岩加载条件相同			5	4
单级 (中—强风化)	SE-1～SE-4	与作对比试验的砂岩加载条件相同			5	4

注：S_{max} 为最大应力比，等于加载上限应力与单轴抗压强度的比值，无量纲；N_1、N_2 分别为第一、二级荷载加载次数；N_{f1}、N_{f2} 分别为第一、二级荷载对应的疲劳寿命。

3.1.2　试验结果与分析

3.1.2.1　砂岩疲劳损伤的在线跟踪测量结果与分析

将砂岩疲劳试验过程中提取的损伤参数 A 的初始值进行归一化处理，以循环周数为横坐标，每千周同步跟踪计算获得的损伤参数 A 为纵坐标，对每个样的损伤参数 A 值进行监测，并实时绘图。图 3-5 为选取的三个砂岩典型样本的疲劳损伤实时在线测量结果，其中 SB-1 试件，SC-2 试件为均匀性较好的砂岩；SD-3 试件含有少量砾石，均匀性稍差，SD-3 试件的加载条件和 SC-2 试件相同。

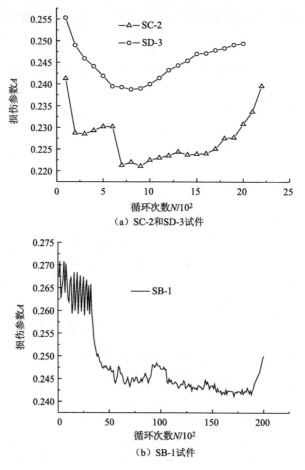

（a）SC-2和SD-3试件

（b）SB-1试件

图 3-5　砂岩试件疲劳过程中损伤参数 A 值变化曲线

在三个砂岩试件疲劳损伤的全过程中，损伤参数 A 值表现出较为明显的三阶段特征，即试件疲劳裂纹的萌生阶段、疲劳裂纹的扩展阶段和疲劳裂纹高速扩展阶段。这与文献［5］中关于岩石疲劳变形特性试验研究中所得结论是一致的，因此参数 A 的物理意义实际表达了与宏观变形相关的微观裂纹在损伤过程中的变化特征。

另外，岩石本身因离散性的影响及所含成分的差异，表现出不同的损伤过程，图 3-5（a）中的两种砂岩变化曲线显示，两个试件虽然都在 2000 次左右破坏，但其经历的疲劳损伤过程却不同，SD-3 试件的第二阶段即疲劳裂纹的扩展阶段较短，便很快进入高速扩展阶段，由于此试件为含砾砂岩，结构比较松散，裂纹一产生便很快扩展，直至破坏；SC-2 试件较为均匀，砂粒间的黏结力较强，结构较为紧密，抵抗裂纹的进一步扩展，延长了疲劳裂纹的扩展时间，但是一旦进入了高速扩展期便很快就破坏。图 3-5（b）中的 SB-1 试件是在较低荷载循环下进行的疲劳试验，与 SC-2 试件相比疲劳寿命明显增长，并且主要是第二阶段疲劳裂纹扩展寿命增长的缘故。

在接下来的疲劳损伤过程的超声波速测试试验中，就利用了实时在线监测损伤参数 A 的结果判断损伤的发展情况，指导超声波速有效及时测量。通过在线损伤参数 A 的分析可以确定疲劳发展的关键转折点及发生明显损伤的时段，以确保循环加载过程中监控到关键变化段的超声波速变化。

3.1.2.2　试件的疲劳破坏形态

本次进行单轴循环荷载疲劳试验的砂岩试件，破坏时发出低沉的闷响，从破坏形式上看几乎都是以劈裂破坏为主，主劈裂面与轴向呈 45°左右交角，破坏形式比较相近，有几条平行加载方向的主裂纹产生，表面上其他微细裂纹发展不多，由于试件有一定的风化程度，劈裂后裂纹交错带由于周期荷载的反复作用及裂纹形成后块体间的摩擦以砂土状散落，无法保持原样，破坏的部分一般都可见以岩面的两个端面为锥底的锥体对顶相接的形态，如图 3-6 所示。

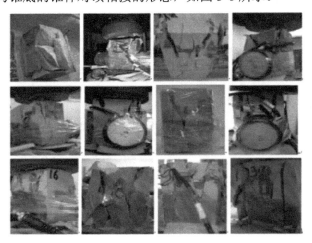

图 3-6　砂岩试件疲劳破坏的形态

在单轴压缩条件下，砂岩试件几乎所有观察到的起始扩展裂纹和方向都与最大主应力方向平行或成小夹角，在起裂时的相对位移大多是垂直裂纹的横向拉开，而沿裂纹方向的纵向相对错动极少。试验表明，初始损伤进一步发展的两种形式（图 3-7）：一种为在临近的裂纹初始损伤之间产生一个方向与平行压应力方向大致一致的起始扩展裂纹，并由此将两者连通；另一种是最终形成的贯通性主裂纹的方向与最大剪应力方向很接近，但实际上并非剪切机理形成主裂纹，而是先在介质中形成一些平行于压应力方向的短小张裂纹，之后由相应的扩展裂纹将它们连接成贯通性主裂纹。因此，根据上述起始裂纹的方向、起始扩展裂纹两侧相邻物质的相对位移方向以及初始损伤（原始裂纹）的连接形式，说明起始扩展裂纹是由损伤局部性以及由此引起的局部拉应力集中形成的[6]，属于拉张起裂。

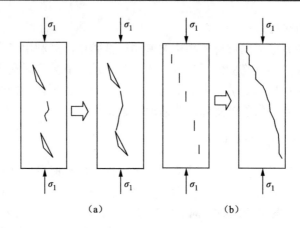

（a）　　　　　　　　　　（b）

图 3-7　初始损伤的两种连接形式

3.1.2.3　疲劳寿命与强度

1）S-N 方程

按照前述试验方法，得到砂岩的等幅疲劳寿命试验结果，见表 3-2。表 3-2 中不同应力水平下的平均疲劳寿命 $\bar{N}_{\mathrm{f}}$ 是按照岩石疲劳寿命类似于混凝土类材料服从对数正态分布求得。

表 3-2　单级疲劳形式下等幅疲劳寿命试验结果

最大应力比 $S_{\max}$	加载频率/ Hz	疲劳寿命 N_{f}/次					平均疲劳寿命 $\bar{N}_{\mathrm{f}}$ /次
0.80	5	24600	58300	67700	76300	126600	62200
0.85	5	5600	16000	28200	51000	64000	24500
0.90	5	2600	8100	5100	14800	16700	7600

大量的研究表明，岩石、混凝土的疲劳强度问题通常归结为 S-N 曲线方程（也称作 Wohler 方程）的建立。S-N 曲线定量地描述了应力水平 S 和疲劳寿命 N 之间的关系，其数学表达式为

$$S = A - B \lg N \tag{3-3}$$

式中，A 和 B 为相应的系数。对表 3-2 中的数据进行线性回归，得到循环荷载下砂岩疲劳强度的 S-N 关系为

$$S_{\max} = 1.326 - 0.109 \lg N_{\mathrm{f}} \quad R = -0.997 \tag{3-4}$$

式中，$S_{\max} = \sigma_{\max} / f_{\mathrm{c}}$ 为最大应力比；N_{f} 为疲劳寿命。砂岩疲劳 S-N 拟合曲线如图 3-8 所示。

蒋宇[7] 曾对红砂岩进行了疲劳试验的研究，求得回归方程为

$$S_{\max} = 1.04333 - 0.05978 \lg N_{\mathrm{f}} \quad R = -0.931 \tag{3-5}$$

红砂岩疲劳拟合曲线如图 3-9 所示。

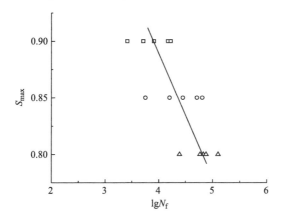

图 3-8　循环荷载作用下砂岩疲劳 *S-N* 曲线

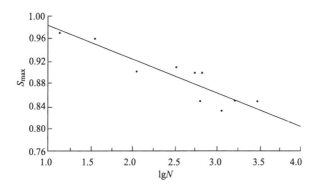

图 3-9　循环荷载作用下红砂岩疲劳 *S-N* 曲线

对比分析可以发现，两种岩石的疲劳寿命与其最大应力比均呈线性关系，但是同为砂岩，由于矿物含量及成分不同，强度不同，其疲劳寿命与最大应力之间的敏感程度不同，图 3-8 所示灰黄色砂岩疲劳寿命与应力的关系直线斜率比较大，图 3-9 所示红砂岩疲劳寿命与应力的关系直线斜率比较小，表明灰黄色砂岩对数疲劳寿命随应力值变化的敏感程度比红砂岩的要低。如果直线的斜率比较小时，加载应力比的微小变化就会引起疲劳寿命较大幅度的变化，而在实际试验中，岩石强度的差异常常引起加载应力比的变化，这种微小的变化由疲劳寿命的敏感性将被放大，从而使试验参数的设计值与实际要求相差偏大。从这个角度讲，S-$\lg N$ 曲线的斜率越大进行疲劳寿命预测时引起的偏差范围应越小。

2）变幅疲劳寿命

在等幅疲劳试验的基础上，又进行了砂岩试件两级和三级变幅疲劳试验，得到变幅疲劳寿命结果见表 3-3 和表 3-4。

表 3-3　两级变幅疲劳试验结果

试件编号	加载形式	N_1	N_2	$\dfrac{N_2}{N_{f2}}$	$\overline{D}_2$	$D = \sum \dfrac{N_i}{N_{fi}}$
DA-1			3 900	0.513		
DA-2			4 800	0.632		
DA-3	低—高 0.8～0.9	12 440	5 900	0.776	0.816	0.2+0.816=1.016
DA-4			7 000	0.921		
DA-5			9 400	1.237		
DB-1			8 900	0.143		
DB-2			19 300	0.310		
DB-3	高—低 0.9～0.8	1 520	31 200	0.502	0.460	0.2+0 460=0.660
DB-4			32 500	0.523		
DB-5			51 000	0.820		

表 3-4　三级变幅疲劳试验结果

试件编号	加载形式	N_1	N_2	N_3	$\dfrac{N_3}{N_{f3}}$	$\overline{D}_3$	$D = \sum \dfrac{N_i}{N_{fi}}$
TA-1				3 950	0.520		
TA-2				4 670	0.614		
TA-3	低—高 0.8～0.85～0.9	6 220	7 350	6 680	0.879	0.81	0.1+0.3+0.81= 1.21
TA-4				6 920	0.911		
TA-5				8 500	1.118		
TB-1				9 600	0.154		
TB-2				12 200	0.196		
TB-3	高—低 0.9～0.85～0.8	760	7 350	20 100	0.323	0.299	0.1+0.3+0.299 =0.699
TB-4				32 500	0.523		

注：N_1、N_2 和 N_3 分别表示在第一级、第二级和第三级重复荷载下的循环次数；D 为三级循环次数比累积数；N_{f2}、N_{f3} 分别为第二、第三级荷载对应的疲劳寿命；$\overline{D}_2$、$\overline{D}_3$ 分别为第二级、第三级荷载下试样的循环次数比平均值。

根据变幅疲劳试验结果发现，不论是两级加载还是三级加载条件，当荷载顺序从低级到高级时，$D = \sum \dfrac{N_i}{N_{fi}} > 1$；当荷载顺序从高级到低级时，$D = \sum \dfrac{N_i}{N_{fi}} < 1$。此试验结果将为后面章节中进行经典疲劳累计损伤模型的适用性计算及新的疲劳累积损伤模型的验证奠定试验基础。

有必要指出的是，岩石疲劳寿命与外载条件及本身的材料性质有直接关系，外载条件可以直接控制，但对于材料本身的性质，只能人为通过一系列技术手段尽可能减小差异性，如使试件采自一块大的母岩，加工过程采用相同的工序，尽可能减少扰动等，然而由于岩石材料在形成过程所经历的应力历史与变形差异及内部节理、裂纹、空隙等大量不确定性缺陷的存在，强度的离散性不可避免，只能尽可能减小，使误差控制在一定的精度范围内。

3.1.2.4 岩石疲劳过程中的应变发展规律

此次试验的砂岩试件等幅疲劳损伤过程中纵向最大应变的变化情况如图 3-10 所示，表现为明显的三阶段变化规律，即初始变形阶段、等速变形阶段和加速变形阶段。与文献 [7] 的研究结果相比，由于各种岩石本身性质不同，三个阶段所经历的循环次数各不相同，同一变形阶段中应变值的增长量也不同。在三种应力比水平下，砂岩第二阶段的应变增长量都比较低，曲线较为平缓，随循环次数比的增加，应变量缓慢增加；进入第三阶段，应变急剧增长，很快发生破坏。图 3-11 描述了其中一个典型试件的应变速率发展曲线。图 3-11 中很直观地显示了和变形相对应的三阶段速率演变规律：第一阶段为初始阶段，约占疲劳寿命的 8%~10%；第二阶段为等速应变阶段，约占疲劳寿命的 85%；第三阶段为加速应变阶段，约占疲劳寿命的 5%。

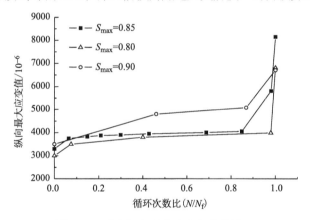

图 3-10　砂岩纵向最大应变的变化情况

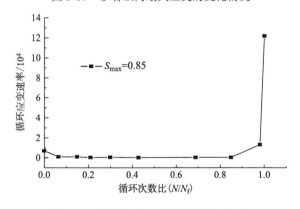

图 3-11　砂岩纵向总应变速率发展曲线

　　试验过程中对砂岩试件的残余应变进行了测量，残余应变随循环次数比的发展曲线如图 3-12 所示。残余应变是在疲劳过程中卸载至 1kN（接近 0）时，持续 60s 量测的结果。残余应变反映了岩石卸载后裂纹端的微塑性变形和微裂纹的不可重新闭合的程度。图 3-12 中显示出在疲劳寿命的前期 10%以内，岩石的纵向残余应变发展速率较快，后期疲劳寿命的大部分时期速率逐渐趋于稳定；另外，残余应变对应力水平的变化比较敏感，应力水平越高，残余应变的速率越大，最终的残余应变量也越大，应力比为 0.9 的条件下，砂岩试件极限残余应变量达到 0.001 7。

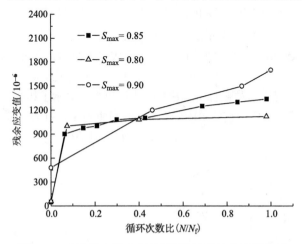

图 3-12　砂岩纵向残余应变随循环次数比的发展曲线

3.1.3　疲劳特性的影响因素试验研究

　　关于岩石的疲劳寿命及加载过程中表现出来的疲劳损伤特性和很多因素有关，归纳起来主要是外在条件（外界因素）和自身物质条件（内在因素）两个方面。

3.1.3.1　加载条件对疲劳特性的影响

　　有关加载条件对疲劳寿命及疲劳损伤特性的影响因素，一些学者曾进行过相关研究[6]。研究结果表明，上限应力、应力幅值、波形、加载频率等因素对岩石单轴压缩疲劳寿命有显著的影响，在相同的上限应力的条件下，随着循环振幅的减小，岩石的疲劳寿命逐渐增大；相同条件下三种波形的试验中，加载波形为三角波的试件疲劳寿命最长，加载波形为正弦波的试件疲劳寿命居中，方波加载过程滞回环最大，试件的疲劳寿命最短；相同试验条件下，提高疲劳荷载的频率，会缩短试件的疲劳寿命。

　　但是所有的上述因素中上限应力是影响疲劳寿命的第一要素，也是模型建立时需要首先考虑的因素。幅值和加载波形影响的实质是能量耗散的不同，频率影响的实质是加载速率的不同。

3.1.3.2 不同类型砂岩的疲劳损伤特性对比分析

首先选取风化程度一样的含砾砂岩和砂岩进行疲劳损伤过程中纵波波速的对比研究。试验显示在两种砂岩的疲劳加载过程中实时的纵波波速都发生了较为明显的衰减现象，在相同加载条件下含砾砂岩的疲劳寿命要远小于砂岩的疲劳寿命，砂岩的纵波波速整体高于含砾砂岩，但是其波速的下降速度却低于含砾砂岩，典型试件的变化规律如图 3-13 所示。

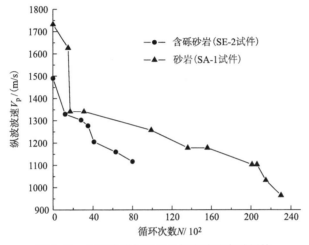

图 3-13 含砾砂岩与砂岩的超声波速衰减规律

其次，选取风化程度不同的砂岩开展疲劳损伤过程中波速变化的对比研究，其中 SE-2、SE-3 试件为中-强风化，SA-1 试件为中风化。由于 SE-2、SE-3 试件风化较为强烈，在制作试件的过程中，试件的角端部很容易掉块。两类试件在相同条件下的循环荷载作用下疲劳损伤过程中波速的变化规律如图 3-14 所示。

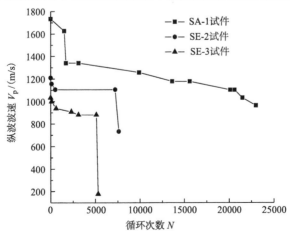

图 3-14 不同风化程度砂岩超声波速衰减规律

中-强风化的 SE-2、SE-3 试件强度要比中风化的 SA-1 试件低，表现在波速上 SE-2、SE-3 试件比 SA-1 试件要低；中风化的 SA-1 试件疲劳寿命较大（23 000周），中-强风化的 SE-2、SE-3 试件疲劳寿命较低，在 5000～8000 周内，大部分属于小于 10^4 的低周疲劳；在疲劳损伤过程中风化的 SA-1 试件的纵波波速衰减比较明显，整个过程中呈渐变趋势；而中-强风化的 SE-2、SE-3 试件的纵波波速在疲劳损伤初期下降比较明显，在整个过程中变化幅度很小，有的几乎不变，而到邻近破坏时突然大幅度下降。

试验结果表明，试件本身物质条件（含不同粒径成分及不同风化程度）也是影响疲劳寿命及疲劳损伤特性的重要因素。

3.2　节理岩体疲劳劣化试验

3.2.1　试验基本理论及试验方案设计

岩体在漫长的地质作用和地应力作用下，产生了大量的节理、裂隙、断层、软弱夹层等结构面，这些结构面的存在，使得岩体具有明显的不连续性、非均匀性和各向异性的特征。岩体的强度、变形特性及破坏机制在很大程度上受这些不连续面的影响。为此，本节基于相似理论，通过选择合理的相似材料，制作了带有不同裂隙倾角及设置锚杆的模型试样，利用电液伺服疲劳试验机开展了模型试样的疲劳损伤试验研究，并借助超声波测试设备及疲劳损伤在线监测辅助试验系统，研究了循环荷载作用下的模型试样的疲劳损伤演变全过程。

3.2.2　试样的制备

3.2.2.1　相似材料的选择原则与确定

相似材料的选择对模型试验的成功与否起着决定性作用，需具备以下几点要求[8]。
（1）所选择的模型材料的主要物理力学性质与原型相似。
（2）所选择的模型材料力学性质不易受外界条件影响。
（3）通过改变材料配比，可对材料的某些性质进行调整。
（4）制作方便，凝固时间短。
（5）制作成本低，取材方便。

选择相似材料时，应当尽可能地把会对试验结果产生影响的因素考虑进去，权衡轻重，将材料性质对模型研究产生的影响降到最低。同时，针对不同的模拟对象，若还存在一些特殊的要求时，应根据研究重点来选择合适的模型材料，以期得到符合实际的试验结果。

1）类岩材料

（1）原岩材料。本试验选取砂岩为原型，所选砂岩采自福建省龙岩市上杭县某工程边坡，该砂岩完整性、均匀性较好，强度较高。制作尺寸为 50mm×50mm×100mm 的长方体和 50mm×50mm×50mm 的立方体两种规格的砂岩试样。对试样的两端进行仔细研磨，不平行度和不垂直度均小于 0.02mm。对砂岩试样进行静态荷载下的抗剪切、抗压等试验，获取原型岩样的主要物理力学性质指标，用于指导模型试样的制作。

其相关物理力学性质指标见表 3-5。

表 3-5　砂岩主要物理力学性质指标

密度 ρ/（g/cm³）	抗压强度 σ_c/MPa	弹性模量 E/GPa	泊松比 μ	黏聚力 c/MPa	内摩擦角 φ/（°）
2.65	35.4	10	0.22	9.6	42

（2）类岩材料的选择。类岩材料作为本节中模型的主要材料，其性能对试验的成败及试验结果的准确性有直接的影响。选择的类岩主要材料如下：

① 石膏。本试验选用模型石膏为主要胶结材料。石膏通过水化作用实现硬化，并且具有相对稳定的性能，初凝只需几分钟，终凝十几分钟便可完成，可缩短模型制作时间及养护周期，且性能稳定、取材方便、价钱低廉。因凝固时间过快，需掺加缓凝剂（如硼砂），同时还可以作为水泥的速凝剂。

② 水泥。本试验选用 32.5R 复合硅酸盐水泥作为另一种胶结材料。水泥强度大于石膏强度，可用于提高模型的强度，但由于水泥凝期远大于石膏，为了控制试验所需的时间，故将水泥定为辅助胶结材料。

③ 河砂。本试验选用河砂作为其中一种骨料，经筛分后，其粒径小于 0.5mm。

④ 重晶石粉。为了增加模型试样的容重，使其更接近原型，本试验选取重晶石粉作为另一种骨料。

⑤ 硼砂。由于石膏凝固时间过快，故本试验选取硼砂为缓凝剂，硼砂溶液的浓度为 1%。

（3）类岩材料配比的确定。

根据表 3-5 中提供的原型岩样主要物理力学指标，基于相似原理，推算出本试验模型试样所需的物理力学指标。首先假定试验原型与模型的几何相似常数为 10，即 $\alpha_l=10$，又根据拟采用原岩材料的重度可确定其重度相应系数为 $\alpha_\gamma = 2.65/2.04 = 1.3$，进而确定其主要物理相似常数为 $\alpha_E = \alpha_\sigma = \alpha_C = \alpha_l \alpha_\gamma = 13$，而其泊松比 μ、内摩擦角 φ 和应变 ε 为无量纲物理量，其相似常数为 $\alpha_\mu = \alpha_\varphi = \alpha_\varepsilon = 1$。至此，即可根据上述所求的相似常数，确定选取的模型试样物理力学指标。

模型材料的弹性模量应为

$$E_m = \frac{E_p}{\alpha_E} = 0.77 \text{GPa}$$

模型材料的抗压强度应为

$$(\sigma_c)_m = \frac{(\sigma_c)_p}{\alpha_{\sigma_c}} = 2.72\text{MPa}$$

模型材料的黏聚力应为

$$c_m = \frac{c_p}{\alpha_c} = 0.74\text{MPa}$$

模型材料的泊松比、内摩擦角可与原型取相同值。

为此，本试验制作不同配比的多组试样，分别测定相应的物理力学参数，并进行对比。经对比后调整配比再制作、测试，最终选取物理力学参数与模型试样要求最接近的配比作为本试验类岩材料的配比，具体配比为重晶石粉：河砂：水泥：石膏：水（浓度为1%的硼砂溶液）=42%：21.5%：8.5%：12.7%：15.3%（质量分数）。本试验所用类岩材料物理力学性质指标如表3-6所示。

表3-6　完整模型试样的主要物理力学性质指标

密度 ρ/(g/cm³)	抗压强度 σ_c/MPa	弹性模量 E/GPa	泊松比 μ	黏聚力 c/MPa	内摩擦角 φ/(°)
2.04	2.75	0.75	0.19	0.72	40

另外，由于受预设裂隙的影响，含裂隙模型试样的强度相比完整模型试样发生一定的损失。对于不同预设裂隙倾角的模型试样，强度损失程度不一致，为了确定含预设裂隙模型试样的抗压强度值，分别对它们进行了静态单轴抗压试验，测得的单轴抗压强度值如表3-7和表3-8所示。

表3-7　单裂隙模型试样的单轴抗压强度值

裂隙倾角 α/(°)	抗压强度 σ_c/MPa	裂隙倾角 α/(°)	抗压强度 σ_c/MPa
0	2.68	60	2.50
30	2.46	90	2.64
45	2.40		

表3-8　双裂隙模型试样的单轴抗压强度值

裂隙倾角 α/(°)	抗压强度 σ_c/MPa	裂隙倾角 α/(°)	抗压强度 σ_c/MPa
0	2.47	60	2.45
30	2.39	90	2.48
45	2.36		

（4）相似性分析。

对完整模型试样进行单轴压缩试验，将测得的应力-应变曲线与典型岩石试样进行对比，如图3-15所示。模型试样与典型岩石试样的应力-应变曲线均经历了弹性阶段、弹塑性阶段、屈服阶段、破坏阶段，应力-应变的发展过程具有相同的变化规律，说明模型试样与岩石试样具有较好的相似性，故认为所选取的试验材料配比符合要求。

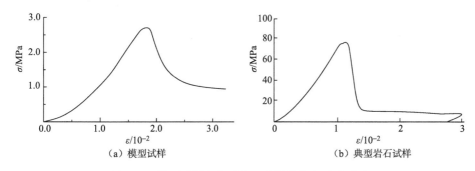

图 3-15　模型试样和典型岩石试样的应力-应变曲线

2）锚杆相似材料

锚杆相似材料的选取是本次试验的一个难点。一方面锚杆相似材料的物理力学性质参数难以准确符合相似原理；另一方面锚杆相似材料不易加工。

锚杆相似材料的选取原则应满足：材料不易变形、具有足够的抗拉力、与注浆材料作用黏结性较好且安装方便。铁丝和竹签基本满足以上要求，且取材容易。选择不同直径的铁丝和竹签作为锚杆相似材料的备选材料，分别对其进行抗拉试验，试验对比结果见表 3-9。

表 3-9　锚杆相似材料抗拉试验对比

材料	直径/mm	抗拉力/N	抗拉强度/MPa	材料性质
竹签 1	1.5	230	130.22	硬，直，不易变形，表面粗糙
竹签 2	2.5	597	121.68	硬，直，不易变形，表面粗糙
铁丝 1	0.5	142	723.57	软，易变形，表面光滑
铁丝 2	1.2	867	766.99	软，易变形，表面光滑
铁丝 3	2.0	2 280	726.11	较软，较易变形，表面光滑

通过对比发现：①竹签相对铁丝不易变形；②竹签表面粗糙，铁丝表面光滑，在注浆后竹签更易于与类岩材料黏结；③锚杆孔径太小会增加试验操作难度，设计锚杆孔径为 3mm，锚杆相似材料直径应接近锚杆孔径。综合对比结果，选取竹签 2 作为本试验锚杆相似材料。文献[9]和文献[10]分别选用直径 2mm、2.5mm、3mm 的竹签作为锚杆相似材料进行模型试验研究，均获得了很好的试验效果。

3）注浆相似材料

由于注浆相似材料的相关力学性质较难测得，通过进行多种材料的抗拔试验对比，本次试验选取黏结性较好、填充性较好且能够与材料充分接触的环氧树脂作为注浆相似材料，并用酒精稀释其稠度。

3.2.2.2　试样的设计、制备及编号

1）模具设计及制作

试样模具要求易于拆装、在制样过程中不易变形。在对比木板、有机玻璃板、铸铁板等多种材料后，选择铸铁板作为模具制作材料，模具内部设计尺寸（即模型试样尺寸）为 70mm×70mm×140mm。模具由 5 片铸铁拼装而成，并通过螺丝固

图 3-16　铸铁模具

定。底板上设置裂隙片插槽，便于安设裂隙及保证裂隙定位的准确；模具壁上设置小孔，作为预设的锚杆孔且同时能保证锚杆位置的准确。拼装好的模具如图 3-16 所示。

2）裂隙设计及制作

为了模拟岩体中裂隙的情况，需在试样中预设裂隙。采用 0.5mm 厚度的薄铁板制作尺寸为 20mm×100mm 的预设裂隙片，并在对应锚杆插入的位置上开孔，方便预留锚杆孔。在制样过程中，将涂有凡士林的预设裂隙片插入模具底板上的裂隙插槽内，并使其在制样过程中保持直立。待试样养护 6h 后拔出预设裂隙片，利用模型材料凝固过程中发热膨胀的特点使裂隙面尽量闭合，如图 3-17 所示。

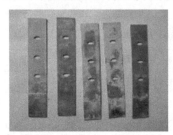

图 3-17　预设裂隙

3）锚杆设计及制作

本试验采用预留锚杆孔的方式来避免后期在试样上打孔产生的裂纹。在制样过程中，通过模具壁上预留的小孔，插入直径 3mm 的钢条，待试样养护 24h 后拔出钢条，试样养护 7d 后通过预留锚杆孔注浆并插入锚杆相似材料，如图 3-18 所示。

本试验 30°、45°和 60°预设裂隙试样均采用垂直裂隙方向与垂直荷载方向两种加锚方式，90°预设裂隙模型试样两种加锚方式为同一种情况，0°预设裂隙模型试样没有采用加锚方式。

4）制样工序及注意事项

（1）拼装模具。用螺丝锁紧铸铁板，防止制样过程中模具变形，并在模具内壁涂上凡士林，便于试样脱模。

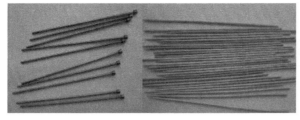

图 3-18 锚杆材料

（2）安装预设裂隙片及预留锚杆孔的钢条。预设裂隙片应垂直插入模具底板上准确位置，并在预设裂隙片上涂凡士林，便于后期拔出。预留锚杆孔的钢条应在分层压实填料过程中根据具体锚杆孔位置插入，同样需要涂上凡士林。

（3）称量并搅拌。根据试验所设定的石膏、水泥、河砂及重晶石粉的配比，使用电子秤准确称量各材料所需用量，并搅拌均匀。制作浓度为 1%的硼砂溶液。往预先搅拌均匀的材料中倒入 1%的硼砂溶液，注意边缓慢倒入边搅拌，直至拌和均匀。

（4）填料。将拌和好的材料填入模具，并分层压实，在压实过程中应保证预设裂隙片与模具底板垂直。需要预留锚杆孔洞的试样，应在分层压实的填料快达到预留锚杆孔洞的位置时再插入钢条。

（5）试样成型。当填料分层压实填满模具时，用刮刀沿模具边缘将多余填料刮除，并尽量做到试样表面平整。

（6）拆模。试样成型后，待其养护 6h 后拔出预设裂隙片。有插入预留锚杆孔钢条的试样，应先拔出，在预设裂隙片抽出后，再插入预留锚杆孔中，待试样养护 24h 后拔出钢条。试样养护 24h 后即可进行拆模。

（7）第一次养护。将拆模后的试样放置在干燥通风处自然风干，养护 20d。

（8）注浆并安置锚杆。将用酒精稀释后的环氧树脂液体注入预留锚杆孔中，将锚杆相似材料均匀的推入到注浆后的锚杆孔中。

（9）第二次养护。将注浆并安置锚杆的试样放置在干燥通风处自然风干，养护 24h，使环氧树脂中的酒精挥发干净，环氧树脂充分黏结锚杆及试样。

（10）试样打磨、称量及编号。用砂纸清理试样表面因注浆造成的污迹，防止影响裂纹扩展的观察。将试样编号并逐个称量，过重或过轻的试样应剔除。

具体制样工序及成品试样如图 3-19 所示。

5）试样的编号

本试验制备的模型试样数量达 457 个，为了便于试验数据的记录、处理及归纳，将试样进行了编号分类。编号方法如下：完整模型试样用 W 表示；预设单裂隙试样用 J 表示，采用垂直预设裂隙锚杆加固的单裂隙试样用 JA 表示，采用垂直加载方向锚杆加固的单裂隙试样用 JP 表示；预设双裂隙试样用 D 表示，采用垂直预设裂隙锚杆加固的双裂隙试样用 DA 表示，采用垂直加载方向锚杆加固的双裂隙试样用 DP 表示；同时采用预设裂隙倾角为编号依据，如 3 表示 30°、4 表示

45°；锚杆抗拔力试验的试样用 WP 表示。

图 3-19　制样工序及成品试样

例如：预设单裂隙为 30°，用以上编号方法，该试样标号为 J3-*X*（*X* 表示该试样在同组试样中的第几个试样）；预设单裂隙为 45°，采用垂直预设裂隙锚杆加固方式，用以上编号方法，该试样标号为 JA4-*X*（*X* 表示该试样在同组试样中的第几个试样）。

3.2.3　试验系统及试验方案

试验所用加载设备为 INSTRON1304 电液伺服疲劳试验机，具体详见 3.1.1 节。试验采用等幅荷载控制方式，加载频率为 5Hz，加载波形选用正弦波。加载波形的特征参数如图 3-2 所示。同时，定义上限应力比等于上限应力与试样单轴抗压强度的比值，即 $R_{max} = \sigma_{max} / \sigma_c$；下限应力比等于下限应力与单轴抗压强度的比值，表示为 $R_{max} = \sigma_{min} / \sigma_c$。相应的试验加载设计方案见表 3-10～表 3-12。

表 3-10　完整试样及单裂隙无锚杆试样疲劳加载试验方案

裂隙情况	编号分组	σ_{max}/MPa	R_{max1}	R_{max2}	参与试验试样数量/个
完整试样	W-1～W-15	2.4	0.87	0.87	5
		2.2	0.80	0.80	5
		2.1	0.76	0.76	5
0°	J0-1～J0-15	2.4	0.87	0.90	5
		2.2	0.80	0.82	5
		2.1	0.76	0.78	5
30°	J3-1～J3-21	2.2	0.80	0.89	5

续表

裂隙情况	编号分组	σ_{max}/MPa	R_{max1}	R_{max2}	参与试验试样数量/个
30°	J3-1～J3-21	2.1	0.76	0.85	11
		2.0	0.73	0.81	5
45°	J4-1～J4-21	2.1	0.76	0.88	11
		2.0	0.73	0.83	5
		1.9	0.69	0.79	5
60°	J6-1～J6-21	2.2	0.80	0.88	5
		2.1	0.76	0.84	11
		2.0	0.73	0.80	5
90°	J9-1～J9-21	2.3	0.84	0.87	5
		2.1	0.76	0.80	11
		2.0	0.73	0.76	5

注：R_{max1} 表示基于完整模型试样静态抗压强度的上限应力比；R_{max2} 表示基于不同裂隙倾角的模型试样各自的静态抗压强度的上限应力比。

表 3-11　双裂隙无锚杆试样疲劳加载试验方案

裂隙情况	编号分组	S_{max}/MPa	R_{max1}	R_{max2}	参与试验试样数量/个
0°	D0-1～D0-15	2.2	0.80	0.89	5
		2.1	0.76	0.85	5
		2.0	0.73	0.81	5
30°	D3-1～D3-21	2.1	0.76	0.88	11
		2.0	0.73	0.84	5
		1.9	0.69	0.79	5
45°	D4-1～D4-21	2.1	0.76	0.89	11
		2.0	0.73	0.85	5
		1.9	0.69	0.81	5
60°	D6-1～D6-21	2.2	0.80	0.90	5
		2.1	0.76	0.86	11
		2.0	0.73	0.82	5
90°	D9-1～D9-21	2.2	0.80	0.89	5
		2.1	0.76	0.85	11
		2.0	0.73	0.81	5

注：R_{max1} 和 R_{max2} 含义同表 3-10。

表 3-12　锚杆试样疲劳加载试验方案（包括锚杆抗拔试验）

裂隙情况		试样编号	加载力/MPa	加载频率/Hz	参与试验试样数量/个
单裂隙	30°	JA3-1～JA3-11	2.1	5	11
		JP3-1～JP3-11			11

裂隙情况		试样编号	加载力/MPa	加载频率/Hz	参与试验试样数量/个
单裂隙	45°	JA4-1~JA4-11	2.1	5	11
		JP4-1~JP4-11			11
	60°	JA6-1~JA6-11	2.1	5	11
		JP6-1~JP6-11			11
	90°	JA9-1~JA9-11	2.1	5	11
双裂隙	30°	DA3-1~DA3-11	2.1	5	11
		DP3-1~DP3-11			11
	45°	DA4-1~DA4-11	2.1	5	11
		DP4-1~DP4-11			11
	60°	DA6-1~DA6-11	2.1	5	11
		DP6-1~DP6-11			11
	90°	DA9-1~DA9-11	2.1	5	11
锚杆抗拔力测试试验		WP-1~35	2.5	5	35

由于模型试样是人工加工制作的，在加工过程中，任一步工序的稍微偏差就可能导致模型试样的性质发生较大的变化。在试验过程中表现为：相同加载条件下同一情况模型试样（如裂隙倾角相同或同为锚杆锚固）的疲劳寿命出现较大的差异，造成试验结果离散性较大。为了尽量减少离散性的影响，本试验从制样环节开始把关，并对加载条件下每种情况模型试样均进行了大量的试验，分析并剔除不可靠的试验结果。

本节对完整模型试样、含不同裂隙倾角（0°、30°、45°、60°和 90°）的单裂隙模型试样及双裂隙模型试样在循环荷载作用下的疲劳劣化试验结果进行分析研究。模型试样实物图如图 3-20 所示。

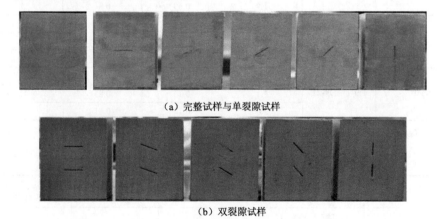

（a）完整试样与单裂隙试样

（b）双裂隙试样

图 3-20 模型试样实物图

3.2.4　循环荷载下节理岩体劣化试验结果与分析

从在线跟踪监测试样的疲劳劣化过程、疲劳劣化的变形发展规律、试样疲劳破坏形态及试样的疲劳劣化机理等几个方面来分析研究节理岩体（石）的疲劳劣化过程，并与锚杆加固作用下的节理模型试样进行对比分析，对循环荷载作用下节理岩体的锚固效应进行研究。

3.2.4.1　节理岩石疲劳损伤的在线跟踪测量

首先，提取模型试样疲劳试验过程中的损伤参数 A 的初始值，并对其进行归一化处理，以循环周数为横坐标，以同步跟踪计算获得的损伤参数 A 值为纵坐标，对每个试样的损伤参数 A 进行在线跟踪监测，并实时绘图。图 3-21～图 3-23 分别为完整、单裂隙及双裂隙典型模型试样的疲劳损伤在线测量结果，即损伤参数 A 变化曲线。

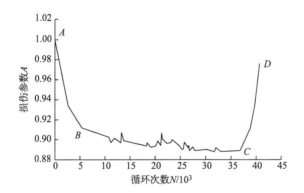

图 3-21　完整典型模型试样损伤参数 A 值变化曲线

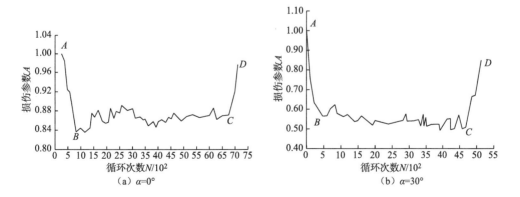

（a）$\alpha=0°$　　　　　　　　　　（b）$\alpha=30°$

图 3-22　单裂隙典型模型试样损伤参数 A 值变化曲线

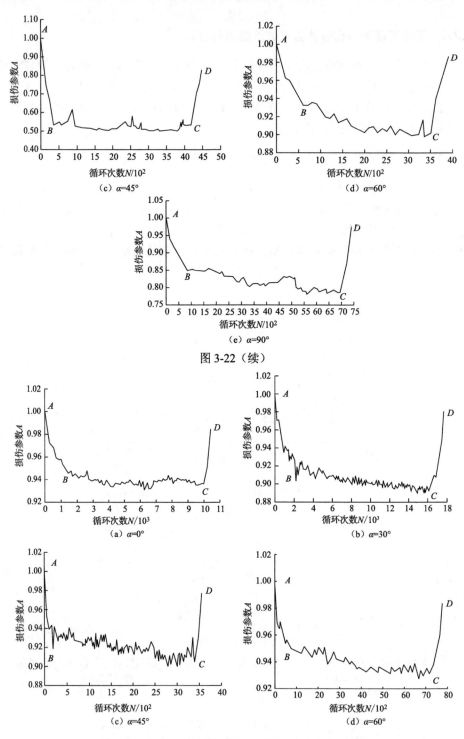

图 3-22（续）

图 3-23　双裂隙典型模型试样损伤参数 A 值变化曲线

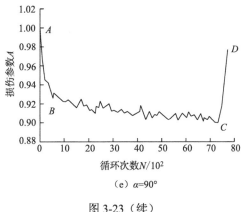

（e）α=90°

图 3-23（续）

　　由图 3-23 可知，对于完整、单裂隙及双裂隙模型试样，在疲劳损伤全过程中，损伤参数 A 值变化曲线均表现出明显的三段变化趋势，即循环初期快速下降，循环中期平缓发展，循环后期急速上升。因此，疲劳损伤过程分为以下三个阶段。

　　（1）疲劳裂纹萌生阶段：对应 A 值变化曲线上的 AB 段。该阶段在循环荷载作用下，模型试样中的微裂纹及预设裂隙被压密，试样得到强化，这个阶段时间较短，曲线呈现快速下降的趋势，在试样得到强化的同时，在试样表面、内部微裂纹及预设裂隙尖端等薄弱环节处开始产生大量的微裂纹。

　　（2）疲劳裂纹扩展阶段：对应 A 值变化曲线上的 BC 段。该阶段在试样表面、内部微裂纹及预设裂隙尖端等位置继续产生新的微裂纹并开始扩展、贯通，试样强度随之弱化，这个阶段时间较长，在 A 值变化曲线中所占循环次数比例最大，曲线呈现较为平缓发展的趋势。

　　（3）疲劳裂纹快速扩展阶段：对应 A 值变化曲线上的 CD 段。该阶段疲劳裂纹快速扩展，并沿着最薄弱的位置快速贯通，形成主裂纹，试样强度急剧下降，当主裂纹扩展至临界裂纹时，试样瞬间发生破坏。这个阶段作用时间很短，在 A 值变化曲线中所占循环次数比例最小，曲线呈现急速上升的趋势。

　　同时，在试样疲劳裂纹扩展阶段中，无论是完整试样还是预设裂隙试样，曲线均出现明显的波峰跳动，甚至会呈现出锯齿状的特点，这表明在整个疲劳裂纹扩展阶段中，微裂纹不断产生，有些微裂纹萌生后并未继续扩展或经过微小的发展后进入休眠，在曲线上表现为较小的波动；有些微裂纹萌生后经过一定程度的发展、汇合，形成较大的裂纹，但未能与周围其他裂纹贯通形成主裂纹，在曲线上表现为较大的波动；在试样边缘存在一些同试样内部相比较为松散的部位，在循环加载过程中，在这些位置可能出现角破坏，这种情况在曲线上也会表现为较大的波动。对比完整、单裂隙及双裂隙模型试样的损伤参数 A 值变化曲线，在曲线第二阶段（BC 段），即疲劳裂纹扩展阶段，双裂隙试样曲线的第二阶段波峰跳动明显多于完整及单裂隙试样，曲线锯齿状更为显著。表明双裂隙试样受两条预设裂隙的影响，相比完整试样及单裂隙试样，在疲劳损伤过程中，微裂纹数量更多，损伤情况更为复杂。

3.2.4.2　节理岩石疲劳损伤过程中的变形发展规律

由于模型试样内部孔隙、微裂纹及预设裂隙的存在，在循环荷载作用下，孔隙压密，微裂纹、预设裂隙闭合，模型试样将产生一系列不可逆的轴向变形。轴向不可逆变形逐渐增加的过程实际上就是试样疲劳损伤不断累积的过程。以模型试样轴向最大应变为纵坐标，以循环次数比 N/N_f 为横坐标绘图，图 3-24 和图 3-25 分别为典型完整、单裂隙及双裂隙模型试样在相同加载条件下轴向应变发展规律曲线。由图 3-24 可知，模型试样疲劳损伤过程中轴向应变表现出明显的三阶段变化规律：加载初期，曲线上升较快；加载中期，曲线上升平缓；加载末期，曲线急剧上升。轴向应变发展规律曲线呈现明显的倒 S 形，可将其简单地划分为三个阶段，即初始变形阶段、等速变形阶段、加速变形阶段。

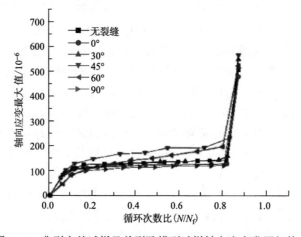

图 3-24　典型完整试样及单裂隙模型试样轴向应变发展规律曲线

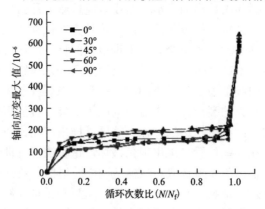

图 3-25　典型双裂隙模型试样轴向应变发展规律曲线

（1）初始变形阶段：该阶段处于循环加载初期，轴向应变发展速率较快，持续时间较短。模型试样处于强化阶段，试样中的预设裂隙及微裂纹被压密，并在试样表面、内部微裂纹及预设裂隙尖端等薄弱环节处开始产生大量新的微裂纹，对应于疲劳损伤过程中的疲劳裂纹萌生阶段。

（2）等速变形阶段：该阶段处于循环加载中期，轴向应变发展速率快速下降，趋于平缓稳定上升，以等速率状态发展，这一阶段在三阶段中持续时间最长。这一阶段模型试样强化基本完成，随着循环次数的增加，试样表面及内部微裂纹继续萌生与扩展，并与邻近微裂纹汇合，疲劳损伤不断累积，试样强度逐渐弱化，对应于疲劳损伤过程中的疲劳裂纹扩展阶段。

（3）加速变形阶段：该阶段处于循环加载末期，轴向应变发展速率加快，持续时间短。这一阶段，不断扩展、汇合的微裂纹逐渐形成控制模型试样变形的主裂纹，当主裂纹扩展至临界裂纹时，模型试样迅速变形直至破坏，对应于疲劳损伤过程中的疲劳裂纹快速扩展阶段。

如图 3-24 和图 3-25 可知，无论是完整试样还是含裂隙试样，三阶段所经历循环次数比占比均存在第二阶段＞第一阶段＞第三阶段；其中第一阶段为初始变形阶段，循环次数比占比 11%～15%；第二阶段为等速变形阶段，各模型试样的轴向应变增长量均明显减小，增长速度缓慢，该阶段所占循环次数比远高于第一、三两个阶段，为 80%～85%，为疲劳累积的重要阶段；第三阶段为加速变形阶段，进入该阶段后，模型试样的轴向应变值急剧增长，并在很短的时间内发生破坏，该阶段所占循环次数比最小，为 4%～9%，其中裂隙倾角 $\alpha=45°$ 的模型试样所占循环次数比为所有情况模型试样中最小，经试验中观察，试样上初始裂纹大多出现在试样表面 45° 方向处，在 $\alpha=45°$ 的模型试样上，这与预设裂隙方向一致，随着裂纹的萌生和扩展，较容易导致试样沿着裂隙面迅速形成贯通的破坏面，快速发生破坏。

对比损伤参数 A 值曲线和轴向应变发展规律曲线可知，由损伤参数 A 值曲线反映的第一阶段占整个疲劳寿命的比例均略小于由轴向应变发展规律曲线反映的第一阶段占整个疲劳寿命的比例，即由疲劳损伤在线跟踪监测系统测得的模型试样疲劳损伤过程第一阶段略小于由动态信号测试分析系统测得的模型试样疲劳损伤过程第一阶段，见表 3-13。这是因为 A 值曲线是由安装在整体台面上的传感器测得的信号得出，测得的是试样整体的变形，而轴向应变发展规律曲线是由粘贴在试样表面的应变片测得的信号得出，测得的是应变片附近区域的试样的变形。相比之下，获得试样整体测试信号的 A 值曲线会更加敏感的反映试样的疲劳损伤过程。这种差距在第二、三阶段有所缩小，是因为随着循环次数的增加，试样从疲劳裂纹萌生阶段进入到疲劳裂纹扩展阶段，试样由表面、局部的裂纹发展，开始进入整体裂纹的发展，随着主裂纹的逐渐形成，试样进入疲劳裂纹快速扩展阶段。

表 3-13 典型模型试样疲劳损伤第一阶段占总疲劳寿命比例对照

阶段	完整试样/%	单裂隙试样/%					双裂隙试样/%				
		0°	30°	45°	60°	90°	0°	30°	45°	60°	90°
损伤参数 A 值曲线第一阶段	13.22	11.47	9.05	7.84	10.95	11.43	14.01	8.44	5.31	9.74	7.04
轴向应变发展规律曲线第一阶段	13.53	12.81	11.93	13.17	11.18	12.20	14.02	11.15	11.24	12.79	12.19

3.2.4.3 节理岩石模型试样疲劳破坏形态

观察试验中预设裂隙受单轴压缩循环荷载作用下的裂纹情况，发现其裂纹主要有两种形式：翼裂纹和次生裂纹，如图 3-26 所示。翼裂纹出现时间较早，由裂隙尖端开始，以近似直线或弧形的形式逐渐向加载力方向稳定扩展，即向模型试样上、下面扩展；翼裂纹是由于裂隙尖端受拉伸作用而产生的，裂纹较光滑，属于拉伸型裂纹。

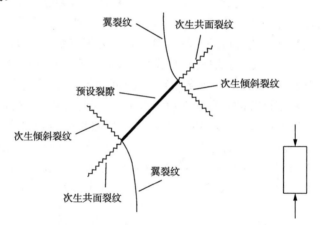

图 3-26 单轴压缩条件下预设裂隙主要裂纹类型

次生裂纹通常与翼裂纹同时出现或较晚出现。由裂纹尖端开始，与预设裂隙方向共面或近似共面的称为次生共面裂纹；与预设裂隙方向成一定夹角且与翼裂纹方向相反的称为次生倾斜裂纹。次生裂纹是压剪破坏的产物，裂纹表面粗糙，呈台阶状，属于剪切型裂纹。

在循环荷载作用下，模型试样表面产生肉眼可见的细微裂纹，随着循环次数的增加，逐渐形成较为明显的主裂纹，在临近破坏时，常见试样表面有局部鼓胀、片落现象发生。当试样达到破坏时，由于存在较大的能量释放，可以清楚地听见低沉的闷响，破坏时，有时可见范围较大的片落现象。观察片落碎块及暴露出的试样内部，存在大量碎屑状及细粉状颗粒，这是由于受到循环荷载反复作用及裂纹形成后块体间反复摩擦。试样破坏后的部分，以观察试样上、下两个端面为锥底的锥体对顶相接的形态为主。典型模型试样疲劳破坏形态如图 3-27 所示。

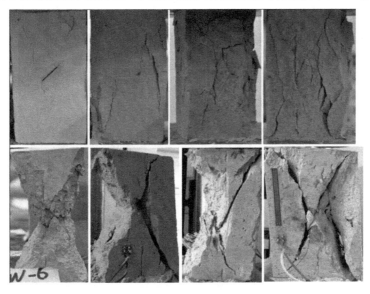

图 3-27　典型模型试样疲劳破坏形态

进一步，完整模型试样或大多数试样完整面的裂纹萌生一般始于试样两端的受载面，绝大多数情况是从试样边角附近开始，沿与加载方向呈 45°左右交角范围渐渐向中间扩展并贯通，主裂面与加载方向呈 45°左右交角，裂纹大多呈现 X 形的破坏形态，破坏形式比较相近。也有少数完整面破裂形式呈纵向劈裂破坏，多与制样过程中试样两端受载面不平行或受载面出现尖角、缺角等情况造成应力集中有关。典型模型试样完整面裂纹扩展情况及破坏形态如图 3-28 所示。

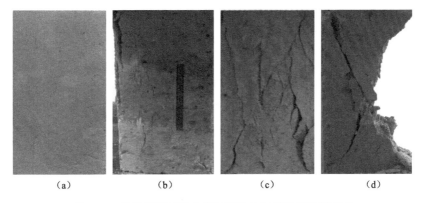

(a)　　　　　　　　(b)　　　　　　　　(c)　　　　　　　　(d)

图 3-28　典型模型试样完整面裂纹扩展情况及破坏形态

对于裂隙面，由于存在不同角度的预设裂隙，其在疲劳损伤过程中裂纹的萌生、扩展及破坏有一定的区别。表 3-14 给出不同预设裂隙面的模型试验结果。

表 3-14　不同预设裂隙面的模型试验结果

预设裂隙倾角	工况	裂纹扩展过程与其最终破坏形态			
$\alpha=0°$	单裂隙				
	双裂隙				
$\alpha=30°$	单裂隙				
	双裂隙				
$\alpha=60°$	单裂隙				

续表

预设裂隙倾角	工况	裂纹扩展过程与其最终破坏形态
$\alpha=60°$	双裂隙	
$\alpha=90°$	单裂隙	
	双裂隙	

通过对表 3-14 的对比分析，可得出以下结论。

（1）循环荷载作用下，在模型试样预设裂隙尖端处最先起裂，产生翼裂纹，同时，在试样两端受载面的边角处，沿与加载方向呈 30°～45°交角范围内萌生出微小初始裂纹，这些初始裂纹随着循环荷载的进行，沿着萌生方向逐渐延伸。试样顶底面局部缺角处也是微小初始裂纹萌生的重要区域，并可能影响到主裂纹的具体位置。

（2）循环荷载作用下，预设裂隙对模型试样疲劳裂纹的萌生和扩展影响较大。预设裂隙改变了模型试样初始应力场分布，在预设裂隙尖端处产生应力集中区，模型试样的起始裂纹主要集中在该区域，由于裂隙尖端受拉伸作用及压剪作用，在裂隙尖端先后或同时产生翼裂纹及次生裂纹。随着循环荷载的进行，翼裂纹以近似直线或弧形的形式逐渐向加载力方向稳定扩展，即向模型试样上下面扩展；次生倾斜裂纹则与预设裂隙方向成一定夹角且与翼裂纹呈相反方向扩展，而次生共面裂纹几乎沿预设裂隙方向产生并扩展。翼裂纹通常表面较光滑，而次生裂纹多表面粗糙，呈台阶状。

（3）随着循环荷载的进行，与预设裂隙尖端处距离最近的初始裂纹最先扩展至与翼裂纹相交；在双裂隙试样中，次生倾斜裂纹多是与翼裂纹一起连接上下两条裂隙尖端。

（4）在循环加载中后期，对单裂隙模型试样，汇合后的初始裂纹与翼裂纹贯通，与预设裂隙面一起形成主裂隙面；对双裂隙模型试样，汇合后的初始裂纹与翼裂纹贯通，上下两条预设裂隙的翼裂纹和次生倾斜裂纹贯通，沿上下两条预设裂隙尖端形成破裂面，并与预设裂隙面一起形成主裂隙面。除预设双裂隙$\alpha=90°$的模型试样外，其余模型试样最终形成近似 X 形的裂纹破坏形态。模型试样主破裂面形态及整体裂纹破坏形态如图 3-29 所示。试样表面局部鼓胀、片落现象明显，从暴露出的试样内部可见由受到循环荷载反复作用而形成的碎屑状及细粉状颗粒。

（5）对于不同裂隙倾角的模型试样，在循环荷载作用下产生的疲劳裂纹形式也不相同。除裂隙倾角为 90°时，只产生拉裂纹，其余几种不同裂隙倾角的模型试样中，均存在拉伸裂纹与压剪裂纹。

（6）预设裂隙倾角对裂纹的扩展方向以及最终形成的主裂纹方向起决定性作用。不同倾角的预设裂隙面对翼裂纹及次生倾斜裂纹的形成有重要作用，从而影响到最终主裂纹的方向，且预设裂隙面均包含在最终形成的主裂纹中。

（7）对双裂隙试样，受预设裂隙位置影响，主裂纹未穿过两条预设裂隙，且在上下两条预设裂隙及预设裂隙尖端翼裂纹、次生倾斜裂纹形成的区域内，较少见到裂纹形成。

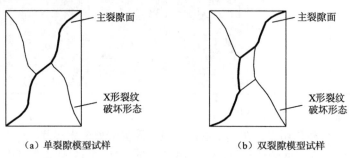

（a）单裂隙模型试样　　　　　　　　　　　（b）双裂隙模型试样

图 3-29　模型试样主破裂面形态及整体裂纹破坏形态

3.2.5　循环荷载下锚杆加固的节理岩体力学特性

本节将通过对有、无锚杆锚固模型试样疲劳试验的结果进行分析与对比，研究不同锚杆设置角度对锚固效应的影响，以及基于模型试样破坏形态来研究循环荷载下节理岩体的锚固效应。

3.2.5.1　有、无锚杆工况

分别对有、无锚杆加固的裂隙模型试样进行循环加载试验，对比研究循环荷载

作用下锚杆对节理岩体的影响。在此对比试验中，裂隙模型试样分别选取预设裂隙角度为 30°、45°、60° 和 90° 的单裂隙及双裂隙模型试样，采用相同的加载条件进行加载，以便进行后期比较，锚杆设置角度选取与预设裂隙垂直的情况，如图 3-30 所示。

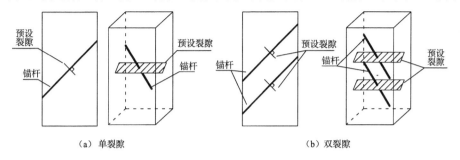

（a）单裂隙　　　　　　　　　　　　　（b）双裂隙

图 3-30　锚杆垂直预设裂隙模型试样示意图

1）循环荷载下模型试样应变曲线对比

分别选取典型单裂隙和双裂隙有、无锚杆模型试样应变数据，绘制轴向应变发展规律曲线。具体如图 3-31 和图 3-32 所示。

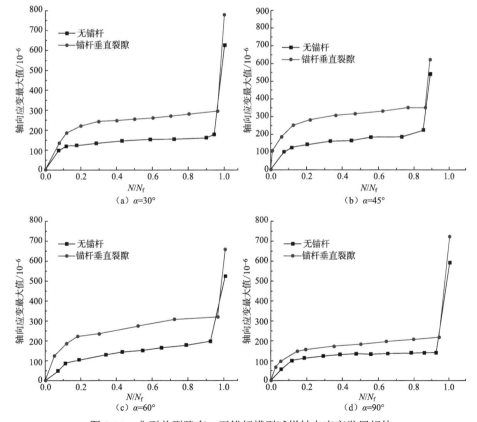

图 3-31　典型单裂隙有、无锚杆模型试样轴向应变发展规律

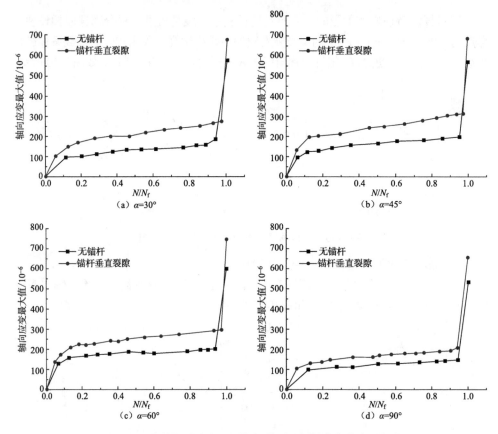

图 3-32　典型双裂隙有、无锚杆模型试样轴向应变发展规律

由图 3-32 可知，单裂隙及双裂隙的无锚杆支护试样与有锚杆支护试样在循环荷载作用下，其应变-循环次数比曲线均呈倒 S 形，试样均经历了初始变形阶段、等速变形阶段和加速变形阶段；模型试样在锚杆锚固作用下，其轴向应变值均比无锚杆支护的模型试样有一定程度提高，见表 3-15 和表 3-16；对单裂隙及双裂隙模型试样，当锚杆安装角度与预设裂隙垂直时，均存在 45° 裂隙试样轴向应变提升程度最大。

表 3-15　单裂隙模型试样在锚杆加固条件下轴向应变值提升程度

预设裂隙倾角	轴向应变值提升程度/%	预设裂隙倾角	轴向应变值提升程度/%
30°	55～63	60°	56～61
45°	58～67	90°	51～55

表 3-16　双裂隙模型试样在锚杆加固条件下轴向应变值提升程度

预设裂隙倾角	轴向应变值提升程度/%	预设裂隙倾角	轴向应变值提升程度/%
30°	48～57	60°	47～52
45°	59～65	90°	42～46

同时可知，增设锚杆后，并没有改变裂隙试样疲劳损伤过程中轴向应变的三阶段变化规律，即加载初期曲线上升较快、加载中期曲线上升平缓、加载末期曲线急剧上升的三阶段趋势。锚杆与模型试样通过锚固体相互连接，锚杆通过锚固体与模型试样共同发挥加固效果。由于锚杆的支护、加固作用，提高了模型试样的整体稳定性，锚杆通过"销钉作用"，连接试样裂隙两侧的部分，使模型试样在相同加载情况下，能够承受更大的应变，有时甚至当模型试样完全破坏后，因为锚杆的存在，试样并没有崩落散裂，如图 3-33 所示。另外，锚杆也有止裂作用，使疲劳损伤过程中模型试样产生的裂纹不能自由扩展，当裂纹扩展至锚杆部位时，将发生休眠或者改变裂纹扩展方向，如图 3-34 所示。总体上，增设的锚杆增加了裂隙试样的塑性，在相同加载情况下，有锚杆裂隙试样比无锚杆裂隙试样的轴向应变值有较大的提高，锚杆加固使裂隙试样表现出较明显的塑性变化特征，趋于延性破坏。

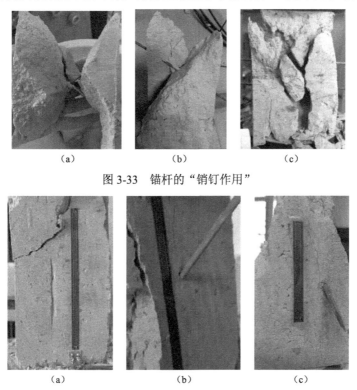

图 3-33　锚杆的"销钉作用"

图 3-34　锚杆止裂作用

2）循环荷载下模型试样抗压强度对比

采用损伤参数 A 值曲线来描述模型试样疲劳损伤过程，图 3-35 为典型模型试样损伤参数 A 值曲线变化规律。其中 B 点为模型试样疲劳破坏过程中第一、二阶段的拐点，可作为试样单轴压缩试验的控制点。通过循环周期控制，选取 B 点附近区域内的疲劳损伤试样进行单轴压缩试验，锚固试样选择锚杆垂直裂隙情况，结果见表 3-17 和表 3-18。

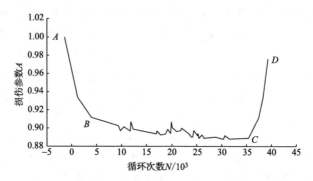

图 3-35　典型模型试样损伤参数 A 值变化曲线

表 3-17　单裂隙疲劳损伤试样单轴压缩试验测试结果

预设裂隙角度	峰值强度/MPa	
	无锚杆	有锚杆
30°	2.12	2.40
45°	2.21	2.57
60°	2.37	2.61
90°	2.41	2.65

表 3-18　双裂隙疲劳损伤试样单轴压缩试验测试结果

预设裂隙角度	峰值强度/MPa	
	无锚杆	有锚杆
30°	2.03	2.49
45°	1.95	2.56
60°	2.18	2.53
90°	2.22	2.73

　　由表 3-17 和表 3-18 可知，对无锚杆工况，单裂隙试样峰值强度均高于同样裂隙角度的双裂隙试样。无论单裂隙还是双裂隙试样，锚杆加固后，峰值强度均有所提高，单裂隙试样提高 9.96%~16.29%，双裂隙试样提高 16.06%~31.28%。这是由于预设裂隙的引入，增加了试样的初始损伤，在无锚杆情况下，相比单裂隙试样，双裂隙试样在强度上损失更大。同时所选试验点 B 点为模型试样疲劳损伤过程第一、二阶段拐点，试样经过内部微小裂纹被挤密、预设裂隙被压密后，在试样表面、内部微裂隙及预设裂隙尖端等位置继续产生新的微裂纹并开始扩展，在这一过程中，锚杆通过锚固体与试样紧密结合在一起，并通过自身的抗剪强度及不断增加与周围介质的摩擦力，开始发挥其锚固作用，致使有锚杆的试样峰值强度均高于相同裂隙情况无锚杆的试样。

　　3）循环荷载下模型试样寿命周期

　　为研究循环荷载作用下锚杆加固对裂隙模型试样寿命的影响，现每组模型试样各选取 5 个，在相同的加载条件下进行循环加载直至破坏，统计其破坏时的循环周期，取每组试样循环周期的平均值进行比较，如图 3-36 所示。

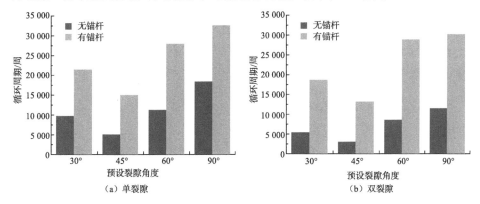

图 3-36　模型试样的寿命周期对比图

由图 3-36 可知，对单裂隙和双裂隙模型试样而言，无论是无锚杆还是有锚杆的情况，45°预设裂隙模型试样的寿命周期最短，90°预设裂隙模型试样的寿命周期最长。在设置锚杆加固后，试样的寿命周期都有较大幅度的提高，其中预设裂隙为 45°的模型试样，无论是单裂隙还是双裂隙情况，其寿命周期在锚杆加固后提高比例最大。双锚杆加固的双裂隙试样，比相同角度情况的单锚杆加固的单裂隙试样，在寿命周期提高程度上均更大，裂隙倾角为 60°的双裂隙试样在双锚杆加固后寿命甚至高于同样角度的单裂隙单锚杆试样。这说明锚杆在加固裂隙试样、延长裂隙试样疲劳寿命上起到重要作用，锚杆数量增加，滑移时所能提供的摩擦力也随着增加，在相同外力条件下，使试样拥有更长的疲劳寿命。

3.2.5.2　锚杆安装角度工况

为了更好地了解、分析锚杆的锚固作用，对不同锚固角度的试样进行对比分析。在此对比试验中，模型试样选取预设裂隙角度为 30°、45°和 60°的单裂隙及双裂隙模型试样，加锚方式分别为垂直裂隙方向和垂直加载力方向，采用相同的加载条件进行加载，以便进行后期比较，锚杆安装示意图如图 3-37 所示。

1）循环荷载下模型试样的应变曲线

选取典型模型试样应变数据，绘制轴向应变随循环次数比 N/N_f 的变化曲线图。具体如图 3-38 和图 3-39 所示。

对比图 3-38 与图 3-39 所得的应变曲线可知，对预设单裂隙及双裂隙的两种不同加锚方式的模型试样，其应变-循环次数比曲线均呈倒 S 形，其同样经历了初始变形阶段、等速变形阶段和加速变形阶段三个阶段。在两种不同加锚角度的锚杆锚固作用下，模型试样轴向应变值均比无锚杆支护的模型试样有一定程度提高，具体见表 3-19 和表 3-20。对单裂隙试样而言，当锚杆安装角度与预设裂隙

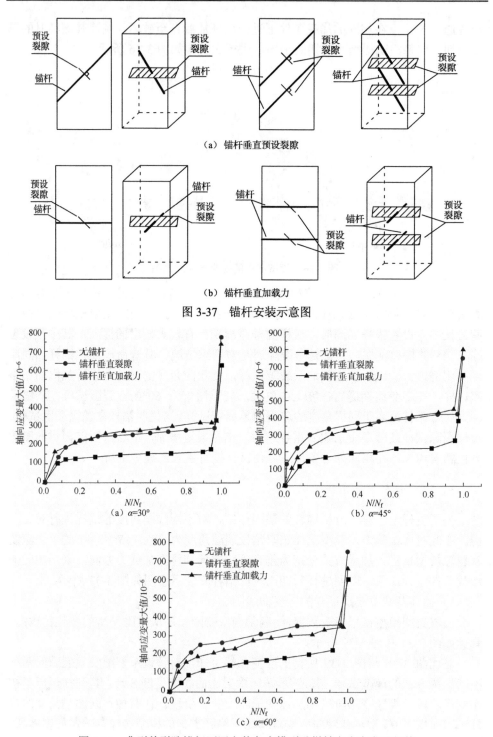

（a）锚杆垂直预设裂隙

（b）锚杆垂直加载力

图 3-37　锚杆安装示意图

（a）α=30°

（b）α=45°

（c）α=60°

图 3-38　典型单裂隙锚杆不同安装角度模型试样轴向应变发展规律

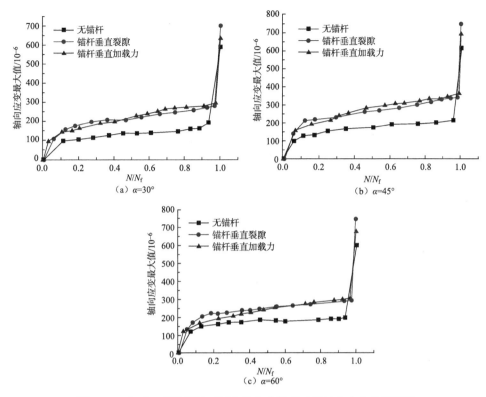

图 3-39 典型双裂隙锚杆不同安装角度模型试样轴向应变发展规律

垂直时，45°裂隙试样轴向应变提升程度最大，当锚杆安装角度与加载力垂直时，30°裂隙试样轴向应变提升程度最大；对双裂隙试样而言，两种锚杆安装角度均是45°的裂隙试样轴向应变提升程度最大。

表 3-19 单裂隙模型试样不同加锚角度轴向应变提升程度

预设裂隙角度	轴向应变提升程度/%	
	锚杆垂直裂隙	锚杆垂直加载力
30°	55～63	75～79
45°	58～67	65～71
60°	56～61	52～56

表 3-20 双裂隙模型试样不同加锚角度轴向应变提升程度

预设裂隙角度	轴向应变提升程度/%	
	锚杆垂直裂隙	锚杆垂直加载力
30°	48～57	55～61
45°	59～65	70～77
60°	47～52	53～60

　　事实上，对不同裂隙角度的模型试样而言，从试样所能承受更大轴向应变的角度出发，两种加锚方式的最优安装角度有所不同，详见表3-21和表3-22。由表可知，模型试样的轴向应变值受锚杆安装角度的影响较大，在实际工程中，应根据不同的节理裂隙情况，采取最优锚杆安装角度。

表 3-21　单裂隙试样锚杆安装角度对比

预设裂隙角度	最优锚杆安装角度	说　　明
30°	锚杆垂直加载力	在循环次数比为 0.3 之后，锚杆垂直加载力的加锚方式试样的轴向应变值更大；在模型试样迅速破坏之前，锚杆垂直加载力的加锚方式能使模型试样承受更大轴向应变值
45°	锚杆垂直加载力	在循环次数比为 0.6 之后，锚杆垂直加载力的加锚方式试样的轴向应变值更大；模型试样迅速破坏之前，锚杆垂直加载力的加锚方式能使模型试样承受更大轴向应变值
60°	锚杆垂直裂隙	在应变曲线第二阶段，锚杆垂直裂隙的加锚方式试样的轴向应变值始终最大；模型试样迅速破坏之前，锚杆垂直裂隙的加锚方式能使模型试样承受更大轴向应变值

表 3-22　双裂隙试样锚杆安装角度对比

预设裂隙角度	最优锚杆安装角度	说　　明
30°	锚杆垂直加载力	在循环次数比为 0.45 之后，锚杆垂直加载力的加锚方式试样的轴向应变值更大；在模型试样迅速破坏之前，锚杆垂直加载力的加锚方式能使模型试样承受更大轴向应变值
45°	锚杆垂直加载力	在循环次数比为 0.3 之后，锚杆垂直加载力的加锚方式试样的轴向应变值更大；模型试样迅速破坏之前，锚杆垂直加载力的加锚方式能使模型试样承受更大轴向应变值
60°	锚杆垂直裂隙、锚杆垂直加载力均可	在循环次数比为 0.58 之后，锚杆垂直加载力的加锚方式试样的轴向应变值更大；在模型试样迅速破坏之前，两种加锚方式模型试样轴向应变值差距不大；若实际工程需要变形迅速完成而后趋于相对稳定，则选择锚杆垂直裂隙加锚方式

2）循环荷载下模型试样抗压强度对比

　　选取损伤参数 A 的变化曲线图3-35上 B 点附近区域内的疲劳损伤试样进行单轴压缩试验，测试结果见表3-23和表3-24。

表 3-23　单裂隙疲劳损伤试样单轴压缩试验测试结果

预设裂隙角度	峰值强度/MPa		
	无锚杆	锚杆垂直裂隙	锚杆垂直加载力
30°	2.12	2.40	2.44
45°	2.21	2.57	2.61
60°	2.37	2.61	2.67

表 3-24　双裂隙疲劳损伤试样单轴压缩试验测试结果

预设裂隙角度	峰值强度/MPa		
	无锚杆	锚杆垂直裂隙	锚杆垂直加载力
30°	2.03	2.49	2.54
45°	1.95	2.56	2.58
60°	2.18	2.53	2.62

由表 3-23 和表 3-24 可知，不同的加锚方式所测得的试样峰值强度有较大不同，对单裂隙试样，采用锚杆垂直裂隙的加载方式时，其峰值强度提高 10.13%～16.29%，而采用垂直加载力的加载方式时，峰值强度提高 12.66%～18.10%。对双裂隙试样而言，当采用锚杆垂直裂隙的加载方式时，其峰值强度提高 16.06%～31.28%；当采用垂直加载力时，其峰值强度提高 20.18%～32.31%。另外，锚杆垂直加载力的加锚方式所测得的试样峰值强度均高于锚杆垂直裂隙的加锚方式，表明锚杆安装角度的选择对试样的加固有重要影响。

3）循环荷载下模型试样寿命周期对比

同样，选取两种不同加锚方式的模型试样，在相同的加载条件下进行循环加载直至破坏，研究循环荷载作用下锚杆加固对裂隙模型试样寿命的影响。统计每组试样循环周期的平均值，如图 3-40 所示。

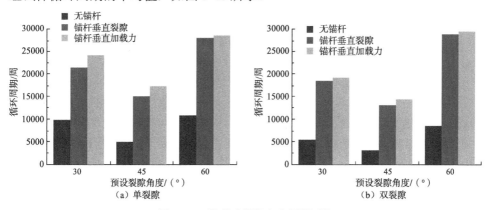

图 3-40　模型试样的寿命周期对比

对比图 3-40 可知，对单裂隙及双裂隙模型试样而言，无论是锚杆垂直裂隙的加锚方式还是锚杆垂直加载力的加锚方式，在同类试样中，裂隙角度为 45°的模型试样寿命周期均最短，但相较于无锚杆情况，该工况试样的寿命周期提升幅度却最大，表明锚杆加固对含有裂隙角度 45°的试样加固效果最明显。此外，对采用双锚杆加固的双裂隙试样，其比相同角度、相同加载方式的单锚杆加固的单裂隙试样，在寿命周期提高程度上更显著。这表明锚杆在加固裂隙试样、延长循环荷载作用下裂隙试样寿命上起到重要作用，在相同外力条件下，锚杆数量增加，试样疲劳寿命随之增加。

3.2.5.3　模型试样破坏形态

对锚杆锚固的模型试样来说，循环荷载作用下的破坏，既包括模型试样本身的破坏，也包括通过注浆材料与模型试样黏结在一起的锚杆的破坏，试样与锚杆的破坏是相互关联、相互影响的。

1）模型试样破坏形态

首先，加锚模型试样的破坏过程与无锚模型试样基本一致，都是先从裂隙的尖端处开始产生细小翼裂纹，同时从模型试样两端受载面的边角处开始萌生出微小初始裂纹，随着循环荷载的进行，翼裂纹以近似直线或弧形的形式逐渐向加载力方向稳定扩展，与扩展的初始裂纹相交、汇合、贯通，直至与预设裂隙面一起形成主裂隙面，近似呈 X 形的裂纹破坏形态，如图 3-41 所示。

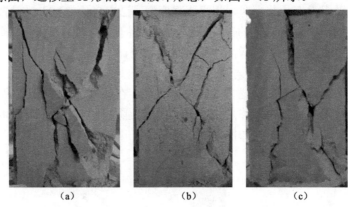

| (a) | (b) | (c) |

图 3-41　典型加锚试样最终破坏形态

另外，由于锚杆的存在，试样初始应力场再次改变，预设裂隙附近原来薄弱的地方，经过锚杆加固后，强度有所提高，从试样上可以观察到部分试样的翼裂纹不再以直线或弧形的形式扩展，而是出现明显的台阶状。锚杆的存在使锚杆周围区域的强度相对较高，裂纹倾向于沿着强度较弱的区域扩展，所以在有些试样上出现台阶状的翼裂纹。

同时，由于锚杆的存在，试样完全破坏后，相比无锚杆裂隙模型试样，其形状变化较小，试样破坏后在锚杆作用下仍被串在一起，较少出现破坏后块体崩落、试样破散的情况，或试样完全破碎后只有少量块体崩落。

锚杆面的破裂情况可大致分为两种，都与锚杆设置位置有关。一种是裂纹竖向发展，至锚杆孔附近发生改道或停止扩展，这种情况通常是锚杆黏结较好，锚杆止裂效果明显，如图 3-42 所示；另一种是裂纹沿着锚杆孔方向发展，有时甚至也出现 X 形裂隙，锚杆的存在增加了裂隙试样的强度，但对锚杆面来说，一些黏结较粗糙或黏结较差的锚杆孔，容易成为受力薄弱的部分，利于裂纹的扩散，当循环荷载周期较长时，锚杆黏结结面松动较严重，也容易出现裂纹沿锚杆孔方向发展的情况。

　　值得注意的是，对双裂隙试样的锚杆面，有时存在裂纹仅贯穿一个锚杆孔的现象，这种情况通常是一根锚杆先松动，裂纹沿着松动锚杆的锚杆孔扩展，但另一根锚杆黏结性尚好，周围强度较高，裂纹避开该锚杆区域继续扩展，如图 3-43 所示。

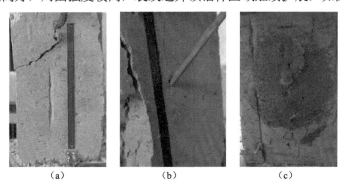

|（a）|（b）|（c）|

图 3-42　典型加锚试样锚杆止裂特点

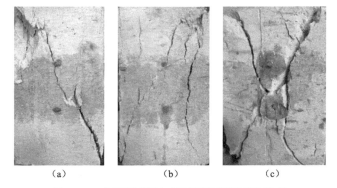

|（a）|（b）|（c）|

图 3-43　典型双裂隙加锚试样锚杆面裂纹特点

2）锚杆失效主要模式

　　在对加锚试样进行循环加载直至试样疲劳破坏的试验中，锚杆的锚固作用起到了很好的效果，受制样过程、裂隙角度、循环周期、注浆材料黏结力等多种因素的影响，锚杆的失效模式也有所不同，经试验观察总结，大致可分为以下四种锚杆失效模式。

　　（1）锚杆被剪断或拉断。这种情况主要出现在锚杆与注浆材料黏结较好、黏结力较大，且在循环荷载作用下，锚杆与试样的黏结面没有发生滑移的前提下，主裂纹形成后，锚杆受裂隙两侧试样位置错动的影响发生剪断，或在发生剪断的同时还存在裂隙两侧试样横向的位移，使锚杆在拉剪作用下发生断裂，锚杆断裂的位置一般位于锚杆与预设裂隙面交界处，如图 3-44 所示。

　　（2）注浆材料黏结面上发生滑动错位。这种情况发生的原因有多种，可能是因为制样过程不严密导致注浆材料与锚杆之间或注浆材料与试样之间黏结不紧密；也有可能是在循环荷载作用下，随着循环周期的增加，裂纹不断增加，锚杆周围试样逐渐破碎，造成与注浆材料的黏结面的破碎，使锚杆与注浆材料黏结力大幅下降。黏结面一旦遭到破坏，通过注浆材料传递的锚杆与试样之间的摩擦力和抗剪强度就开始下降，锚杆发生松动，锚固力失去作用，甚至发生锚杆滑脱的情况。在试验中观察发现，虽然在锚杆松动后试样发生疲劳破坏，但破坏后的试样外观变形较小，较少出现破坏后块体崩落的情况，锚杆虽然失去锚固作用，但仍然起到藕断丝连的效果，如图 3-45 所示。

图 3-44　锚杆被剪断或拉断　　　　　图 3-45　注浆材料黏结面上发生滑动错位

（3）局部锚杆发生断裂或滑动错位。这种情况发生在两根锚杆支护的试样上，当一根锚杆先发生断裂或松动时，试样上锚杆面一侧，裂纹迅速沿先发生断裂或松动的锚杆孔边缘扩展、贯通，试样强度降低，往往当试样发生疲劳破坏时，另一根锚杆还是完好或只有轻微松动，这也说明多根锚杆支护的情况下，不同位置锚杆的破坏是有先后顺序的，如图 3-46 所示。

（4）两根锚杆均发生断裂或滑动错位。这种情况发生在两根锚杆支护的试样上，经试验观察，两根锚杆的破坏仍然存在一个先后顺序，裂纹通常贯穿两根锚杆的锚杆孔，试样破坏时两根锚杆均失去锚固作用，如图 3-47 所示。

图 3-46　局部锚杆发生断裂或滑动错位　　　图 3-47　两根锚杆均发生断裂或滑动错位

3.3　循环剪切下岩体结构面疲劳劣化试验

对于岩质边坡来说，结构面的静、动力响应是其稳定性的决定性因素，这一观点已被国内外众多学者所证实[11,12]。因此，研究结构面的静、动态力学性质是进一步探讨岩质边坡疲劳劣化规律的基础性工作，具有极高的实际应用价值。结构面静力学性质较早受到学者关注，也取得了较多的成果，这些成果为进一步研究结构面的动力特性提供了丰富的借鉴。由于理论和试验条件的制约，结构面的动力学性质还没有得到应有的研究。

3.2 节虽然对含裂隙岩石的疲劳特性进行了研究，但这些研究依然针对的是岩体整体，未对结构面本身的损伤特性做任何探讨。此外，3.2 节的研究针对的结构面是断续结构面，结构面并没有贯穿整个岩体，而工程实际中贯通性结构面往往是关乎边坡稳定性的决定性因素。因此，亟须研究贯通性结构面在动荷载下的损伤劣化特性。

3.3.1　结构面循环剪切本构模型试验

3.3.1.1　相似材料及试验装置

天然的结构面试样取样非常困难，且其离散性也非常大，不利于揭示结构面的循环剪切规律。为保证试样的一致性采用相似材料进行试验，主要相似律和相似常数详见 3.2.2 节。

试验的加载装置为由岩石直剪仪自行改造而成的岩石循环剪切仪，如图 3-48 所示。试样的加载过程如图 3-49 所示。试样上半部分固定并施加竖向荷载 0.5MPa。由试验装置推动试样下半部分使试样发生剪切，测量试样在剪切过程中的应力和位移。

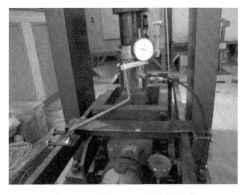

图 3-48　自制岩石循环剪切仪

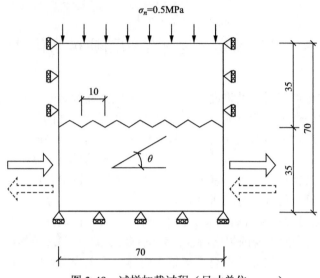

图 3-49　试样加载过程（尺寸单位：mm）

3.3.1.2　试验过程

为反映结构面起伏角对抗剪强度的影响分别制作了 15°、30°、45°和 60°起伏角的锯齿形结构面。各个凸台的宽度为 1cm。模型试块的尺寸为 70mm×70mm×70mm，如图 3-50 所示。

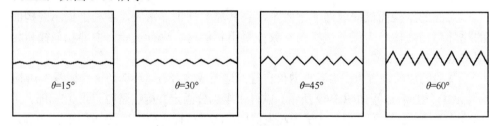

图 3-50　不同起伏角的试样

试样的制作按如下步骤进行：

（1）用硬纸片和石膏分别制作含结构面试样上下部分的石膏模型。

（2）待石膏模型硬化后放入模具中，模具尺寸为 70.7mm×70.7mm×70.7mm，石膏模型的上表面和模具的内壁均涂上凡士林。

（3）配制一定配比的水泥、石膏、细砂和水的混合物。

（4）将混合物分层倒入模具中，分层捣实。

（5）经 24h 后拆模，养护 14d。

制样过程中，含结构面试样的上下部分同时制作石膏模型，并同时浇筑，以保证同一试样的上下部分具有相同的龄期。共计进行了 4 组试样的试验，试样的分组、编号见表 3-25。每个试样剪切 10 次，每次剪切结束后将试样退回到原来位置以进行下一次剪切。所制试样照片如图 3-51 所示。

表 3-25　试样分组及编号

组别	起伏角	试样个数/个	编号
1	15°	5	A-15-1～A-15-5
2	30°	5	B-30-1～B-30-5
3	45°	5	C-45-1～C-45-5
4	60°	5	D-60-1～D-60-5

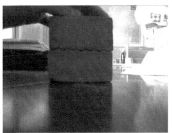

图 3-51　试样照片

3.3.1.3　试验结果

1）结构面循环剪切宏观特性

图 3-52 为各组典型试样结构面前 5 次循环的剪切宏观特性。从图 3-52 中不难看出，各个试样的峰值剪切应力随着循环次数的增加迅速减小，在循环 2～4 次后应力-应变曲线形态基本保持不变，但峰值应力略有减小。随着循环次数的增加，试样的剪切刚度呈逐渐减小趋势。这表明：随着循环次数的增加结构面的刚度逐步退化。

定义一个无量纲的量——抗剪强度比，来衡量抗剪强度随循环次数的劣化情况，即

$$R_\mathrm{f} = \frac{\tau_i}{\tau_0} \tag{3-6}$$

式中，R_f 为抗剪强度比；τ_0 为首次循环的峰值应力；τ_i 为第 i 个循环的峰值应力。

图 3-53 展示了抗剪强度比随循环次数的变化而变化的情况。从图 3-53 中可以看出，大约在 5 次循环后试样的抗剪强度比基本保持不变。不同起伏角的结构面的抗剪强度比随循环次数的变化情况是不同的，大体上起伏角越大，前 5 个循环内，结构面抗剪强度劣化越快。

图 3-54 为抗剪强度比的收敛值随起伏角的变化曲线。从图 3-54 中可以看出，抗剪强度比的收敛值随起伏角增大呈负指数形式衰减，假设抗剪强度比的收敛值随起伏角变化的数学表达式为

$$R(t) = Q_0 + (1 - Q_0)\mathrm{e}^{-cA(t)} \tag{3-7}$$

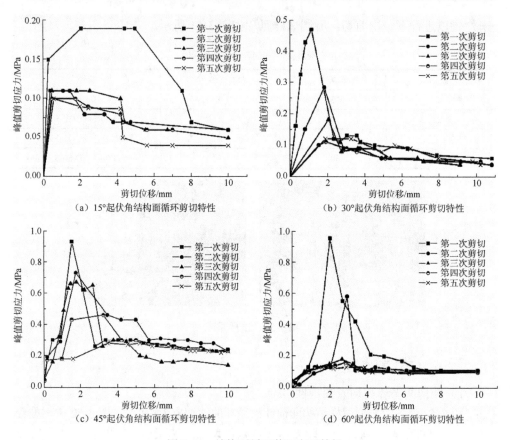

（a）15°起伏角结构面循环剪切特性　　　　（b）30°起伏角结构面循环剪切特性

（c）45°起伏角结构面循环剪切特性　　　　（d）60°起伏角结构面循环剪切特性

图 3-52　结构面循环剪切宏观特性

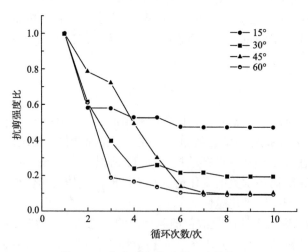

图 3-53　抗剪强度比随循环次数变化

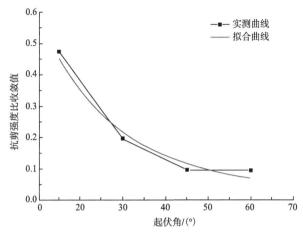

图 3-54　抗剪强度比的收敛值随起伏角变化曲线

　　对图 3-54 所示的试验成果进行拟合，得到图中所示的拟合曲线，其相关系数 0.972 21，相关性良好。相应拟合结果为 Q_0=0.038 67，c=0.056 19，表明起伏角对抗剪强度比的收敛值影响很大。当起伏角最大时，相应的抗剪强度比仅为 0.038 67，甚至可以低于岩石的基本内摩擦角贡献的抗剪强度。这可能是由剪切过程中剪断物质填充结构面使原来的滑动摩擦向滚动摩擦转变所致。

　　2）结构面循环剪切劣化机制

　　不难推测，循环剪切条件下结构面的损伤劣化是由结构面凸台被啃断、磨平所致，即粗糙度和起伏度的减小所致。这里所指起伏度是指结构面大规模的、宏观的起伏程度；粗糙度是指结构面局部的不光滑程度，如图 3-55 所示。

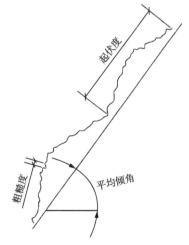

图 3-55　结构面粗糙度和起伏度

　　结构面的剪切磨损情况一直是结构面研究的难点，本节采用了一种新颖的方法研究这一问题，即在每次剪切后，用扫描仪扫描结构面的表面获得其数字图像。

　　在试验过程中我们发现，当起伏角为 60°时，其结构面循环剪切试验的离散性较大，有时并不发生结构面的破坏，而发生了岩块的破坏。因此，本节仅对 15°、30°和 45°起伏角的结构面的损伤机理进行研究。

　　图 3-56～图 3-58 分别为 15°、30°和 45°起伏角结构面剪切磨损情况。从图 3-56～图 3-58 中不难看出，结构面力学性质的劣化主要是由凸台被磨平所致。对于 15°起伏角的工况，首次剪切后，凸台的尖端大部分被削去，结构面平直化。随着循环次数的增加，结构面内填充的碎屑物质较少。对于 30°起伏角的结构面，

在首次剪切后，结构面端部受损严重，但凸台的总体起伏形态还没有受到根本性破坏。第二次剪切后，凸台的形态发生较显著破坏，并且结构面表面填充了大量的碎屑物质。第三次剪切后，碎屑物质进一步增大。对于 45°起伏角的结构面，与 30°起伏角的结构面类似，也是首次剪切先发生凸台端部的破坏，第二剪切结构面凸台受损严重，并且填充大量粉末状物质，第三次剪切后结构面凸台基本完全破坏，粉末状物质进一步增多。不难发现，不同起伏角的结构面的循环剪切过程都伴随凸台的逐步磨损、啃断，凸台磨损遗留的粉末状物质进入结构面间隙的过程；并且随着结构面起伏角的增大，粉末状物质逐步增多。粉末状物质的增多将使结构面更容易由滑动摩擦向滚动摩擦转变。这可能是由 3.2 节所述的抗剪强度比收敛值随起伏角增大而减小的原因所在。起伏角越大可能带入结构面的粉末状物质也越多，结构面更容易由滑动摩擦向滚动摩擦转变。由于不同起伏角结构面两侧岩体力学性质相近，其抗剪强度的最终收敛值也相近。起伏角越大的结构面初始抗剪强度也越大，因而其抗剪强度比下降越多。

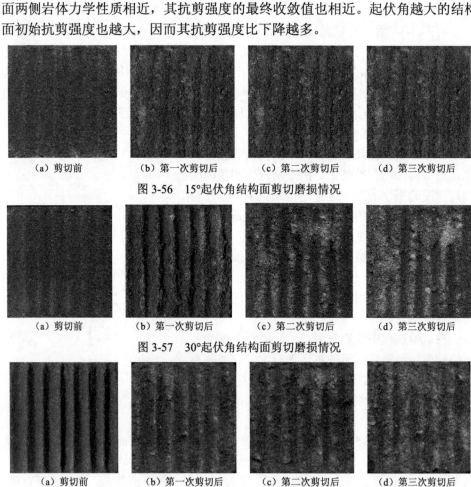

　　（a）剪切前　　　　（b）第一次剪切后　　　（c）第二次剪切后　　　（d）第三次剪切后

图 3-56　15°起伏角结构面剪切磨损情况

　　（a）剪切前　　　　（b）第一次剪切后　　　（c）第二次剪切后　　　（d）第三次剪切后

图 3-57　30°起伏角结构面剪切磨损情况

　　（a）剪切前　　　　（b）第一次剪切后　　　（c）第二次剪切后　　　（d）第三次剪切后

图 3-58　45°起伏角结构面剪切磨损情况

　　进一步，采用电子显微镜观察了 45°起伏角结构面在循环剪切过程中粗糙度的变化情况（放大倍数均为 85 倍），如图 3-59 所示。结构面在剪切前表面各个颗粒相互嵌固，表面起伏较大，很不规则。随着循环次数的增加，表面突出部位逐步被磨平，并且磨平的范围越来越大。这表明循环剪切使结构面的粗糙度下降，表面逐步平直化，这也是结构面发生劣化的重要原因。

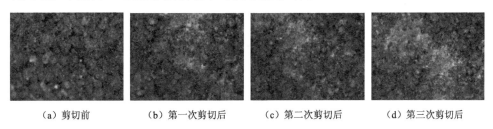

（a）剪切前　　　　（b）第一次剪切后　　　（c）第二次剪切后　　　（d）第三次剪切后

图 3-59　结构面粗糙度变化情况

3.3.2　结构面循环剪切本构关系的推导

　　本节利用 3.3.1 节的试验数据及前人研究成果，推导结构面循环剪切本构方程。该本构方程采用理想弹塑性本构模型，屈服函数采用考虑结构面循环剪切劣化的 Mohr-Coulomb 准则修正公式。

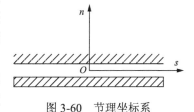

图 3-60　节理坐标系

　　首先，基于增量型本构方程，并假定结构面的相对位移由弹性变形和塑性变形两部分组成。建立如图 3-60 所示的节理坐标系，则有

$$\mathrm{d}\boldsymbol{\varepsilon} = \mathrm{d}\boldsymbol{\varepsilon}^{\mathrm{e}} + \mathrm{d}\boldsymbol{\varepsilon}^{\mathrm{p}} \tag{3-8}$$

对于弹性部分，其应力张量可以表示为

$$\mathrm{d}\boldsymbol{\sigma} = \boldsymbol{D}\mathrm{d}\boldsymbol{\varepsilon}^{\mathrm{e}} \tag{3-9}$$

式中，$\boldsymbol{D}$ 为刚度矩阵，可以表示为

$$\boldsymbol{D} = \begin{bmatrix} k_{nn} & k_{ns} \\ 0 & k_{ss}(t) \end{bmatrix} \tag{3-10}$$

这里仅考虑切向位移对法向位移有影响，故 $k_{sn}=0$。由于结构面切向刚度的退化是边坡稳定性的控制性因素，为降低问题的复杂程度，仅考虑切向刚度的退化，认为法向刚度和剪胀刚度保持不变。

　　对于塑性部分，根据郑颖人等[13]的研究，塑性应变增量可以表示为

$$\mathrm{d}\boldsymbol{\varepsilon}^{\mathrm{p}} = \begin{cases} 0 & F(\sigma,H)<0 \\ \lambda\left[\dfrac{\partial G}{\partial \boldsymbol{\sigma}}\right] & F(\sigma,H)=0 \end{cases} \tag{3-11}$$

式中，F 为屈服函数；H 为硬化函数；G 为流动势函数；λ 为一非负常数。

若取塑性功为硬化函数，则屈服函数的全微分为 0，即

$$\left[\frac{\partial F}{\partial \boldsymbol{\sigma}}\right]^{\mathrm{T}} \mathrm{d}\boldsymbol{\sigma} + \frac{\partial F}{\partial W^{\mathrm{p}}} \mathrm{d}W^{\mathrm{p}} = 0 \tag{3-12}$$

$$\mathrm{d}W^{\mathrm{p}} = \boldsymbol{\sigma}^{\mathrm{T}} \mathrm{d}\boldsymbol{\varepsilon}^{\mathrm{p}} \tag{3-13}$$

于是有

$$\mathrm{d}\boldsymbol{\sigma} = \boldsymbol{D}\left(\mathrm{d}\boldsymbol{\varepsilon} - \lambda \frac{\partial G}{\partial \boldsymbol{\sigma}}\right) \tag{3-14}$$

进一步有

$$\left[\frac{\partial F}{\partial \boldsymbol{\sigma}}\right]^{\mathrm{T}} \boldsymbol{D}\left(\mathrm{d}\boldsymbol{\varepsilon} - \lambda\left[\frac{\partial G}{\partial \boldsymbol{\sigma}}\right] + \lambda \frac{\partial F}{\partial W^{\mathrm{p}}} \boldsymbol{\sigma}^{\mathrm{T}}\left[\frac{\partial G}{\partial \boldsymbol{\sigma}}\right]\right) = 0 \tag{3-15}$$

解出 λ 如下：

$$\lambda = \frac{\left[\dfrac{\partial F}{\partial \boldsymbol{\sigma}}\right]^{\mathrm{T}} \boldsymbol{D}}{\left[\dfrac{\partial F}{\partial \boldsymbol{\sigma}}\right]^{\mathrm{T}} \boldsymbol{D}\left\{\left[\dfrac{\partial G}{\partial \boldsymbol{\sigma}}\right] - \dfrac{\partial F}{\partial W^{\mathrm{p}}} \boldsymbol{\sigma}^{\mathrm{T}}\left[\dfrac{\partial G}{\partial \boldsymbol{\sigma}}\right]\right\}} \mathrm{d}\boldsymbol{\varepsilon} \tag{3-16}$$

得到结构面的弹塑性应力-应变关系为

$$\mathrm{d}\boldsymbol{\sigma} = \left(\frac{\boldsymbol{D}\left[\dfrac{\partial G}{\partial \boldsymbol{\sigma}}\right]\left[\dfrac{\partial F}{\partial \boldsymbol{\sigma}}\right]^{\mathrm{T}} \boldsymbol{D}}{\left[\dfrac{\partial F}{\partial \boldsymbol{\sigma}}\right]^{\mathrm{T}}\left\{\boldsymbol{D}\left[\dfrac{\partial G}{\partial \boldsymbol{\sigma}}\right] - \dfrac{\partial F}{\partial W^{\mathrm{p}}} \boldsymbol{\sigma}^{\mathrm{T}}\left[\dfrac{\partial G}{\partial \boldsymbol{\sigma}}\right]\right\}}\right) \mathrm{d}\boldsymbol{\varepsilon} \tag{3-17}$$

式中屈服函数采用考虑结构面循环剪切劣化的 Mohr-Coulomb 准则修正公式，有

$$F = |\sigma_1| + \sigma_2 D(t)\tan\phi - D(t)C \tag{3-18}$$

$$G = |\sigma_1| \tag{3-19}$$

由此，求取结构面循环剪切本构关系的问题就转化成求式（3-14）中的表达式和 $k_{ss}(t)$ 表达式的问题。

倪卫达等[14] 假定震动磨损和相对速率对结构面的影响是相对独立作用的，并提出震动劣化系数为

$$D(t) = \gamma(t)\eta(t) \tag{3-20}$$

式中，$\gamma(t)$ 为相对速率影响系数；$\eta(t)$ 为震动磨损影响系数。

$\eta(t)$ 可根据试验数据确定，即

$$\eta(t) = \delta(t) + [1 - \delta(t)]\mathrm{e}^{-aK(t)} \tag{3-21}$$

式中，$\delta(t)$ 为磨损影响系数收敛值；a 为待定系数；$K(t)$ 为循环剪切次数。

倪卫达等[14] 认为 $\delta(t)$ 与循环剪切的幅值有关，并假定

$$\delta(t) = R(t) + \left(1 - R(t)\right)e^{-bJ(t)} \tag{3-22}$$

式中，$R(t)$为收敛值；$J(t)$为循环剪切幅值。

根据本书研究，初始起伏角对 $R(t)$ 有显著影响，并且有

$$R(t) = Q_0 + (1 - Q_0)e^{-cA(t)} \tag{3-23}$$

对于剪切速率对结构面力学性质的影响目前认识还不统一。王光纶等[15]认为，结构面的动摩擦因素随速率是波动变化的。王思敬等[16]则认为，动摩擦因素是随相对速度绝对值增大而递减的偶函数。因此，本书暂不考虑速率对动摩擦因素的影响，即认为结构面的劣化仅存在震动磨损效应，即认为$\gamma(t)=1$。

由此，将式（3-21）～式（3-23）代入式（3-20）即可得 $D(t)$ 的表达式。

同时，根据尹显俊等[17]的研究，切向刚度退化取式（3-20）的形式较符合试验结果，即

$$k_{ss}(t) = k_{ss0}\left(1 - \frac{R\tau(t)}{\tau_m(t)}\right) \tag{3-24}$$

式中，R 为接近 1 的常数，通常可取 0.98；k_{ss0} 为初始切向刚度；$\tau(t)$ 为当前所受切应力；$\tau_m(t)$ 为结构面当前的抗剪强度。

根据以上推导，得到结构面循环剪切本构关系。

3.3.3　结构面循环剪切本构模型在离散元中的实现和应用

3.3.3.1　计算模型及其实现

建立如图 3-61 所示的概化模型进行结构面循环剪切特性的数值模拟。模型将问题简化为平面应力问题，模型尺寸 0.07m×0.07m，中部受贯通性结构面切割。数值试验过程中限制下部岩块的位移。上部岩块上表面施加法向力来模拟法向力对结构面剪切特性的影响。通过指定上部岩块发生往复位移来模拟循环剪切。

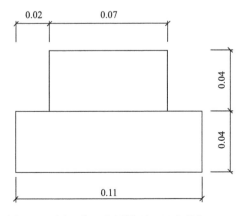

图 3-61　循环剪切分析模型（尺寸单位：m）

岩块简化采用弹性模型，其岩块物理力学指标如表 3-26 所示。

表 3-26　岩块物理力学指标

密度 ρ/（kg/m³）	体积模量 K/MPa	剪切模量 G/MPa
2600	4.3×10^4	2.6×10^4

结构面的屈服准则采用本书所述考虑结构循环剪切劣化的 Mohr-Coulomb 准则，本构关系采用理想弹塑性本构关系。其循环剪切本构模型的参数则基于 30°起伏角的试验数据予以确定，即参数 Q_0、c 已由图 3-62 中数据拟合确定，参数 $R(t)$、a 则由表 3-27 所示的数据采用式（3-24）拟合确定。最终确定的参数见表 3-27。

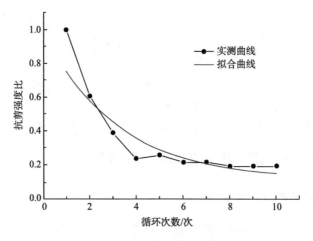

图 3-62　30°起伏角结构面参数确定

表 3-27　结构面物理力学指标

法向刚度 K_n/MPa	切向刚度 K_s/MPa	内摩擦角 φ/（°）	Q_0	$R(t)$	a	b	c
2×10^4	545	42.6	0.038 67	0.116 95	0.323 53	0.15	0.056 19

此外，在离散单元法中介绍的本构模型均是针对结构面的节点而言的，而结构面在剪切过程中各个节点上的应力和位移是不均匀的。岩石直剪试验测得的实际上是结构面上各点应力和位移的平均值。为使本节将要讨论的结构面循环剪切本构关系的数值模拟结果能与实际试验结果具有可比性，就需要计算结构面上各节点应力和位移的平均值。计算过程采用自行编制 fish 语言程序实现，其基本流程如下：①施加法向荷载；②遍历结构面节点，对节点位移、应力进行累加求得初始值；③施加切向位移；④再次遍历结构面节点，对节点位移、应力进行累加求得位移、应力总和；⑤统计结构面节点数；⑥位移、应力总和减去初始值除以节点数求得平均值。

3.3.3.2　本构模型验证

图 3-63 为离散元模拟的结果。由图 3-63 可知，尽管采用了理想弹塑性模型，但由于考虑了屈服准则中强度参数的劣化，本节建立的循环剪切本构模型依然能在一定程度上反映结构面的峰后特性。但由于采用了理想弹塑性模型，对峰后特性的模拟是近似的。

图 3-64 为实测值和模拟值剪应力比较，表明离散元模拟所得的结构面强度与实测值相比是比较接近的。随着循环次数的增大，两者差值越来越小，到了循环 5 次的时候，两者基本相等。模拟和实测所得的峰值剪应力最大差值约为 8%，基本满足工程要求。

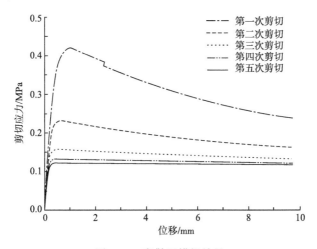

图 3-63　离散元模拟结果

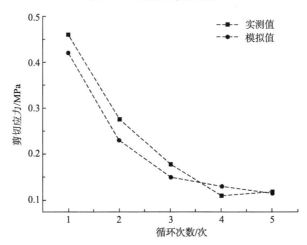

图 3-64　实测值与模拟值剪应力比较

3.3.3.3　与已有结构面循环剪切本构模型的比较

表 3-28 给出本节所建结构面循环剪切本构模型与尹显俊等[17]和倪卫达等[14]提出的本构模型的比较结果。可以看出，尹显俊模型考虑的结构面特性影响因素较全面，所反映的结构面特性也更接近真实结构面。但该模型涉及参数多达 12 个，有些参数的获取也比较困难。倪卫达模型涉及的参数较少，但该模拟不能反映结构面的刚度退化特性。总体上讲，本节模型虽然忽略了结构面的非线性剪胀特性，给计算带来了一定的误差，但由于结构面的动力稳定性主要是受切向位移控制的；因此，本节模型抓住了边坡动力失稳的控制性因素，并做了适当的简化，参数获取也比较容易，具有较好的适用性。

表 3-28　结构面循环剪切本构模型的比较

模型类型	黏结-滑移特性	磨损特性	非线性剪胀	刚度退化	参数个数/个
本节模型	能	能	不能	能	8
尹显俊等[17]模型	能	能	能	能	12
倪卫达等[14]模型	能	能	不能	不能	6

3.4　小　　结

本章主要通过开展完整砂岩的等幅与变幅抗压疲劳试验、节理岩石疲劳试验、缺陷岩石疲劳劣化试验以及岩体结构面的疲劳劣化试验，得到如下结论。

（1）结合疲劳损伤在线跟踪监测系统，获得对损伤过程较为敏感的损伤参数 A 值，由 A 值曲线可以描述出不同模型试样疲劳损伤的三阶段变化规律，即疲劳裂纹萌生阶段、疲劳裂纹扩展阶段及疲劳裂纹快速扩展阶段。

（2）获知了砂岩的主要破坏方式及疲劳破坏形态，并通过等幅疲劳寿命的分析，获得了此类砂岩 S-N 曲线的发展规律；通过变幅疲劳寿命试验，计算得到不同级数下的循环次数比累积数，初步认识了累积损伤效应。

（3）探讨了砂岩在整个劣化过程中的变形发展演变，揭示了砂岩物质成分含量与风化程度的不同，致使其超声波速对损伤的敏感度及衰减速率也不相同。

（4）针对不同工况的节理岩石试样，获知了不同裂隙角度模型试样的疲劳破坏形态及主要破坏方式，对有、无设置锚杆及不同锚杆安装角度的模型试样进行了变形发展规律、抗压强度、疲劳寿命以及破坏形态的对比研究，并对试验中出现的锚杆失效模式进行系统分析。

（5）在循环荷载作用下，岩体结构面的宏观力学性质发生劣化，表现为结构面强度参数的降低和结构面刚度的退化。其中结构面强度参数的降低与循环剪切的幅值、循环剪切的次数、结构面初始起伏角密切相关，尤其是强度参数大体上随着三个因素的增加呈负指数形式衰减，并指出循环剪切所致使的结构面粗糙度下降是结构面发生劣化的根本原因。

（6）推导了可描述循环剪切作用下结构面强度劣化和刚度退化的本构模型，并验证了该模型的适用性。

参 考 文 献

[1] 朱劲松, 宋玉普. 混凝土双轴抗压疲劳损伤特性的超声波速法研究 [J]. 岩石力学与工程学报, 2004, 23（13）: 2230-2234.

[2] 樊秀峰, 简文彬. 岩土材料疲劳损伤过程的数值跟踪分析 [J]. 岩土力学, 2007, 28（S1）: 85-88.

[3] 吴维青, 阮玉忠. 表面处理层疲劳损伤过程的数值跟踪研究 [J]. 航空材料学报, 2005, 25（5）: 59-62.

[4] DOBSON S, NOORI M, HOU Z, et al. Modeling and random vibration analysis of SDOF systems with asymmetric hysteresis [J]. International Journal of Non-Linear Mechanics, 1997, 32（4）: 669-680.

[5] 葛修润, 蒋宇, 卢允德, 等. 周期荷载作用下岩石疲劳变形特性试验研究 [J]. 岩石力学与工程学报, 2003, 22（10）: 1581-1585.

[6] 任建喜, 蒋宇, 葛修润. 单轴压缩岩石疲劳寿命影响因素试验分析 [J]. 岩土工程学报, 2005, 27（11）: 1282-1285.

[7] 蒋宇. 周期荷载作用下岩石疲劳破坏及变形发展规律 [D]. 上海: 上海交通大学, 2003.

[8] 王汉鹏, 李术才, 张强勇, 等. 新型地质力学模型试验相似材料的研制 [J]. 岩石力学与工程学报, 2006, 25（9）: 1842-1847.

[9] 付宏渊, 蒋中明, 李怀玉, 等. 锚固岩体力学特性试验研究 [J]. 中南大学学报（自然科学版）, 2011, 42（7）: 2095-2101.

[10] 温暖冬. 裂隙岩体锚固方式优化的试验与数值模拟研究 [D]. 济南: 山东大学, 2007.

[11] 王存玉. 地震条件下二滩水库岸坡稳定性研究 [M] //中国科学院地质研究所. 岩体工程地质力学问题（八）. 北京: 科学出版社, 1987: 17-142.

[12] 王存玉, 王思敬. 边坡模型振动试验研究 [M] //中国科学院地质研究所. 岩体工程地质力学问题（七）. 北京: 科学出版社, 1986: 65-74.

[13] 郑颖人, 孔亮. 岩土塑性力学 [M]. 北京: 中国建筑工业出版社, 2010.

[14] 倪卫达, 唐辉明, 刘晓, 等. 考虑结构面震动劣化的岩质边坡动力稳定分析 [J]. 岩石力学与工程学报, 2013, 32（3）: 492-500.

[15] 王光纶, 张楚汉, 彭冈, 等. 刚块动力试验与离散元法动力分析参数选择的研究 [J]. 岩石力学与工程学报, 1994, 13（2）: 124-133.

[16] 王思敬, 张菊明. 边坡岩体滑动稳定的动力学分析 [J]. 地质科学, 1982, 17（2）: 162-170.

[17] 尹显俊, 王光纶, 张楚汉. 岩体结构面切向循环加载本构关系研究 [J]. 工程力学, 2005, 22（6）: 97-103.

第 4 章　岩石疲劳损伤过程的声学特性

岩土介质超声波测试技术是近年来发展起来的一种新技术，目前主要通过测定超声波穿透岩土体后的声波波速和衰减系数了解岩土体的物理力学特性及结构特征。与静力学方法相比，超声波测试技术具有简便、快捷、可靠、经济及无损等特点；目前已经较成功地用于岩土体动弹性参数测试、简单岩体结构模型参数和岩体质量评价等问题，因而这种测试技术已得到国内外岩土工程界的广泛重视。但是由于岩石材料本身的复杂性，对于岩石的声学特性与应力状态的相关性研究，对于声波信号中丰富的信息如何应用等，还是尚未解决的问题。

赵明阶等[1] 曾对岩石的超声波与应力的相关性进行过相应的研究，但是在循环荷载作用下的疲劳损伤过程中岩石的劣化效应与超声波声学参数之间关系的系统研究却鲜有涉及。为此，本章以试验为基础，对岩石在疲劳损伤过程中的声学参数（超声波速、时域幅值及波形）特征进行详细的分析研究，充分利用丰富的声学数据，研究各种参数在疲劳损伤过程中的变化规律，寻找疲劳损伤过程中敏感变化的声学参数，并以此作为损伤变量，建立损伤演化方程来描述整个损伤劣化过程。

4.1　循环荷载下完整砂岩疲劳损伤过程的声学特性

本次试验过程中，采用超声脉冲穿透法，为了减少声能损耗用凡士林为耦合剂，采样频率在加载初期及临近破坏阶段每循环 200 周采样一次，在中间阶段每循环 1000 周采样一次，根据在线辅助实时监测系统随时观察损伤的进展情况，在损伤关键部位进行及时补测。通过与计算机相连的 WSD-3 数字声波检测仪（图 4-1），记录穿过试件的波形、发射换能器发射声波的时刻 t_0 和接收换能器接收到声波的时刻 t_1，时差 $\Delta t = t_1 - t_0$（单位为 μs），设试件的长度为 L（单位取 mm），则纵波速度 V_p（单位为 m/s）为

$$V_p = 1000 \times \frac{L}{t_1 - t_0} \tag{4-1}$$

4.1.1　砂岩疲劳损伤过程中声学参数变化规律分析

4.1.1.1　砂岩疲劳损伤过程中超声波速的变化规律

应变数据虽然可以更直接地在一定程度上说明试件表面的疲劳发展情况，但

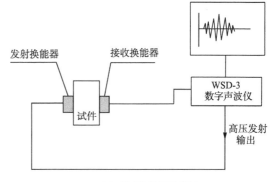

（a）WSD-3数字声波检测仪　　　　　　　　　（b）超声波检测示意图

图 4-1　WSD-3 数字声波检测仪及超声波检测示意图

由于"围箍效应"的影响，其并不能全面反映试件内部裂纹发展与组织结构的劣化程度，因此在砂岩的疲劳试验中对试件的横向超声波速进行实时的跟踪测试，从超声波探伤的角度来反映试件内部损伤劣化的过程。

试验中超声波测试采取实时测试的方法，无须进行卸载再测。在初始无损状态下测量砂岩的横向超声波速为 V_0，经过一定的循环次数后再测，发现横向超声波速会发生明显的衰减，即横向超声波速随循环次数的增长变化较为敏感。这表明在循环荷载的作用下，岩石试件内部已有的微小裂纹带开裂，夹杂物与基体相界面错位以及裂纹不断萌生和扩展，当超声波在传播过程中遇到这些缺陷或裂缝时，由于超声波的绕射、反射、散射使传播路径复杂化，超声波的频率、相位会发生变化，超声波波速也随着疲劳损伤的累积而逐渐降低。

通过对所测试件超声波速的进一步分析发现，砂岩试件在整个疲劳损伤过程中横向超声波速衰减的规律大致都呈倒 S 形 3 个阶段发展变化。疲劳荷载下砂岩超声波速衰减规律如图 4-2 所示。

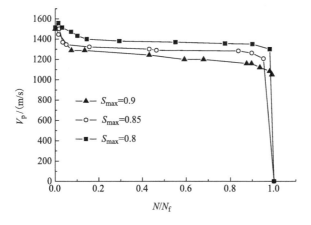

图 4-2　疲劳荷载下砂岩超声波速衰减规律

由图 4-2 可知，在疲劳寿命的 0.05 倍左右时，其超声波速比初始时有不同程度的增长，这可能归因于该阶段砂岩的挤密。横向超声波速变化的三阶段中，其中第一阶段占疲劳寿命的 10%左右，是波速衰减较快的阶段；第二阶段占疲劳寿命的85%左右，是波速衰减相对趋于稳定的阶段；第三阶段占疲劳寿命的 5%左右，是波速急速衰减到试件破坏的阶段。疲劳荷载下砂岩超声波速衰减及应变增长规律如图 4-3 所示。这种衰减规律与试件疲劳方向总应变的发展规律反映的实质是一致的。

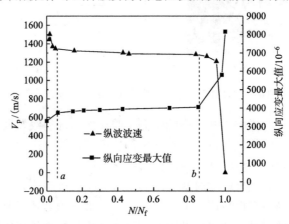

图 4-3　疲劳荷载下砂岩超声波速衰减及应变增长规律

从微观损伤机理可知，在加载初期，随着循环次数的增长，能量反复聚集，使少数微裂纹持续扩展，并演变成疲劳主裂纹，其吸能与耗能水平高于其他微裂纹，所以外力做的功主要用于疲劳主裂纹的扩展，导致几条主裂纹迅速扩展使变形急剧增大，横向超声波速也发生较大幅度的衰减（图 4-3 中 a 点之前）；进入第二阶段，随着循环次数的增加，主裂纹端部的扩展阻力加大，且由于加荷速率较高，形变的响应滞后等因素的影响，使能量的聚集过程较短。这时疲劳主裂纹稳定而缓慢扩展，它周围大量细小的裂纹区逐渐吸收外力所做的功，并做一定的扩展，宏观表现为变形的稳定缓慢增长及横向超声波速稳定缓慢衰减（图 4-3 中 a、b 点之间）；进入第三阶段，当微裂纹有可能发展到和主裂纹相同的量级或和原有的主裂纹进行连接相互贯通而达到临界值的时候，主裂纹开始不稳定扩展，并迅速产生破坏，宏观表现为变形的急速增长及超声波速的急速衰减（图 4-3 中 b 点之后）。

4.1.1.2　砂岩疲劳损伤过程中波幅的变化特征

此次岩石疲劳损伤试验中，发现岩石试件的声波波幅在整个损伤过程中变化不是很稳定，在图 4-4（a）中间阶段疲劳寿命的 80%左右波幅值发生波动，但随疲劳损伤的进行呈现总体下降趋势；图 4-4（b）中波幅波动不明显，变化不显著，临近破坏时突然大幅下降；图 4-4（c）、（d）中，波幅出现了趋势增长的现象，而在疲劳寿命处出现急剧下降，也就是说，波幅要在岩石试件已经出现宏观裂纹的情况下才会发生明显衰减。因此，此次砂岩疲劳加载过程中超声波幅随损伤的变化不够稳定，不能作为损伤变量。

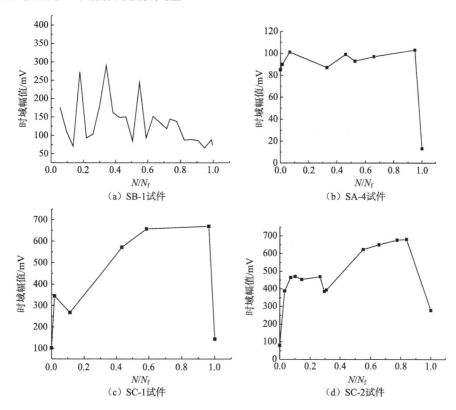

图 4-4　典型试件时域幅值随循环次数比的变化曲线

4.1.1.3　砂岩疲劳损伤过程中波形的变化特征

1）波形随损伤的变化

取典型岩石试件 SB-2 在疲劳循环荷载下超声波信号的波形变化如图 4-5 所示。

由图 4-5 可知，接收波形也是反映岩石试件损伤状态的一个重要信息，它对岩石试件内部的缺陷也很敏感。伴随疲劳荷载次数的增加，岩石试件内部结构发生变化，超声波波形跟着变化，试件未加载之前，即原岩试件波形显示首波陡峭，振幅较大，首波的后半周即达到较高振幅［图 4-5（a）］，包络线为半圆形；首波（第一个周期的波）波形无畸变［图 4-6（a）］。

超声波透过损伤岩石试件后的波形特征显示首波平缓，振幅随着循环次数比的增加而减小，反映出损伤的不断积累；首波的后半周振幅增大不明显［图 4-5（c）、(d)］；包络线呈喇叭形；第一、第二周期的波形有畸变［图 4-6（b）］；到临近破坏的瞬时，波形已完全变形［图 4-5（e）］，当缺陷严重且范围大时，无法接收到波形。

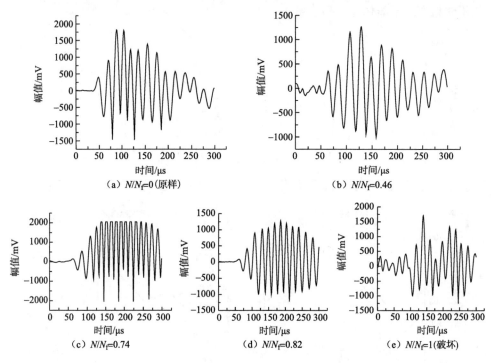

（a）$N/N_f=0$（原样）　　　　　（b）$N/N_f=0.46$

（c）$N/N_f=0.74$　　　（d）$N/N_f=0.82$　　　（e）$N/N_f=1$（破坏）

图 4-5　典型岩石试件 SB-2 疲劳循环荷载下超声波信号的波形变化

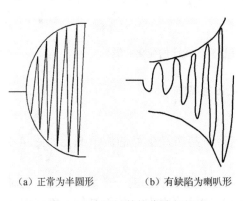

（a）正常为半圆形　　（b）有缺陷为喇叭形

图 4-6　岩石试件接收波包络线

2）波形相关性分析

岩石试件损伤的超声波波形随着循环次数的增加发生渐变，从初始岩石试件比较规则的纺锤形到最后破坏时的波形已无明显规则，与原始的超声波波形相差较大，甚至相位相反。为此，拟对波形在岩石损伤过程中变化的程度用相关系数进行衡量，即对不同循环次数下所测得的波形与初始岩石试件波形进行相关性分析。

相关系数的定义式为

$$r = \frac{\sum\limits_{i=1}^{n}(x_i - \overline{x})(y_i - \overline{y})}{\sqrt{\sum\limits_{i=1}^{n}(x_i - \overline{x})^2 \sum\limits_{i=1}^{n}(y_i - \overline{y})^2}} \tag{4-2}$$

式中，r 为相关系数，表示 x、y 间关系的密切程度。

通过对试件疲劳损伤过程中超声波形进行相关性分析，得出结果如图 4-7 所示。

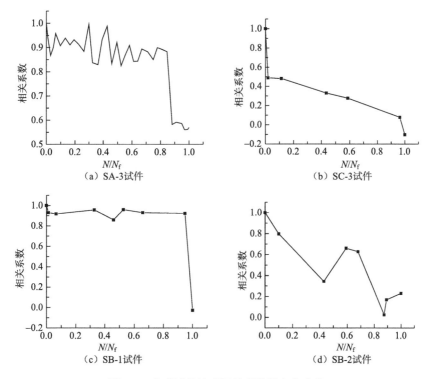

（a）SA-3试件　　　　　（b）SC-3试件

（c）SB-1试件　　　　　（d）SB-2试件

图 4-7　典型试件波形相关系数的变化曲线

从分析图 4-7 可知，在循环荷载作用下，随着岩石试件疲劳累积损伤的不断增加，损伤过程中超声波形的变化呈现一定程度的复杂性，岩石试件超声波形相关系数有的单调下降［图 4-7（b）］，有的波动下降［图 4-7（a）、（d）］，还有的下降速度很小，临近破坏时突然大幅下降［图 4-7（c）］；其中在图 4-7（d）中的波形相关系数总体趋势下降，达最低点后又发生小幅反弹，但试件迅速破坏；在图 4-7（b）中的波形相关系数出现了负值，这是由于在循环荷载的作用下，内部结构出现大幅度的塌陷，造成波形相位完全相反。

总之，由于岩石试件本身的离散性，波形变化本身的复杂性，导致波形相关系数变化的多样性，但不论哪种，超声波波形相关系数随着循环周数的增加在整体上呈下降趋势，当试件破坏时，其波形已经发生了实质性的变化，不再有规则形状，破坏时的波形与初始波形的相关性基本上都在 0.1 左右，个别会出现负相关。

4.1.2　砂岩疲劳损伤演化规律

通过以上各节对疲劳损伤过程中声学参数（超声波速、时域波幅、波形）的分析，发现随损伤过程变化比较敏感，且比较稳定的参数是横向超声波速，因此下面将对超声波速与损伤之间的关系进一步研究。

4.1.2.1　疲劳损伤变量的定义

当声频大于 20kHz 时，岩石的纵波声速与其材料的弹性模量和密度之间存在如下关系[2]：

$$V_\mathrm{p} = \sqrt{\frac{E}{\rho}\frac{1-\mu}{(1+\mu)(1-2\mu)}} \tag{4-3}$$

式中，ρ 为材料密度；E 为材料弹性模量；μ 为泊松比。

受损伤材料的横向超声波速 $\tilde{V}_\mathrm{p}$ 同受损材料的有效弹性模量 $\tilde{E}$，泊松比 $\tilde{\mu}$ 以及密度 $\tilde{\rho}$ 之间有类似的关系：

$$\tilde{V}_\mathrm{p} = \sqrt{\frac{\tilde{E}}{\tilde{\rho}}\frac{1-\tilde{\mu}}{(1+\tilde{\mu})(1-2\tilde{\mu})}} \tag{4-4}$$

在材料受损过程中，密度及泊松比变化通常较小，若忽略其变化时，由式（4-3）和式（4-4）确定的由横向超声波速的变化表示的损伤变量为

$$D = 1 - \frac{E}{\tilde{E}} = 1 - \frac{V_\mathrm{p}^2}{\tilde{V}_\mathrm{p}^2} \tag{4-5}$$

由于超声波速与岩石弹性模量、密度及内部微裂隙紧密相关，因此给出的损伤变量能综合反映岩石各参数的劣化程度。

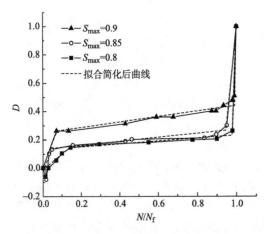

图 4-8　砂岩疲劳损伤演化曲线

4.1.2.2　砂岩疲劳损伤演化方程

通过前面损伤变量的定义，可以得到砂岩疲劳损伤演化曲线，如图 4-8 所示，其同样表现出明显的 3 个阶段规律：第 1 阶段损伤速率较大，迅速发展到一个稳定的水平；第 2 阶段损伤缓慢发展；第 3 阶段曲线陡直，试件瞬间发生急速破坏，所经历的时间或循环周数非常短，有的试件第 3 阶段几乎不到疲劳寿命的 3%。从整体看疲劳损伤随循环加载的进行呈单调递增，在相同循环次数比时高应力水平造成砂岩的损伤要比低应力水平造成的损伤大。

大量的等幅加载试验资料[2,3]表明：在等幅荷载作用下，混凝土类的疲劳变

形呈现不依赖于应力比的三阶段规律，可用三阶段线性方程加以描述。把此方法推广到岩石类材料中以超声波速描述的损伤过程，同时，根据试验结果可知，不同的岩石或混凝土材料，三阶段中转折点的位置会有差别。因此，根据本次的试验曲线，建立的疲劳试验损伤变量演化方程可表示为

$$D = \begin{cases} ax & 0 \leqslant x \leqslant 0.1 \\ D_1 + b(x - 0.1) & 0.1 \leqslant x < 0.95 \\ D_2 + c(x - 0.95) & 0.95 \leqslant x \leqslant 1 \end{cases} \quad (4\text{-}6)$$

式中，D_1、D_2 分别为第 1、2 阶段末的损伤水平；a、b、c 为试验常数；x 为循环周次与疲劳寿命的比值。

用试验点回归分析得到砂岩损伤变量演化方程中的参数如下：

$$a = 25.25 S_{max} - 18.90$$
$$b = -0.698\ 1 + 0.997\ 2 S_{max}$$
$$c = -69.883\ 5 + 121.475\ 6 S_{max}$$
$$D_1 = 0.1a$$
$$D_2 = 0.1a + 0.85b$$

工程中可以通过测量非疲劳关键点的母体砂岩超声波速与疲劳关键点的砂岩超声波速，利用式（4-5）计算其损伤值，配合试验得到的损伤演化标定曲线，即可估算出砂岩的剩余疲劳寿命。

4.1.2.3　砂岩疲劳损伤特性分析

砂岩与混凝土虽然都属于脆性材料，在疲劳损伤衰减规律上有很多相似的地方，但毕竟是两种完全不同的材料，即一种是天然形成的地质材料，另一种是人工形成的复合材料，其变形及损伤存在一些实质性的差别，对比文献 [3] 中混凝土的研究结果（图 4-9），可见两者不同。

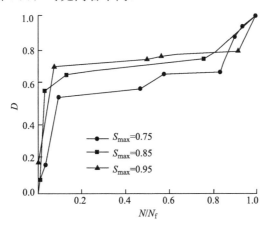

图 4-9　混凝土疲劳损伤演化规律

其一，两种材料在疲劳损伤过程中横向超声波速都发生了明显的三阶段衰减，但是混凝土的衰减幅度要比砂岩的衰减幅度大很多，按照损伤的定义，混凝土材料进入第二阶段时损伤已达到 0.6~0.8；砂岩材料整个疲劳过程中横向超声波速衰减的幅度较小，进入第二阶段时损伤只有 0.2~0.4。究其原因在于混凝土材料在其加载的过程中，会产生黏性的蠕变流动，而这种黏滞性的流动与微裂纹的变化相耦合，将能量最终分散到多条的裂纹之上，并被其吸收，各裂纹的能耗比较均匀，多条裂纹同时发展，使超声波通过时要经过多条裂纹的折射、反射、绕射，致使波速衰减幅度较大，计算的损伤值较大；但是因为砂岩材料黏性不强，所以耦合性并不是很大，破坏时仍然以一条或几条主裂纹的发展为主，表面不会出现众多细裂纹充分发展的状况，因此超声波通过一条或几条裂纹时所需时间较短，波速衰减幅度较小，计算的损伤值也较小。

其二，砂岩损伤经历的第三阶段相比混凝土而言很短，几乎是瞬间就破坏了。原因可能是到达第二阶段末，裂纹的发展已经成形，对于混凝土而言，外力做的功由多条裂纹同时承担，可以相持一段时间；对于砂岩，外力的功几乎全部累积到已经成一定规模的 1 条或几条主裂纹上，使裂纹迅速贯通而破坏。

因此，砂岩的疲劳特性的宏观表现形式就是由微观的疲劳损伤机理决定的，两者是相辅相成的。

4.2　砂岩疲劳损伤过程超声波信号的频谱特性分析

频域分析是对声波时域信号进行频谱分析后获得频域信号，从频域信号中了解声波的频率特征，从而揭示岩石内部的结构变化。频谱分析常规的方法是使用快速傅里叶变换（fast Fourier transform，FFT）。但由于声波信号所固有的特点及其复杂性而不同于地震信号，应用傅里叶变换处理声波信号时在一些方面存在很大的局限性。另外，目前小波在许多领域得到了广泛应用，如 Morlet 等小波用于地震信号的分析与处理；Frisch 等将小波变换用于噪声中的未知瞬态信号的识别等。有些学者曾尝试把小波变换用于混凝土损伤及岩石破裂过程的研究，取得了一些初步的成果。

为此，本节在利用 FFT 进行声波信号频域分析的同时，引入小波变换理论，运用该理论对声波信号进行分解，以获得不同频带的信号分量，从而达到对各频带分量进行独立分析的目的，以期从声波分析信号中提取出反映岩石疲劳损伤程度的敏感波谱参数。

4.2.1　超声波信号的傅里叶变换

频谱作为岩体声波测试中的重要动力学参数之一，在评价岩石（体）结构完整性、强度等方面具有重要的实际意义，下面将借助 FFT 从频谱分析的角度对试验中测得的声波信号进行深入分析，充分挖掘数据本身所传递的一切有用信息。

4.2.1.1　FFT 变换基本原理

目前对岩体及岩石声波测试信号进行 FFT 是频谱分析的主要手段，即将时域上的波形变为频域上的谱加以研究，分析声波测试信号的频率结构。

信号 $X(t)$ 的 FFT 为

$$X(f) = \frac{1}{2\delta} \int_{\frac{T}{2}}^{\frac{T}{2}} X(t) e^{-i\omega t} dt \tag{4-7}$$

式中，$X(t)$ 为声波测试信号；$X(f)$ 为 $X(t)$ 的 FFT。它表示一个声波波形 $X(t)$ 可分解为数个不同频率、不同振幅、不同相位的正弦波的叠加。这些被分解的不同频率的正弦波，将振幅与频率的关系设为 $A(f)$，相位与频率的关系设为 $\varphi(f)$，则振幅与相位之间的关系可记为

$$X(f) = \left| A(f) \right| e^{i\varphi(f)} \tag{4-8}$$

式中，$A(f)$ 为振幅谱；$\varphi(f)$ 为相位谱。

功率谱 $P(f)$ 用 $X(f)$ 及其复共轭 $X^*(f)$ 表示为

$$P(f) = \frac{1}{T} X(f) X^*(f) \tag{4-9}$$

式中，$X(f)$ 为 $X(t)$ 的离散 FFT；$P(f)$ 为信号 $X(t)$ 的功率谱。功率谱用来表示波形的各频率成分的能量。

在对声波波形进行频谱分析后，声波信号从时域转化到频域，为了描述声波信号在频域内的特征，采用波谱参数对声波信号的频域特征进行量化，通常可提取的波谱参数如下。

（1）频域最大振幅：

$$F_{max} = \max \left\{ A(i), \quad i = 1, 2, \cdots, N/2 \right\} \tag{4-10}$$

（2）主频率：f_0 表示频谱曲线中最大振幅对应的频率。

（3）谱面积：振幅谱曲线对频率的积分，它表征了声波传播所携带的能量，可写成

$$M_0 = \sum_{i=1}^{N/2} A(i) \, df_i \tag{4-11}$$

由于基频 df 是一个常数，因此也可写为

$$M_0 = \sum_{i=1}^{N/2} A(i)$$

式中，N 是采样点数。

4.2.1.2　砂岩疲劳损伤过程的傅里叶变换（FFT）结果

为了研究疲劳损伤过程中岩石试件超声波信号的频域变化规律，对循环加载试验中测得的声波记录进行了傅里叶频谱分析，其中选取了两个典型试件不同循环次数比下的超声波信号波形及其频谱图，如图 4-10 和图 4-11 所示。

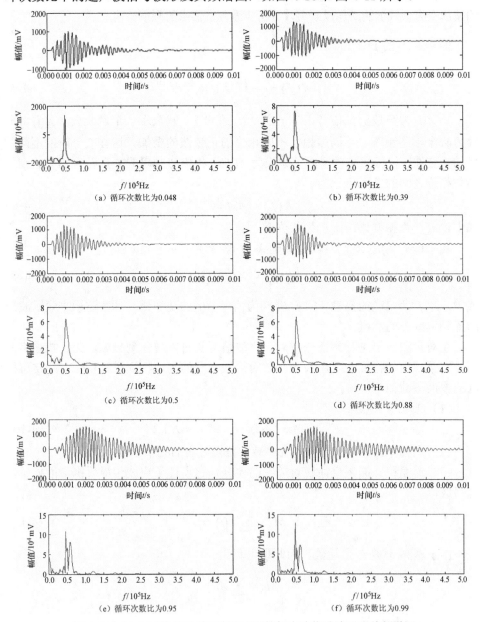

图 4-10　SA-3 试件不同循环次数比下的超声波信号波形及其频谱图

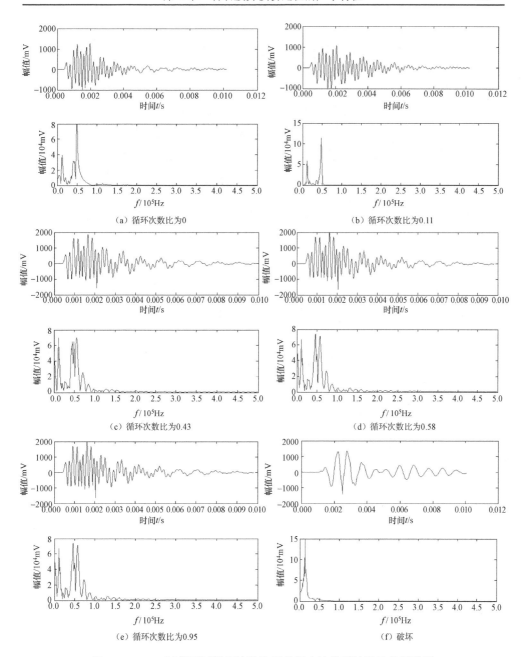

图 4-11　SB-2 试件不同循环次数比下的超声波信号波形及其频谱图

从图 4-10 和图 4-11 中可以看出，砂岩试件在经历了不同次数的循环荷载后从波形图上几乎看不出明显的变化，观察其相应的频谱图，可以发现一些频谱特征随循环次数比呈现有规律的变化，每个试件由于成分、结构的差异，表现出的频谱特性也不尽相同。图 4-10 中描述的 SA-3 试件，在循环次数比从 0.048 到 0.500 的过程中，其频域的幅值发生比较明显的衰减，试件频谱主要以单峰形式出现，内部损伤表现不明显。当循环次数比达到 0.88 以后，频谱形态开始由单峰向双峰转变，预示着宏观的微裂纹已经快形成，在整个损伤过程中主频率的变化不敏感。图 4-11 中描述的 SB-2 试件，在没加载时，试件的主频率非常突出，当循环次数比达到 0.43 时，频谱就已经由单峰完全转变为多峰，内部的缺陷已经明显产生，但该试件又在这种状态下持续了很久，在接近或已到达破坏时发生主频率明显向低频漂移的现象。

　　通过对多个试件进行快速傅里叶变换后的主频率及最大频域幅值进行统计分析,得到其随疲劳循环次数比的变化规律,典型试件的变化曲线如图 4-12 和图 4-13 所示。由图 4-12 和图 4-13 可知，在整个循环加载过程中，试件的主频率呈现有规律的波动，最终向低频方向漂移；试件的最大频域幅值在整个疲劳过程中也出现波动，规律性不明显，到临近破坏时出现明显的下降。

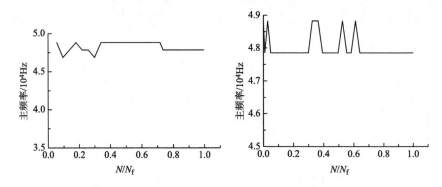

图 4-12　典型试件主频率随循环次数的变化规律曲线

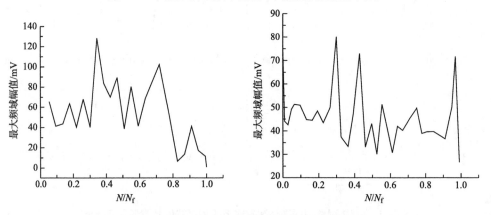

图 4-13　典型试件最大频域幅值随循环次数的变化规律曲线

　　综上可知，基于传统的傅里叶变换方法所得的频谱特性参数（主频率、频域幅值），在岩石试件未出现宏观裂缝前，其响应信号频谱变化规律性不明显，只有当试件彻底开裂后（宏观裂纹已经形成），信号频谱才发生明显的下降。因此，利用传统的傅里叶变换方法只能对破坏发生时的宏观裂纹做出明显响应，而对微小损伤不敏感。为了能进一步对微小损伤进行辨识，寻找随损伤变化比较敏感的波谱参数，接下来将利用小波变换较强的识辨能力进行探索与分析。

4.2.2 超声波信号的小波变换理论

小波多分辨率分析可将信号分解成多尺度成分，准确地抓住瞬变信号的特性，并对频率成分采用逐渐精细的时域或频域取样步长，从而聚焦到信号的任意细节。同时，小波变换的"变焦"特性对信号的奇异性即奇异点的位置及奇异程度的分析更加有效，可很好地反映岩石节理、裂纹等萌生、扩展的损伤程度。因此，本节应用小波变换的多分辨率分析方法，利用其较强的识辨能力，从更精细的程度对疲劳损伤过程中的超声波信号进行滤波与分解。

4.2.2.1 连续小波变换与离散小波变换

1）连续小波变换

对于任意平方可积的函数 $f(x) \in L^2(R)$ ，其小波变换的系数定义为

$$W_f(a,b) = \frac{1}{\sqrt{|a|}} \int_{-\infty}^{\infty} f(x) \psi\left(\frac{x-b}{a}\right) \mathrm{d}x \tag{4-12}$$

式中，a、b 分别为尺度因子和平移因子，$a,b \in \mathbf{R}$ 且 $a \neq 0$，$\psi(x)$ 代表基本小波或母小波，由它经过尺度伸缩与时间平移生成小波函数族 $\psi_{a,b}(x)$，即小波基函数为

$$\psi_{a,b}(x) = \frac{1}{\sqrt{|a|}} \psi\left(\frac{x-b}{a}\right) \tag{4-13}$$

且满足

$$C_\psi = \int_{-\infty}^{+\infty} \frac{|F_\psi(\omega)|^2}{|\omega|} \mathrm{d}\omega < \omega \tag{4-14}$$

式中，$F_\psi(\omega)$ 是 $\psi(\omega)$ 的傅里叶变换。把函数 $f(x)$ 分解为若干个小波系数 $W_f(a, b)$，由这些小波系数可以对函数 $f(x)$ 进行重构，即

$$f(x) = \frac{1}{C_\psi} \int_{-\infty}^{+\infty} \int_{-\infty}^{+\infty} W_f(a,b) \psi\left(\frac{t-b}{a}\right) \frac{1}{a^2} \mathrm{d}a\mathrm{d}b \tag{4-15}$$

通过伸缩因子和平移因子的变化，利用小波窗沿时间轴移动在不同的尺度上对整个时间域上的函数变化进行分析。当 a 值小时，时间轴上观察范围小，而频域上相当于用较高频率做分辨率较高的分析，即用高频小波做细致观察。当 a 值较大时，时间轴上考察范围大，而在频域上相当于用低频小波做概貌观察。小波变换把信号分解在母小波按不同尺度伸缩和平移后的小波函数上，这些小波函数是紧支撑的、时间有限的。图 4-14 形象地描述了小波变换的过程。

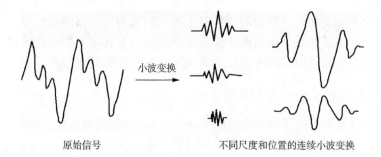

原始信号　　　　　　　　　不同尺度和位置的连续小波变换

图 4-14　信号的小波分解

综上所述，信号 $X(t)$ 的连续小波变换 $W_{a,b}$ 从定义上看是一种数学积分形式的变换，而从系统响应的角度来分析，它实质上为信号 $X(t)$ 经一系列带通滤波器滤波后的输出。另外，从频谱分析的角度来看，小波变换是将信号分解到一系列品质因数相同的频带上。

2）离散小波变换

在实际应用中更需对尺度参数 a 和定位参数 b 进行离散化处理。对于离散信号 $f(x)$ 而言，其离散小波序列 $\psi_{jk}(n)$ 为

$$\psi_{jk}(n) = 2^{-\frac{j}{2}} \psi(2^{-j}n - k) \quad j,k,n \in \mathbf{Z} \tag{4-16}$$

相应地，将 $f(x)$ 的离散小波变换（DWT）定义为 $f(x)$ 与 $\overline{\psi}_{jk}(n)$ 的内积，记为 $\text{DWT}(j,k)$ 或 C_{jk}。

$$\text{DWT}(j,k) = C_{jk} = 2^{-\frac{j}{2}} \sum_n f(x)\overline{\psi}(2^{-j}n - k) \tag{4-17}$$

由于 $a_0=2$，$T=1$，因而离散小波变换又称为二进离散小波变换，由上述定义可知，信号的小波变换 CWT（a, b）（或 C_{jk}）反映了信号含有特定小波分量 ψ_{ab}（或 ψ_{jk}）的大小。由于小波原型是时间有限的带通函数，小波函数 ψ_{ab}（或 ψ_{jk}）随刻度参数 a（或 f），时间位移参数 b（或 k）的变化对应不同的频段和不同的时间区间。因此，信号的小波变换值 CWT（a, b）（或 C_{jk}）就反映出信号中含有 ψ_{ab}（或 ψ_{jk}）所表征的时频信息。

随着 a（或 f）的减小，小波 ψ_{ab}（或 ψ_{jk}）时宽减小，频宽加大，谱曲线的中心频率升高；反之，时宽加大，频宽减小，谱曲线的中心频率降低，但时宽与频宽之积仍为常数。因此将信号向小波 ψ_{ab}（或 ψ_{jk}）作为基函数进行分解的小波变换对高频信号具有较高的时间分辨率和较低的频率分辨率，对低频信号具有较高的频率分辨率和较低的时间分辨率，小波变换这种随着信号频率升高时间分辨率也升高的特征恰好满足对具有多刻度特征的信号进行时频分析定位的要求，也是它与窗口傅里叶变换的区别所在。

4.2.2.2　小波变换的多分辨率分析

由分析可知，如果设计多组不同频率响应的滤波器 H 和 G，便可得到多个不同的正交小波，它们具有不同的信号分辨能力，小波变换的各个尺度中包含的频域信息是不相同的，即各个尺度具有不同的频域分辨率，这便是 Mallat[4] 于 1989 年提出的小波变换的多分辨率分析。根据 Mallat 理论，多分辨率分析定义为平方可积的函数空间 $L^2(R)$ 中的一系列闭子空间 $\{V_j\}_{jwt}$，其实质是把各种交织在一起的不同频率组成的混合信号分解成不相同频率的子信号。多分辨率分析实现把信号 $f(x)$ 通过一个低通滤波器 H 和一个高通滤波器 G，分别得到信号的低频成分 [用 $A(x)$ 表示] 和信号的高频成分 [用 $D(x)$ 表示]，这两个滤波器均是小波基函数的函数，若在一次小波变换完成后，低频成分 $A(x)$ 中仍含有高频成分，则对 $A(x)$ 重复上述过程，直到 $A(x)$ 中不含高频成分（下式的 f 表示小波分解级数），该分解过程如图 4-15 所示。

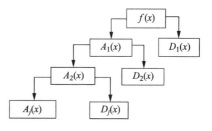

图 4-15　小波分析多分辨率分解

下面给出具体的 Mallat 算法，对于信号 $f(x)$，根据多分辨率分析可以分解成不同的频带，即

$$f(x) = A_{j1}(x) + \sum_{j=j_1+1}^{j_2} D_j(x) \tag{4-18}$$

其中，A_{j1} 是信号 $f(x)$ 中频率低于 2^{-j_1} 的成分，即

$$A_{j1} = \sum_{k \in \mathbf{Z}} C_{j_1,k} \varphi_{j_1,k}(x)$$

$D_j(x)$ 是信号 $f(x)$ 中频率介于 2^{-j} 与 $2^{-(j-1)}$ 的成分，即

$$D_j(x) = \sum_{k \in \mathbf{Z}} D_{j,k} \psi_{j,k}(x)$$

式中，$\varphi(x)$ 为尺度函数；$\psi(x)$ 为小波基函数，低通滤波器 H 和高通滤波器 G 均由尺度函数和小波基函数决定。

系数 $C_{j,k}$ 和 $D_{j,k}$ 由以下递推公式推出：

$$\begin{cases} C_{j+1,k} = HC_{j,k} \\ D_{j+1,k} = GC_{j,k} \end{cases} \quad (j = j_1, \cdots, j_2 - 1) \tag{4-19}$$

式（4-19）表明，信号 $f(x)$ 按 Mallat 算法分解，分成了不同的频率通道成分，并将每一低频率通道再次分解，分解级数越高，频率划分就越细，越能分解出更低频的成分，对于能分解的最高频率，则是由采样频率 f_s 决定的。根据采样定理和频率分析原理可知，采用 Mallat 算法对信号 $f(x)$ 进行分解，其分解的最高频

率是 $f_s/2$，在此基础上，频带被逐级分解。例如，对于常用的二进小波进行 3 次小波分解，其分解的频带如图 4-16 所示。

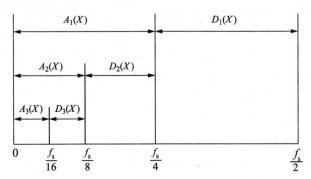

图 4-16　Mallat 算法的频带逐级分解（3 级）

4.2.2.3　小波基函数的选择

在小波分析的工程应用中，小波变换所用的小波基函数不具有唯一性，不同的小波基函数具有不同的时频特性，同一个问题用不同的小波基函数分析也会产生不同的结果。因此，在通过小波技术分析与处理声波测试信号时，选取最优小波基函数尤为关键。

小波基函数主要具有以下的特征：紧支性与衰减性、正则性和对称性、消失矩。这些特征关系到如何选用合适的小波基函数，以便高效地对信号进行分析。表 4-1 为常用小波基函数的主要性质。

表 4-1　常用小波基函数的主要性质

小波函数	紧支性	正交性	对称性	连续小波变换	离散小波变换	消失矩（阶数）
Morlet			√	√		
Mexican hat			√	√		
Biorthogonal	√			√	√	$N-1$
Haar	√	√	√	√	√	1
Daubechies	√	√	近似	√	√	N
Symlets	√	√	近似	√	√	N
Coiflets	√	√	近似	√	√	$2N$

对岩石超声波信号进行小波分析时，应选择衰减较快的和超声子波形状相近的波形作为小波基函数。可见，Daubechies、Symlets 和 Coiflets 小波基函数符合上述要求。

本节基于岩石超声波信号处理的要求，利用小波基函数分析后重构信号和原始信号的误差判定小波基函数的优劣，最终选用 Daubechies 小波基函数对响应信号进行正交小波变换。

4.2.3　砂岩疲劳损伤过程中超声波信号的小波变换

采用 Daubechies5 小波基函数对疲劳损伤过程中的超声波信号进行了 4 尺度的小波分解，选择其中一个典型的 SB-2 试件进行分析说明。SB-2 试件的超声波信号 4 尺度的小波分解及相应的频谱分析如图 4-17 所示。

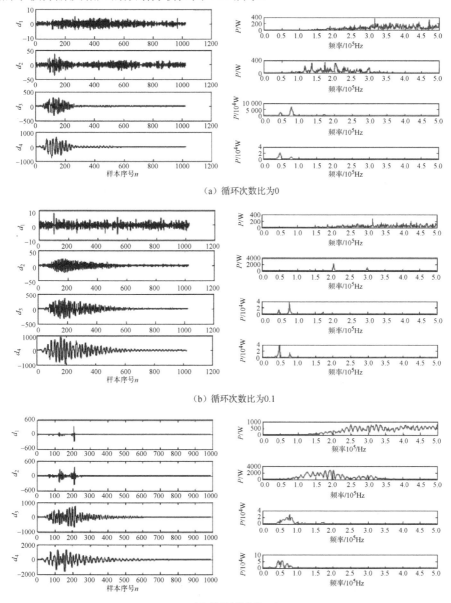

（a）循环次数比为0

（b）循环次数比为0.1

（c）循环次数比为0.43

图 4-17　SB-2 试件的超声波信号 4 尺度的小波分解及相应的频谱分析

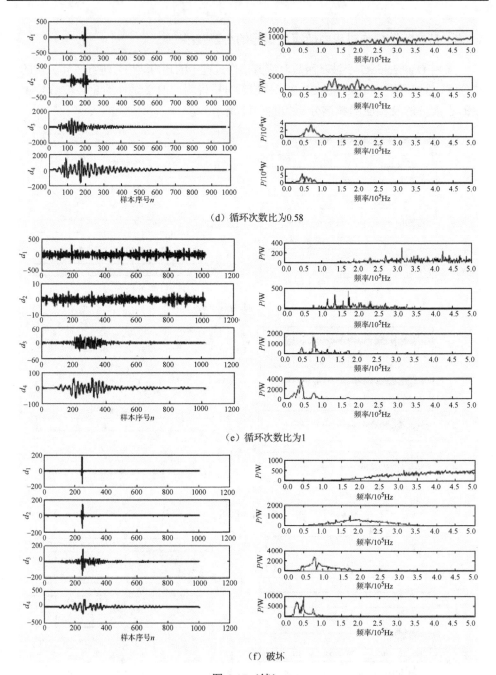

（d）循环次数比为0.58

（e）循环次数比为1

（f）破坏

图 4-17（续）

　　从图 4-17 中可以看出，损伤过程中裂纹的萌生与发展对超声波信号的低频段影响不太显著，而对高频段的影响比较显著。

　　从小波系数重构的时域图（尺度分析图）可以看出低频段（d_3、d_4 重构段）

在整个循环过程中幅值及波形的变化很小，对损伤的识别不够敏感；在高频段（d_2、d_1 重构段）整个循环过程中幅值及波形都发生了显著的变化，当岩石试件出现微小裂缝时，在小波尺度信号的高频部分相应出现了一些峰值 [图 4-17（b）、（c）]，对损伤过程比较敏感。

从超声波信号尺度对应的频谱分析中可以看出，d_1、d_2 段的频谱曲线幅值及频率成分在循环加载过程中随着裂纹的萌生与发展呈现有规律的变化。图 4-18 是对声波信号经小波变换后不同频带又进行傅里叶变换处理后得到的主频率（f_0）、频域最大振幅（A/A_0）、频域谱面积（M/M_0）等参数随应力循环次数比的变化曲线。从图中可以看出，不同尺度上主频率、频域幅值及谱面积随应力循环次数比均表现出较强的规律性，但不同尺度变化的敏感程度不同，其中第一尺度（d_1）由于其中含有较高的噪声污染，可不重点考虑；第二尺度（d_2）的频域参数值随应力循环次数比的变化最为敏感 [图 4-18（a）～（c）]。

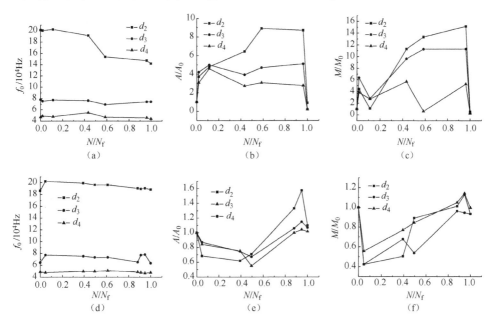

图 4-18　超声波信号小波变换各尺度频域幅值、谱面积随循环次数比的变化曲线

主频率在不同损伤阶段发生较明显的变化，随着循环次数比的增大主频率呈逐渐衰减的趋势，表现出高频向低频漂移的渐进过程，表明了岩石试件损伤不断加大的同时，穿过岩石试件的超声波主频率在不断衰减。由前面分析可知，由于傅里叶变换对整个时域进行分析，在不同频带上的频率变化相互干扰，而且还有高频噪声的污染，真正的频率变化特征被其他频带掩盖，通过傅里叶变换无法精细地识辨频率的变化。

对于频谱幅值及谱面积随损伤过程的变化，在第一阶段中，因为试件的初始损伤程度不同，内部结构及成分的差异比较大，所以这个阶段不同岩石试件的频谱幅值及谱面积的变化差异性比较大；进入第二阶段，频谱幅值及谱面积在不同频率段（不同尺度条件）下敏感性不同，到后期呈现出一定的上升趋势；到第三阶段，频谱幅值及谱面积参数发生突然的下降，伴随着裂纹的贯通，高频成分大幅度衰减。

根据文献［5］中提出的加权波谱参数的概念，对声波信号进行小波分解后，略去在第一尺度下的小波分量（即高频干扰），对其余尺度下小波分量的波谱参数进行自身加权平均，获得加权波谱参数。

频域主频率加权为

$$\overline{f}_0 = \frac{\sum\limits_j f_0^j f_0^j}{\sum\limits_j f_0^j} \quad (j = -J, -J+1, \cdots, -3, -2) \tag{4-20}$$

频域最大振幅加权为

$$\overline{A}_{f\max} = \frac{\sum\limits_j A_{f\max}^j A_{f\max}^j}{\sum\limits_j A_{f\max}^j} \quad (j = -J, -J+1, \cdots, -3, -2) \tag{4-21}$$

频域谱面积加权为

$$\overline{M}_0 = \frac{\sum\limits_j M_0^j M_0^j}{\sum\limits_j M_0^j} \quad (j = -J, -J+1, \cdots, -3, -2) \tag{4-22}$$

式中，f_0^j、$A_{f\max}^j$、M_0^j 分别为第 2^j 尺度下的小波分量的主频率、频域最大振幅和谱面积。由于加权波谱参数是超声波在各个频带上的能量或主频率的加权平均，因此在物理意义上，它仍然是超声波在各个频带上的能量或频率的一种综合反映，而且使得对损伤敏感的频带上的信号更加突出。

把上述公式用于图 4-18 中的各参数进行计算，可得如图 4-19 所示的加权波谱参数随疲劳循环次数之间的关系。由图可知，通过小波变换得到的加权波谱参数比由傅里叶变换得出的波谱参数对疲劳损伤过程具有更强的敏感性，表明以小波分析为基础的波谱参数在分析岩石声学特性与损伤相关性方面具有重要的应用价值。

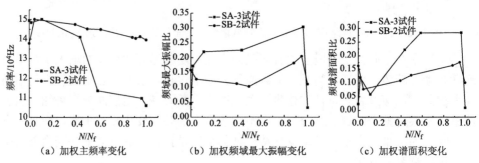

(a) 加权主频率变化　　　　(b) 加权频域最大振幅变化　　　　(c) 加权谱面积变化

图 4-19　加权波谱参数随循环次数比变化曲线

4.3 循环荷载下节理岩体声学特性分析

本节拟通过采集循环荷载作用下裂隙模型试样的超声波数据，细致分析其在疲劳损伤过程中超声波的时域参数与频域参数，研究这些参数在疲劳损伤过程中的变化规律，并对加锚前后的裂隙模型试样的声学特性进行对比分析，为研究节理岩体的锚固效应提供依据。

4.3.1 节理岩体疲劳损伤过程中时域参数变化规律分析

4.3.1.1 模型试样疲劳损伤过程中超声波速的变化特征

超声波在介质中传播时，一般来说，最先到达的初至波是频率较高、振幅较小、衰减迅速的纵波（P 波），随之而至的是频率较低、振幅不断增大的横波（S 波），之后才是其他类型的续至波。P 波最先到达，容易判断，而 S 波后至，基本在 P 波的续至区以及其他类型波的干扰区内，初至时间难以确定，其波速的测定也存在一定的难度，且误差相对较大。因此，本节主要研究 P 波波速的变化。

试验中超声波测试采用实时测试的方法，无须进行卸载再测。在初始状态下测量试样的纵波波速为 V_0（m/s），经过一定的循环次数后再测，直至试样破坏为止。

1）模型试样未加载时的超声波速

对完整试样及各裂隙角度的单裂隙及双裂隙试样在未加载时的纵波波速进行采集并统计，做出纵波波速 V 与裂隙倾角 α 的关系曲线；并对纵波波速进行归一化处理，以完整试样的纵波波速 V_0 为基准参数，由波速比 $\bar{V} = V_i / V_0$（V_i 为各裂隙角度试样纵波波速）和裂隙倾角 α 做出 $\bar{V}$ -α 关系曲线。图 4-20 和图 4-21 分别为单裂隙和双裂隙模型试样纵波波速随裂隙倾角变化的关系曲线。

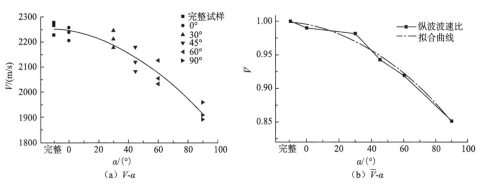

（a）V-α （b）$\bar{V}$-α

图 4-20 未加载时单裂隙模型试样纵波波速与裂隙倾角的关系曲线

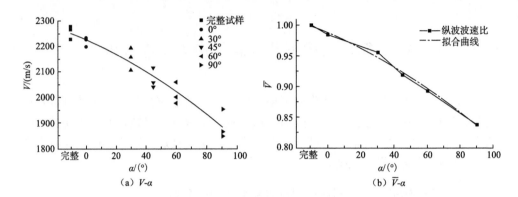

图 4-21　未加载时双裂隙模型试样纵波波速与裂隙倾角的关系曲线

对比图 4-20 和图 4-21 可知，相较于完整试样，含有预设裂隙的试样纵波波速均有下降，模型试样纵波波速随裂隙倾角的增大而减小；无论是单裂隙还是双裂隙试样，均存在 0°模型试样的纵波波速下降量最小（小于 2%），90°模型试样的纵波波速下降量最大（高达 17%）。此外，由图 4-20（b）和图 4-21（b）可知，无论对单裂隙还是双裂隙试样，均存在 45°、60°及 90°模型试样比 0°、30°模型试样波速的下降趋势更大，而对 0°、30°模型试样又存在双裂隙情况比单裂隙情况波速下降趋势大。对双裂隙试样来说，各裂隙角度试样的纵波波速下降幅值均大于同等裂隙角度单裂隙试样。

裂隙尺寸对超声波速有一定影响。首先，对于设定宽度的裂隙，随着裂隙倾角的增大，其阻碍超声波传播的界面尺寸也逐渐变大。当裂隙角度为 0°时，其平行于超声波传播方向，此时裂隙投影尺寸最小；当裂隙倾角为 90°时，其投影尺寸最大，等同于裂隙宽度。对双裂隙试样而言，其裂隙投影宽度大于单裂隙试样，且裂隙数量的增多使缺陷也相应增多，超声波在缺陷处产生散射、绕射、折射等现象，延长了纵波在试样中的传播时间，并伴随能量耗散，最终影响超声波传播速度。

文献［6］和文献［7］对多个含不同方向裂隙的样本进行波速测试，结果表明，当裂隙方向与超声波传播方向一致时，裂隙对声波的影响极小，而当裂隙方向与声波传播方向垂直时，裂隙对声波的影响最大；本节的试验结果与文献［6］和文献［7］的研究结果相吻合。

2）循环荷载下模型试样超声波速变化特征

对完整试样及各裂隙角度的单裂隙及双裂隙试样进行循环加载，间隔一定的循环次数测试其超声波速，直至试样破坏为止。模型试样在疲劳损伤过程中超声波速的衰减变化规律如图 4-22 所示。

由图 4-22 可知以下内容。

（1）随着循环荷载的进行，试样纵波波速呈衰减趋势，且存在较明显的倒 S

形三阶段衰减规律：第一阶段纵波波速衰减较慢，占试样疲劳寿命的 10%～16%；
第二阶段纵波波速衰减缓慢且较为平缓，占疲劳寿命的 76%～84%；第三阶段纵
波波速急速衰减，占疲劳寿命的 10%以内。

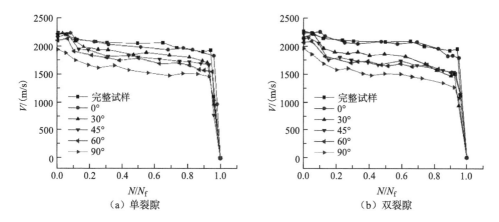

图 4-22　模型试样在疲劳损伤过程中超声波速的衰减变化规律

（2）在循环加载初期，试样超声波速较初始超声波速存在一定程度的增长，
这一增长范围基本处于试样疲劳寿命的 10%以内，即在超声波速衰减规律曲线的
第一阶段以内。

（3）对单、双裂隙试样，除裂隙倾角为 0°的试样外，其他各角度裂隙试样纵
波波速相比完整试样均有较大衰减，双裂隙试样衰减量大于同样裂隙倾角的单裂
隙试样。

上述现象产生的原因：在循环加载初期，模型试样内部孔隙、微裂纹闭合、
预设裂隙被压密，试样强度略有提高，在波速曲线上表现为超声波速略微上升，
但这一过程很短，随着新裂纹的萌生、扩展，波速很快又降下来；随着循环次数
的增加，试样内部已有的裂纹以及新生裂纹不断扩展，超声波在传播过程中遇到
这些缺陷，将发生反射、绕射、散射等，超声波的频率、相位发生变化，超声波
速也随之变化，随着裂纹数量的不断增多及裂纹规模的继续扩大，这些反射、绕
射和散射等的次数也不断增加，导致声波传播路径延长，波速逐渐降低，声波能
量逐渐衰减，此变化过程相对缓慢；在循环加载后期，试样疲劳损伤累积至临近
破坏，裂纹快速扩展、贯通，超声波速随之急剧下降。超声波速三阶段变化趋势
基本对应于模型试样疲劳损伤过程的三阶段变化特征。

3）锚杆锚固对模型试验超声波速的影响

对裂隙倾角为 30°、45°、60°和 90°的加锚模型试样进行循环荷载作用下的超
声波测试，各试样在疲劳损伤过程中超声波速的衰减变化规律如图 4-23 和图 4-24
所示。

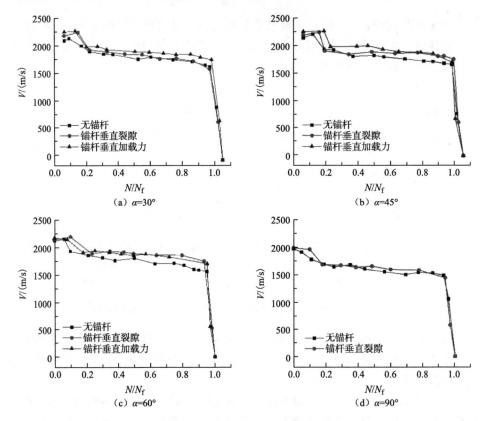

图 4-23　单裂隙模型试样超声波速的衰减变化规律

对比图 4-23 和图 4-24 可知：

（1）无论裂隙试样是否存在锚杆，其在循环荷载作用下，纵波波速变化曲线都呈较明显的倒 S 形三阶段衰减趋势：第一阶段衰减较慢，占 10%～20%；第二阶段衰减缓慢，占 75%～85%；第三阶段衰减迅速直至试样破坏，占 10% 以内。在循环加载初期，波速变化曲线第一阶段，试样超声波速较初始超声波速存在略微增长的趋势。

（2）锚杆锚固后试样的波速均高于无锚杆时试样的波速，双裂隙锚杆锚固试样较单裂隙锚杆锚固试样增长幅度更大，且随裂隙倾角的增大，这种趋势更明显。

（3）在循环加载中期，波速变化曲线第二阶段，大部分无锚杆试样波速变化存在一定的起伏，锚杆锚固试样波速衰减变化趋势相比无锚杆试样较为稳定。

（4）除 JA3、JA6 和 DP4 情况的试样，其余情况锚杆锚固试样的第一、二阶段循环次数比均略高于无锚杆试样，即锚杆锚固试样第三阶段所占比例比无锚杆试样的小。

显然，锚杆的锚固使裂隙试样强度增大，在疲劳损伤破坏过程中锚固试样的整体性较好，测得的纵波波速比无锚杆试样的大；随着循环次数的增加，疲劳损

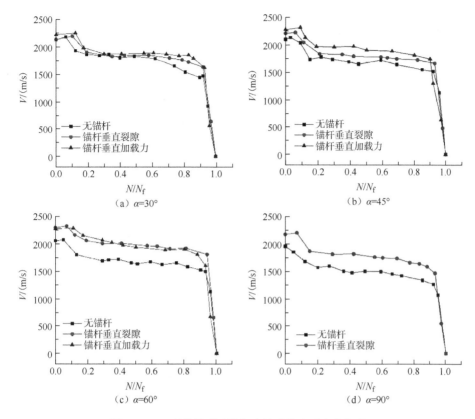

图 4-24　双裂隙模型试样超声波速的衰减变化规律

伤不断累积，裂纹不断扩展，试样出现鼓胀、片落现象，从第 3 章对试样疲劳损伤过程的观察可以发现锚杆锚固使试样较少出现鼓胀、片落、崩碎等现象，外部缺陷是内部缺陷累积的具体表现，波速曲线上表现为锚杆锚固试样波速曲线第二阶段比无锚杆试样的衰减平稳。

同时，锚杆安装角度对试样强度有一定影响，在波速上也有体现。如当裂隙倾角为 30°和 45°时，锚杆垂直加载力的加锚方式更优，裂隙倾角为 60°时，锚杆垂直加载力和锚杆垂直裂隙的加锚方式均可。

由于在垂直超声波传播方向上裂隙的投影宽度对超声波速有一定的影响，对同样材料的试样，当裂隙倾角为 0°时，对其波速影响最小，而当裂隙倾角为 90°时，对其波速影响最大。由于双裂隙试样裂隙数量增多且预设裂隙位置的关系，裂隙投影宽度比同角度的单裂隙试样大，致使未设置锚杆时双裂隙试样波速普遍低于同角度单裂隙试样波速；当锚杆锚固后，由于锚杆增强了试样的强度和整体稳定性，裂隙试样波速有所提高，双裂隙试样设置两根锚杆，提高幅度比单裂隙试样大，且随着裂隙倾角的增加，提高幅度更为明显，说明锚杆数量的增加对试样强度的提高起重要作用。

4.3.1.2　模型试样疲劳损伤过程中超声波波形的变化特征

1）循环荷载作用下模型试样超声波波形变化曲线

在循环荷载作用下，模型试样内部裂纹从萌生、扩展到贯通，直至破坏，这个过程必将对超声波在模型试样中的传播产生影响，除了在波速衰减上有明显反应外，其超声波波形的变化也是一个重要的特征量。为了减少表面波和横波对波形分析的干扰，对模型试样疲劳损伤过程中的超声波波形的分析主要集中在接收波前部的纵波。

对完整试样、各裂隙角度的单裂隙和双裂隙试样及其加锚试样进行循环加载，并对循环加载过程中的波形数据进行采集，直至试样破坏为止。模型试样在疲劳损伤过程中超声波波形的变化过程如图 4-25～图 4-30 所示。

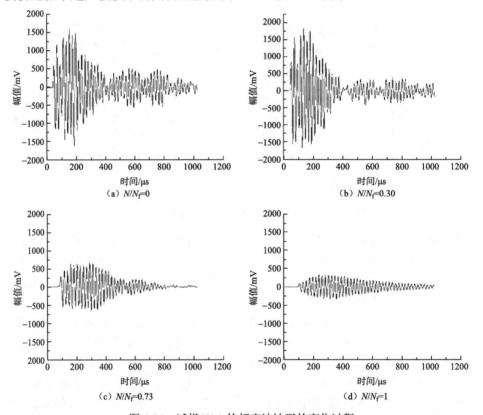

图 4-25　试样 W-1 的超声波波形的变化过程

由图 4-25～图 4-30 可知，超声波波形对试样疲劳损伤过程反应较为敏感，具体表现如下：

（1）在未受循环荷载作用时，其超声波形振幅较大，随着循环荷载的进行，试样疲劳损伤不断累积，能量不断被吸收和损耗，振幅呈减小趋势，在临近破坏阶段，振幅迅速降低。

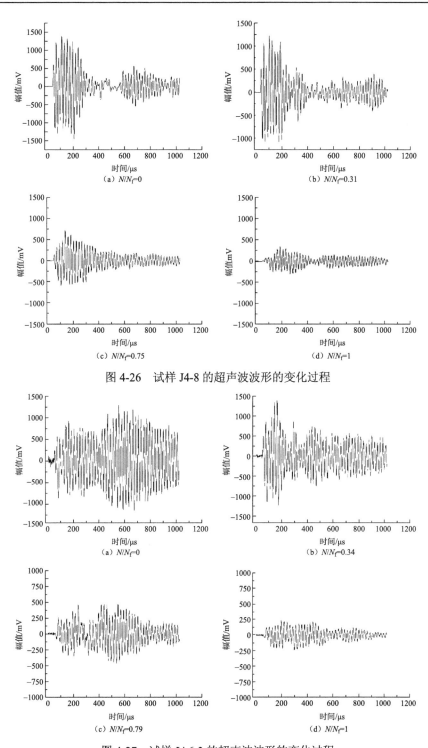

图 4-26　试样 J4-8 的超声波波形的变化过程

图 4-27　试样 JA6-3 的超声波波形的变化过程

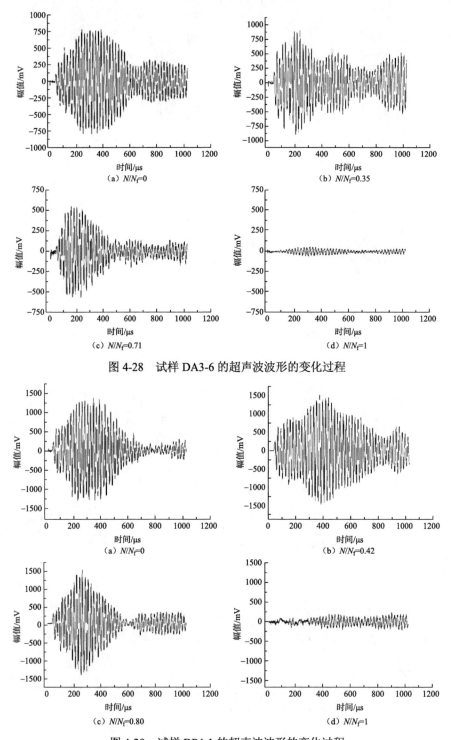

图 4-28　试样 DA3-6 的超声波波形的变化过程

图 4-29　试样 DP4-1 的超声波波形的变化过程

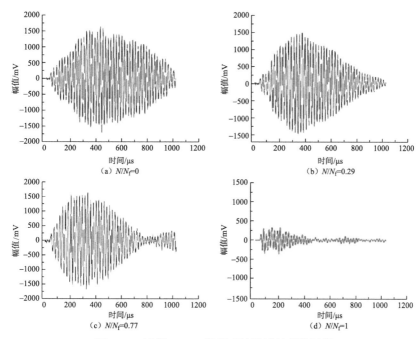

图 4-30 试样 DA9-3 的超声波波形的变化过程

（2）在模型试样未受循环荷载作用时，试样内部较为完整或仅有预设裂隙及少量孔隙，其波形包络线为半圆形或近似半圆形；随着循环荷载的进行，试样内部裂纹开始萌生、扩展、贯通，超声波通过试样后能量产生衰减，波形包络线逐渐变为喇叭形并继续畸变；在试样临近破坏至完全破坏时，波形发生严重变形，对某些最终破坏特别严重的试样，甚至无法接收到波形。疲劳损伤过程中波形包络线典型变化情况如图 4-31 所示。

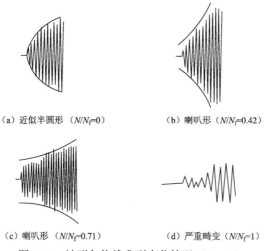

图 4-31 波形包络线典型变化情况（JA4-7）

（3）随着疲劳损伤的累积，在波形曲线后部出现明显的"鱼尾"状波形，典型情况如图 4-32 所示；对部分裂隙试样，在未受循环荷载作用时，波形曲线后部就已开始出现"鱼尾"状波形，这种情况双裂隙试样比单裂隙试样更为明显，锚杆锚固试样比无锚杆试样更为明显。这是因为预设裂隙使试样内部存在一定的缺陷，随着循环荷载的进行，试样内部裂纹萌生、扩展、贯通，超声波传播过程中在这些缺陷处发生折射、散射等现象，在波形曲线上表现为"鱼尾"状波形。相比单裂隙试样，双裂隙试样由于裂隙数量多，在疲劳损伤过程中试样内部破坏复杂，更容易出现"鱼尾"状波形，而对锚杆锚固试样，超声波在试样内传播过程中锚杆属于异质界面，比无锚杆试样出现"鱼尾"状波形的可能性更大。

（a）试样 JA4-7（N/N_f=0.42）   （b）试样 DP6-3（N/N_f=0.80）

图 4-32   波形曲线末端典型"鱼尾"情况

虽然超声波波形在试样疲劳损伤过程中反应较为敏感，波形包络线变化也较有规律，但是从波形变化中很难对疲劳损伤阶段进行较明确的划分；对于不同裂隙倾角的试样，由于试样内部缺陷复杂，超声波传播后波形成分复杂，较难通过波形信号来区分不同裂隙的情况；且造成波形畸变的因素多种多样，除了试样内部缺陷外，仪器性能、耦合状态等都可能使波形产生畸变。因此，当前基于波形畸变的判断分析尚处于经验阶段。

2）循环荷载作用下模型试样的波形相关性分析

随着循环荷载的进行，模型试样超声波波形逐渐发生变形，尤其是波形包络线，从较明显的半圆形或近似半圆形逐渐变为喇叭形，最后发生与原始波形相差很大甚至相位相反的严重畸变。为了更直观地体现模型试样疲劳损伤过程中超声波波形的变化，也为了进一步分析超声波波形与试样疲劳损伤的关系，本节对典型试样的波形数据进行相关性分析，即对不同循环次数下采集到的波形数据与未加载时试样的初始波形数据进行相关性分析。

相关系数的定义式为

$$r = \frac{\sum\limits_{i=1}^{n}(x_i - \overline{x})(y_i - \overline{y})}{\sqrt{\sum\limits_{i=1}^{n}(x_i - \overline{x})^2 \sum\limits_{i=1}^{n}(y_i - \overline{y})^2}} \qquad (4\text{-}23)$$

式中，r 为相关系数，表示 x、y 之间关系的密切程度。

图 4-33 和图 4-34 分别为典型完整和单裂隙、双裂隙试样在疲劳损伤过程中超声波波形相关系数的变化过程。

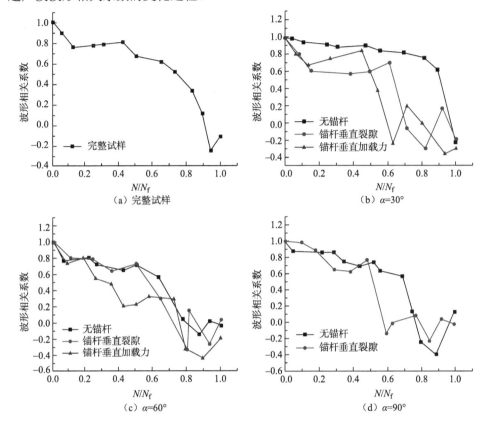

（a）完整试样　　　　　　　　　（b）α=30°

（c）α=60°　　　　　　　　　（d）α=90°

图 4-33　典型完整试样及单裂隙试样波形相关系数的变化曲线

由图 4-33 和图 4-34 可知，典型试样的波形相关系数的变化曲线存在一定规律。

（1）波形相关系数变化曲线虽大多出现明显波动，但整体呈下降趋势，曲线存在较明显的三阶段变化特征。第一阶段即疲劳损伤初期，曲线呈下降或小幅上升再下降的趋势，说明试样内部疲劳损伤开始出现；第二阶段即疲劳损伤中期，大部分曲线波动明显，甚至出现较大的跳动，但整个阶段仍呈下降趋势，说明该阶段试样内部裂纹萌生、扩展，又伴随着裂纹的被压密、闭合、休眠，对锚固试样而言，还存在锚杆锚固作用的影响，波形曲线变化复杂，但试样整体损伤程度仍不断加剧；第三阶段即疲劳损伤后期，曲线出现急剧的下降，有些试样曲线下降至最低点又出现反弹，至试样破坏时的波形与初始波形相关系数基本为–0.3～+0.3，说明该阶段试样临近破坏至完全破坏，波形与初始波形相比畸变严重，当试样内部出现局部塌陷或破裂面贯通时，导致测得的波形相位与初始波形相位相比完全相反，曲线出现负值或反弹。

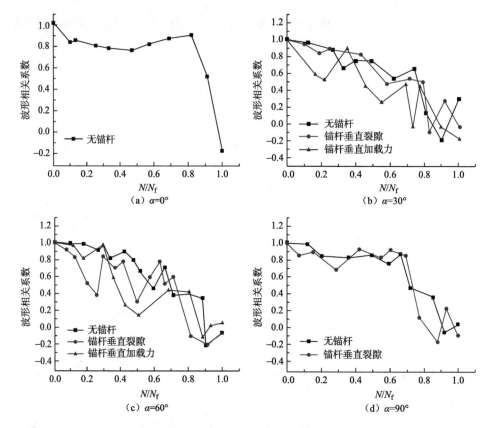

图 4-34　典型双裂隙试样波形相关系数的变化曲线

（2）对比完整试样、无锚杆的单裂隙及双裂隙试样可知，其中，完整试样、单裂隙试样的波形相关系数变化曲线较平稳，双裂隙试样的波形相关系数变化曲线波动较明显，表明裂隙数量及密度对疲劳损伤过程中波形的变化有较大影响，裂隙数量及密度的增加使得试样内部裂纹的扩展、贯通及闭合等情况更复杂，双裂隙试样内部的局部塌陷及裂隙面贯通程度较完整试样及单裂隙试样更严重。

（3）对比不同裂隙倾角的无锚杆试样而言，对单裂隙试样，裂隙倾角为 0°、30° 的试样比裂隙倾角为 60°、90° 的试样波形相关系数变化曲线平稳；对双裂隙试样，除了裂隙倾角为 0° 的试样波形相关系数变化曲线较平稳外，其余角度双裂隙试样波形相关系数变化曲线都有不同程度的较明显波动，说明裂隙倾角对疲劳损伤过程中波形的变化有较大影响，在垂直超声波传播方向上裂隙的投影宽度越大对波形变化的影响也相对越大。

（4）对比无锚杆试样和锚杆锚固试样，无论是单裂隙还是双裂隙情况，均存在锚杆锚固试样的波形相关系数变化曲线比无锚杆试样的波形相关系数变化曲线波动明显，曲线明显波动基本集中在疲劳损伤过程中的第二阶段，说明锚杆锚固不但增加了试样的塑性，而且在疲劳损伤过程中对试样内部裂纹的扩展、贯通起到积极的阻抗作用，特别是疲劳损伤中间阶段，锚杆锚固作用明显，表现出的波动也更显著。

综上所述，通过对超声波波形进行相关性分析可较直观地反映出模型试样的完整程度，从相关系数变化曲线上也能相对清晰地对疲劳损伤的阶段性进行划分，但由于试样本身的离散型及疲劳损伤过程波形变化的复杂性，相关系数变化曲线波动明显，当试样内部出现局部塌陷及裂隙面贯通等情况时，导致测得的波形相位完全相反，相关系数变化曲线将出现负值或反弹，使得曲线变化多样，增加了曲线判断的难度。

4.3.1.3 模型试样疲劳损伤过程中超声波波幅的变化特征

波幅是指换能器接收到声波首波的振幅，即第一个波前半周的幅值，是超声波测量介质破坏程度的重要指标之一，可以反映超声波在介质中的衰减情况。本节主要讨论循环荷载作用下模型试样首波波幅的变化特征。

以试样疲劳损伤过程中超声波初至波的波幅为纵坐标，循环次数比（N/N_f）为横坐标，图 4-35 和图 4-36 分别给出单裂隙、双裂隙试样疲劳损伤全过程的首波波幅变化曲线。

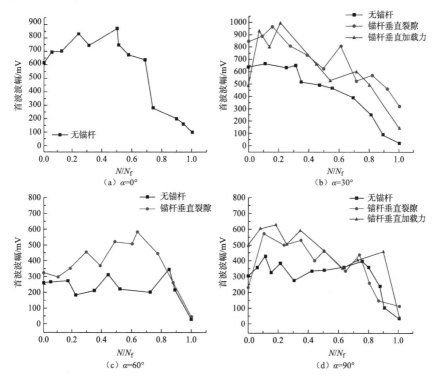

图 4-35 典型完整试样及单裂隙试样疲劳损伤全过程的首波波幅变化曲线

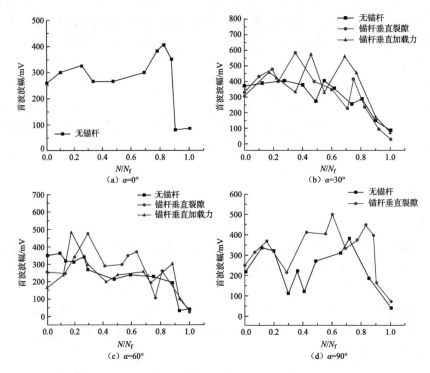

图 4-36　典型双裂隙试样疲劳损伤全过程的首波波幅变化曲线

对比图 4-35 和图 4-36 可知，疲劳损伤过程中模型试样的超声波首波波幅变化不稳定，但仍存在一定的规律。

（1）从试样疲劳损伤全过程来看，其超声波首波波幅曲线整体呈下降的趋势，在疲劳损伤初级阶段，波幅曲线出现不同程度的上升再下降；在疲劳损伤中间阶段，波幅曲线跳动明显；进入疲劳损伤后期至试样临近破坏时，波幅曲线呈较明显的大幅下降。在疲劳损伤过程中，波幅随超声波的能量产生较同步的变化，波幅的变化在一定程度上可以反映出超声波能量的变化。

（2）锚杆锚固试样的波幅幅值普遍大于相同情况下无锚杆试样的幅值，表明锚杆锚固使试样在疲劳损伤过程中能保持较好的整体性，致使超声波能量衰减较少，波幅曲线表现出较大的幅值。

（3）对比不同裂隙倾角的模型试样，波幅变化规律各不相同，波幅变化不稳定，从波幅变化曲线上无法判别不同裂隙倾角的影响。但对比同样裂隙角度的无锚杆试样和锚杆锚固试样来说，无锚杆试样的波幅曲线较平缓，锚杆锚固试样在疲劳损伤中间阶段波幅曲线跳动更明显，这种情况在双裂隙试样中表现更为突出。波幅的变化可以反映出超声波能量的变化，锚杆锚固在一定程度上对试样疲劳损伤过程中裂纹扩展、贯通起到阻抗作用，特别是疲劳损伤中间阶段，锚杆锚固的作用较明显，波幅曲线跳动也较明显；双裂隙试样由于预设裂隙数量、锚杆数量增多，疲劳损伤过程中裂纹发展情况复杂，锚杆阻抗裂纹破坏的作用更明显，在波幅曲线上表现出的不规则跳动也更明显。

（4）对比单裂隙及双裂隙试样，大部分的双裂隙试样整体的波幅幅值小于同样裂隙倾角的单裂隙试样，因为超声波穿过试样时，通过裂隙等缺陷将使能量衰减，裂隙数量及密度对波幅幅值有较明显的影响。

虽然超声波波幅在试样疲劳损伤过程中也是一个反应较为敏感的参数，但幅值曲线随损伤累积的变化不够稳定，从幅值曲线上很难对疲劳损伤阶段进行划分。因此，波幅不宜作为损伤变量。

4.3.2 节理岩体疲劳损伤过程中频域参数变化分析

同样，本节也通过快速傅里叶变换对超声波信号进行频域分析，并引入小波变换理论对各频带分量进行独立分析，进而研究节理岩石疲劳损伤程度的波谱参数。

4.3.2.1 频域最大幅值的变化

首先，对快速傅里叶变换后各典型模型试样的频域最大幅值进行统计分析，图 4-37 和图 4-38 分别为单裂隙、双裂隙试样频域最大幅值随循环次数比的变化曲线。

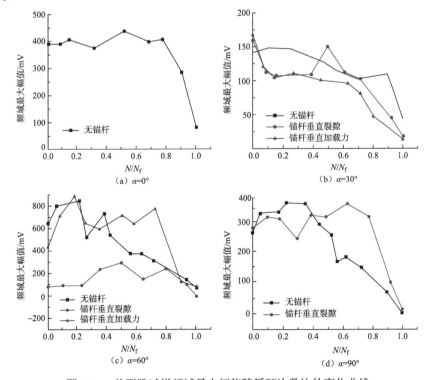

图 4-37 单裂隙试样频域最大幅值随循环次数比的变化曲线

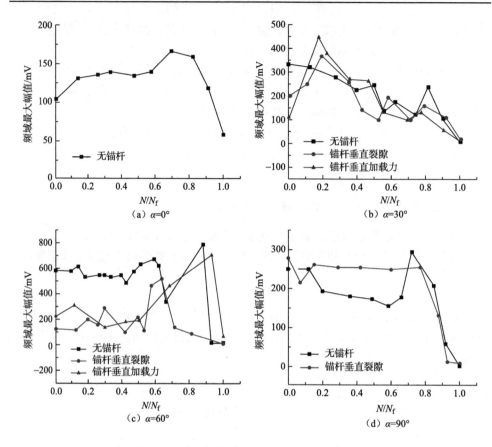

图 4-38 典型双裂隙试样频域最大幅值随循环次数比的变化曲线

综合对比图 4-37 和图 4-38 可知，在疲劳损伤过程中，模型试样频域最大幅值波动明显，部分试样曲线存在较明显的三阶段规律。对 J30、JA4、D0 试样来说，其曲线先上升再缓慢变化最后快速下降；对 J0、JP3、D45、DA9 试样来说，其曲线先下降再缓慢变化最后快速下降，中间缓慢变化阶段无一定规律；对其他试样而言，曲线变化无明显阶段性规律，但对所有试样均存在曲线整体呈下降的趋势，特别是进入疲劳损伤后期至试样临近破坏时，幅值曲线呈较明显的大幅下降，这一点类似于模型试样首波波幅变化情况。

4.3.2.2 主频率的变化

对快速傅里叶变换后各典型模型试样的主频率进行统计分析，图 4-39 和图 4-40 分别为典型完整及单裂隙、双裂隙试样主频率随循环次数比的变化曲线。

由图 4-39 和图 4-40 可知，随着循环荷载的进行，模型试样主频率呈现波动变化，最终向低频方向移动。但有必要指出的是，在试样疲劳损伤过程中，基

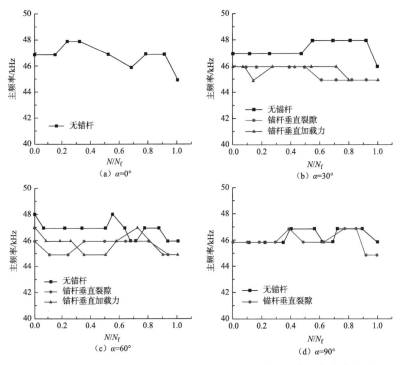

图 4-39　典型完整试样及单裂隙试样主频率随循环次数比的变化曲线

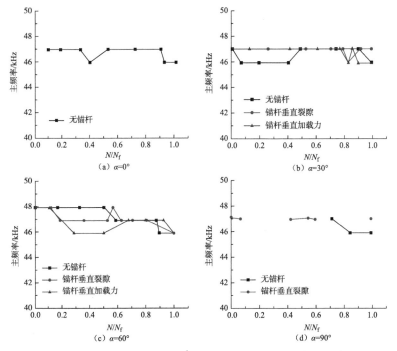

图 4-40　典型双裂隙试样主频率随循环次数比的变化曲线

于快速傅里叶变换得到的频域参数（频域最大幅值和主频率）随损伤累积的变化并不敏感，且变化规律性不强。在试样疲劳损伤的初、中期，其频域参数变化无明显规律；当进入疲劳损伤后期直至试样临近破坏时，试样宏观裂纹才明显出现，主裂纹即将贯通，频域最大幅值才出现较大幅度的下降，主频率向低频方向移动。

4.3.3　典型节理岩体疲劳损伤超声波信号的小波分析

4.3.3.1　典型试样的小波分解与其频谱分

同样选用 Daubechies4 小波对试样疲劳损伤过程中的超声波信号进行 4 尺度的小波分解，选择典型试样 DP6 进行分析说明，其小波分解及相应频谱分析如图 4-41 所示。图 4-41 中 $d_1 \sim d_4$ 为频段，P 为功率谱。

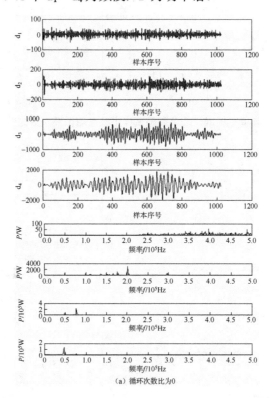

（a）循环次数比为0

图 4-41　DP6 超声波信号 4 层小波分解及相应频谱分析

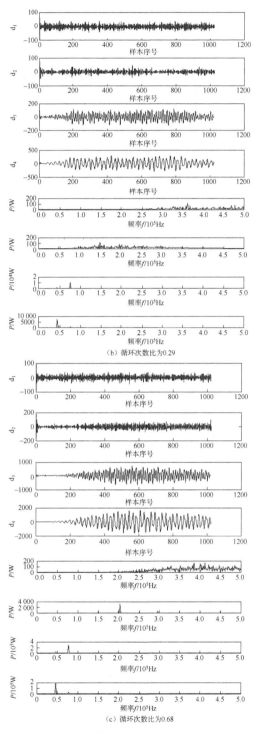

（b）循环次数比为0.29

（c）循环次数比为0.68

图 4-41（续）

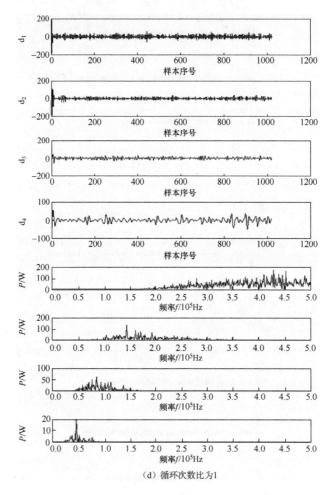

（d）循环次数比为1

图 4-41（续）

由图 4-41 可知，疲劳损伤过程中，裂纹的萌生与扩展对超声波信号高频段影响比较显著，而对低频段的影响不太显著。此外，从小波分解重构的时域图中也可看出低频段（d_3、d_4）在疲劳损伤过程中幅值变化很小，对损伤的识别较不敏感；高频段（d_1、d_2）在疲劳损伤过程中幅值变化较显著，对损伤过程较敏感。

4.3.3.2　典型试样的小波变换频域参数

图 4-42 和图 4-43 为对超声波信号经小波分析后不同频带再进行快速傅里叶变换而得的主频率（f）、频域最大幅值（A）和频域谱面积（M）随循环次数比（N/N_f）的变化曲线，图中 A_0、M_0 分别表示岩石未加荷时频域最大幅值和频域谱面积。

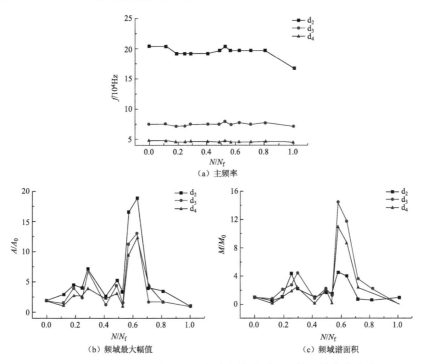

图 4-42　DA6 小波变换各尺度频域参数随循环次数比的变化曲线

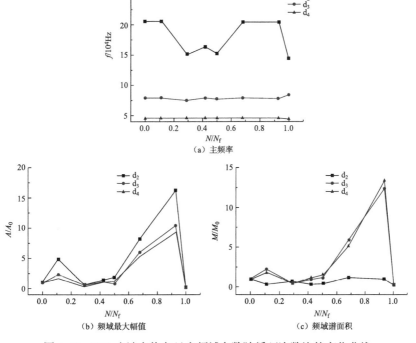

图 4-43　DP6 小波变换各尺度频域参数随循环次数比的变化曲线

　　由图 4-42 和图 4-43 可知，经小波分析后各尺度的主频率、频域最大幅值及频域谱面积的变化规律的敏感程度不同，第一尺度（d_1）由于含有较高的噪声污染，不予重点考虑；第二尺度（d_2）的频域参数的变化最为敏感。

　　主频率在疲劳损伤过程中发生较明显的变化，整体呈逐渐衰减的趋势，表现为高频向低频漂移，说明随着试样疲劳损伤的不断累积，超声波主频率不断衰减。之前进行的傅里叶变换是对整个时域进行分析，由于包含有高频成分的干扰，可能会掩盖频率变化特征的真实情况，所以通过傅里叶变换很难精细对频率变化进行识别。

　　对于频域最大幅值和频域谱面积在疲劳损伤过程中的变化而言，在第一阶段中，由于试样初始损伤程度不同，且由于锚杆的存在，其内部结构存在一定差异，所以该阶段不同试样的频域最大幅值及频域谱面积的变化差异性较大；进入第二阶段后，频域最大幅值及频域谱面积在不同尺度中的敏感性不同，除了 D60 试样的频域谱面积，其余频域最大幅值及频域谱面积在第二阶段后期均呈现出一定的上升趋势；在第三阶段，频域最大幅值及频域谱面积均存在较大幅度的下降，表明伴随着主裂纹的贯通，高频成分大幅衰减。

　　根据式（4-20）、式（4-21）、式（4-22）进行加权波谱分数计算，图 4-44 为加权频域参数随循环次数比的变化曲线。

　　综上所述，基于小波变换得到加权频域参数比由傅里叶变换得出的频域参数对试样疲劳损伤过程具有更强的敏感性，尤其是在主频率方面，其敏感性得到较大提升，表明以小波分析为基础获得的频域参数在分析岩石疲劳损伤的声学特性方面具有重要的理论意义和应用价值。

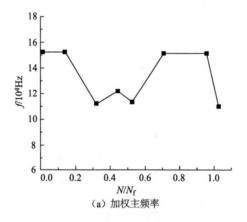

(a) 加权主频率

图 4-44　DP6 小波变换各尺度加权频域参数

随循环次数比的变化曲线

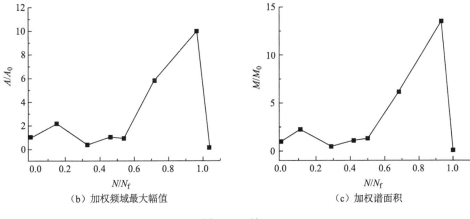

（b）加权频域最大幅值　　　　　　　（c）加权谱面积

图 4-44（续）

4.4　小　　结

本章对模型试样在疲劳损伤过程中的超声波的时域参数（超声波速、波形、波幅等）的特征进行分析，研究这些参数的变化规律，并通过快速傅里叶变换和小波分析理论，对循环荷载作用下试样超声波信号的频域参数的变化规律进行了研究，得出以下结论。

（1）循环荷载作用下，试样超声波波速变化曲线呈较明显的倒 S 形，波速随裂隙倾角的增大而减小。

（2）随着循环荷载的进行，试样超声波波形包络线从半圆形或近似半圆形变为喇叭形，临近破坏至完全破坏时波形发生严重畸变。

（3）随着循环荷载的进行，试样波形相关系数虽大多出现明显波动，但整体呈下降趋势，裂隙角度、数量及有无锚杆锚固对波形相关系数都存在一定的影响。

（4）在循环荷载作用下，试样首波波幅整体呈现下降趋势，单裂隙试样波幅幅值大于同样裂隙角度的双裂隙试样，锚杆锚固试样的波幅幅值普遍大于相同情况下无锚杆试样。

（5）在试样疲劳损伤过程中，通过快速傅里叶变换得到的频域参数（频域最大幅值和主频率）随损伤的变化不敏感，且规律性不明显，只有在试样明显出现宏观裂纹时，频域最大幅值才出现较大幅度的下降，主频率向低频方向移动。

（6）通过小波分析将超声波信号分解成不同频带的小波分量，并进行加权处理后发现，其加权频域参数在疲劳损伤过程中的敏感程度大于通过快速傅里叶变换得到的频域参数，对主频率尤为明显。

参 考 文 献

［1］赵明阶，吴德伦. 单轴加载条件下岩石声学参数与应力的关系研究［J］. 岩石力学与工程学报，1999，18（1）：50-54.

［2］朱劲松，宋玉普. 混凝土双轴抗压疲劳损伤特性的超声波速法研究［J］. 岩石力学与工程学报，2004，23（13）：2230-2234.

［3］李朝阳，宋玉普，车轶. 混凝土的单轴抗压疲劳损伤累积性能研究［J］. 土木工程学报，2002，35（2）：38-40.

［4］MALLAT S G. A theory for multiresolution signal decomposition: The wavelet representation［J］. IEEE Transactions on Pattern Analysis and Machine Intelligence，1989，11（7）：674-693.

［5］赵明阶，吴德伦. 小波变换理论及其在岩石声学特性研究中的应用［J］. 岩土工程学报，1998，20（6）：47-51.

［6］HOLT R T. Stress dependent wave velocities in sedimentary rock cores: Why and why not［J］. International Journal of Rock Mechanics and Mining Sciences & Geomechanics Abstracts，1997，34（3）：261-276.

［7］周枫. 裂隙对煤岩超声波速度影响的实验：以沁水盆地石炭系煤层为例［J］. 煤田地质与勘探，2012，40（2）：71-74.

第 5 章　岩石疲劳累积损伤规律

岩石疲劳累积损伤特性研究是解决岩石破坏强度与岩体长期稳定性问题的理论基础，大多数工程结构或机械的失效均是由一系列变幅循环荷载产生的疲劳累积损伤造成的。疲劳累积损伤理论是研究在变幅疲劳荷载作用下疲劳损伤的累积规律和疲劳破坏准则，它对疲劳寿命的预测十分重要。由于试验的复杂性、材料的离散性，岩石疲劳损伤过程的研究难度增加了。如何开展有效的疲劳损伤研究，并提取出敏感的、具有工程适用性的损伤变量，一直是学者们不断探索的目标。

在对疲劳累积损伤理论的研究中，学者对金属材料的研究比较成熟，参照金属材料疲劳累积损伤理论进行的混凝土疲劳累积损伤的研究成果也颇多，主要包括：①线性累积损伤理论（Miner 准则）适用性研究和修正[1,2]；②基于等幅与变幅疲劳试验测量损伤变量的变化提出疲劳损伤非线性累积的经验模型[3-5]；③基于连续介质损伤力学的疲劳累积损伤理论[6,7]。这些疲劳累积损伤模型对于岩石材料是否适用，或进行怎样的修正后才能适用；如何基于损伤力学的基本理论建立岩石材料的疲劳累积损伤模型都是需要进一步深入研究的问题，基于此类研究的文献很鲜见。本章正是以此为切入点，对砂岩材料展开研究，建立适用于砂岩材料的疲劳累积损伤理论，为相似材料在循环荷载下的疲劳损伤特性及疲劳剩余寿命等的预测提供理论依据。

5.1　完整岩石的疲劳累积损伤

5.1.1　经典疲劳损伤模型适用性分析

5.1.1.1　Miner 准则

Miner 准则是典型的线性累积损伤理论，其成功之处在于大量的试验结果（特别是随机谱试验）显示临界疲劳损伤的均值确实接近于 1，在工程上因简便而得到广泛的应用。

Miner 准则的表达式为

$$D = \frac{n_1}{N_{f1}} + \frac{n_2}{N_{f2}} + \cdots + \frac{n_i}{N_{fi}} + \cdots = \sum_i \frac{n_i}{N_{fi}} = 1 \qquad (5\text{-}1)$$

对于不同的材料 Miner 准则引起的疲劳损伤误差不同，为了分析本章中研究的砂岩应用 Miner 准则计算的精度,对第 3 章给出的变幅疲劳试验结果进行计算,结果如表 5-1、表 5-2 所示。

表 5-1　两级变幅疲劳应用 Miner 准则计算结果

试件编号	加载形式 (应力比)	试验剩余寿命 N_t/次	$\bar{D}$	Miner 准则计算剩余 寿命 N_c/次	计算与试验剩余寿命 误差/%
DA-1~ DA-5	低—高 (0.8~0.9)	6200	1.016	$0.8N_{f2}$=6080	−1.94
DB-1~ DB-5	高—低 (0.9~0.8)	28580	0.660	$0.8N_{f2}$=49760	74.11

注:$\bar{D}$ 为循环次数比累积数平均值。

表 5-2　三级变幅疲劳应用 Miner 准则计算结果

试件编号	加载形式 (应力比)	试验剩余寿命 N_t/次	$\bar{D}$	Miner 准则计算剩余 寿命 N_c/次	计算与试验剩余寿命 误差/%
TA-1~ TA-5	低—高 (0.8~0.85~0.9)	6144	1.210	$0.6N_{f3}$=4560	25.78
TB-1~ TB-4	高—低 (0.9~0.85~0.8)	18600	0.699	$0.6N_{f3}$=37320	100.65

注:$\bar{D}$ 为循环次数比累积数平均值。

　　从计算结果可以看出,在循环荷载作用下砂岩抗压疲劳破坏时的 $\bar{D}$ 值并不总等于 1,而是与变幅疲劳加载顺序有关,变幅级数不同 $\bar{D}$ 值差别不大。在高—低变幅疲劳时两级 $\bar{D}$=0.660,三级 $\bar{D}$=0.699;在低—高变幅疲劳时两级 $\bar{D}$=1.016,三级 $\bar{D}$=1.210。由此可见,此类砂岩将 Miner 准则应用于低—高变幅疲劳时与实际相差很小,而在相反的变幅顺序加载情况下,利用 Miner 准则得到的结果则偏差太大,试验得到的剩余疲劳寿命与 Miner 准则计算寿命相差最大可达到 100.65%,并且偏于危险,说明 Miner 准则所描述的线性累积规律对本书试验砂岩是不合适的,同时由于 Miner 准则本身认为累积损伤与荷载状态无关,与荷载次序无关且没有考虑荷载间的相互作用,所以使理论与试验的偏差更大。

5.1.1.2　Corten-Dolan 累计损伤法则

　　由 5.1.1.1 节分析可知,Miner 准则的不足之处是没有考虑荷载顺序的影响,并且认为损伤是线性累积的。Corten-Dolan 累积损伤法则(C-D 法则)以损伤等效的假设为基础,从疲劳破坏过程的损伤微观物理模型出发,提出一个指数损伤公式,并给出多级加载下的疲劳寿命计算公式:

$$\sum_i \frac{n_i}{N_1}\left(\frac{S_i}{S_1}\right)^d = 1 \qquad (5\text{-}2)$$

式中，d 为与荷载谱有关的材料参数，由两级变幅疲劳试验确定；N_1 是最高应力水平 S_1 作用下的疲劳寿命。

本章试验的 d 由二级加载试验获得，加载形式为低—高时 d 为 18.6；为高—低时 d 为 13.1，计算过程中取均值 15.85。文献 [8] 曾对混凝土在疲劳过程中的 d 进行研究，认为 d 是与应力状态有关的材料常数，同种应力状态下不同的变幅荷载形式试验得到的 d 没有太大差异。

利用 C-D 法则对变幅疲劳试验结果进行计算，结果如表 5-3、表 5-4 所示。

表 5-3　两级变幅疲劳应用 C-D 法则计算结果

试件编号	加载形式（应力比）	d	d 的均值	C-D 法则计算剩余寿命 N_c/次	试验寿命 N_t/次	C-D 法则计算与试验误差/%
DA-1～DA-5	低—高（0.8～0.9）	18.6	15.85	5676.7	6200	−8.44
DB-1～DB-5	高—低（0.9～0.8）	13.1		39325	28580	37.60

表 5-4　三级变幅疲劳应用 C-D 法则计算结果

试件编号	加载形式（应力比）	d 的均值	C-D 法则计算剩余寿命 N_c/次	试验寿命 N_t/次	C-D 法则计算与试验误差/%
TA-1～TA-5	低—高（0.8～0.85～0.9）	15.85	3667.8	6144	−40.30
TB-1～TB-5	高—低（0.9～0.85～0.8）		25027.6	18600	34.56

从表 5-3 和表 5-4 中计算结果可以看出，应用 C-D 法则比应用 Miner 准则进行疲劳寿命预测总体而言误差会更小，由于考虑了加载顺序的影响，使预测精度有了大幅度的提高，但是预测效果仍然不理想。因此，本章将利用理论上推导严密的损伤力学的基本理论对砂岩的疲劳损伤过程进行研究，并建立可以客观模拟损伤过程的疲劳损伤模型。

5.1.2　基于损伤力学的非线性疲劳累积损伤规律

新兴的损伤力学研究方法已应用到疲劳研究领域，损伤力学方法以热力学原理为背景，借助严密的数学、力学概念建立表征损伤演变规律的发展方程。由于岩石是含有微裂隙、微孔洞等初始缺陷的天然材料，因此利用损伤理论来研究岩石等含有初始缺陷的材料已被认为是最有效的研究方法之一，而损伤理论也已渗透到岩石工程的各个方面，如蠕变、冲击等工程，其研究方法都是建立在连续介质力学和热力学的框架之内。

疲劳累积损伤理论以疲劳损伤变量 D 的定义为基石，以疲劳损伤的演化 dD/dN 为基础。一个合理的疲劳累积损伤理论，疲劳损伤变量 D 应该有比较明确的物理意义,有与试验数据比较一致的疲劳损伤演化规律,且使用比较简单[9,10]。

5.1.2.1　损伤变量定义

损伤变量是材料内部损伤和劣化程度的度量,在直观物理概念上可理解为微裂纹和微孔洞在整个材料中所占体积的百分比。从工程实际应用角度上讲,更注重损伤过程宏观物理、力学性能参量的劣化演变规律,因此常用宏观物理、力学量定义 D;前文研究表明,砂岩材料在循环加载过程中超声波速发生明显的衰减,而超声波速具有明显的物理意义与工程适用性,因此最终选择以超声波速来定义损伤变量,并展开相应的研究。波速定义的损伤变量具有如下形式:

$$D = 1 - \frac{E}{\tilde{E}} = 1 - \frac{v_p^2}{\tilde{v}_p^2} \tag{5-3}$$

式中, $\tilde{E}$、$\tilde{v}_p^2$ 分别为岩石损伤后的弹性模量与纵波波速。

5.1.2.2　损伤力学基本理论

损伤力学是用唯象学的方法,利用连续介质热力学和连续介质力学来研究损伤的力学分支。它把包含各种缺陷的材料笼统地看成是一种含有微损伤场的“连续”介质,并把这种微损伤的形成、发展看成“损伤演变”过程,引入连续变化的损伤变量(内状态变量)来描述损伤状态,并在满足力学和热力学基本公式和定理的条件下唯象地确定材料的损伤本构方程和损伤演变方程。

根据第 2 章中损伤力学的不可逆热力学基础,热力学第一定律(能量守恒定律)和热力学第二定律(耗散定律)可写成变形等价形式,即

$$\sigma_{ij}\dot{\varepsilon}_{ij} - \rho\dot{u} + \rho\dot{r} - \mathrm{div}\boldsymbol{Q} = 0 \tag{5-4}$$

$$\sigma_{ij}\dot{\varepsilon}_{ij} - \rho(\dot{u} - \theta\dot{s}) - \frac{\boldsymbol{Q}}{\theta} \cdot \mathrm{grad}\theta \geqslant 0 \tag{5-5}$$

式中, σ_{ij} 为 Cauchy 应力张量; ε_{ij} 为 Cauchy 应变张量, $\varepsilon_{ij} = \varepsilon_{ij}^e + \varepsilon_{ij}^p$; ρ 为物质密度; $\dot{u}$ 为内能密度; $\dot{r}$ 为热源强度; $\boldsymbol{Q}$ 为热通向量; θ 为热力学温度;$\mathrm{grad}\theta$ 为温度梯度。

式(5-5)左边为能量耗散率,定义成耗散势函数对时间的导数 $\dot{\phi}$,并根据热力学内变量理论进行演算,得到

$$\dot{\phi} = \sigma_{ij}\varepsilon_{ij}^p + Y\dot{D} + \boldsymbol{Q} \cdot \boldsymbol{G} \geqslant 0 \tag{5-6}$$

式中, Y 为损伤应变能释放率; $\boldsymbol{G} = -\mathrm{grad}\theta/\theta$;其中 2 个相乘的量都是状态变量:一个具有应力性能,是广义应力;另一个相当于应变率,是广义应变率,两者相乘构成了耗散率。在状态稳定发展阶段,材料服从正交法则,所以

$$\dot{D} = -\frac{\partial \phi}{\partial Y} \tag{5-7}$$

5.1.2.3　砂岩非线性疲劳累积损伤模型的建立

根据已提出的大量损伤模型[11,12]，疲劳损伤耗散势函数 ϕ 可取下列解析表达式：

$$\phi(Y, \dot{P}, \dot{\kappa}, T, \varepsilon^{\mathrm{p}}, D) = \frac{Y^2}{2S_0} \frac{\dot{P} + \dot{\kappa}}{(1-D)^{\alpha_0}} \tag{5-8}$$

在砂岩的疲劳过程中，材料本身的脆性特征明显，所以塑性应变 $\dot{P}$ 非常小，在此主要考虑微塑性应变 $\dot{\kappa}$，即

$$\phi = \frac{Y^2}{2S_0} \frac{\dot{\kappa}}{(1-D)^{\alpha_0}} \tag{5-9}$$

式中，S_0、α_0 为材料参数。

由式（5-7）可得

$$\dot{D} = -\frac{Y}{S_0} \frac{\dot{\kappa}}{(1-D)^{\alpha_0}} \tag{5-10}$$

由方程 $Y = -\rho \dfrac{\partial \phi}{\partial D}$，可得

$$Y = \frac{\sigma^2}{2E(1-D)^2} \tag{5-11}$$

将式（5-11）代入式（5-10）得

$$\dot{D} = -\frac{\sigma^2}{2ES_0} \frac{\dot{\kappa}}{(1-D)^{\alpha_0}} \tag{5-12}$$

岩石、混凝土类材料的微塑性应变率与应力变化率成正比，且在一个应力循环中只有在应力增加阶段微塑性才增加，在应力下降阶段微塑性保持不变，考虑这些特性，岩石的微塑性应变选用下式[11,13,14]较为合理：

$$\dot{\kappa} = \left[\frac{|\sigma - \bar{\sigma}|}{K(1-D)} \right]^{\beta} \frac{\langle \dot{\sigma} \rangle}{1-D} \tag{5-13}$$

式中，K、β 为材料参数；符号 $\langle \rangle$ 的定义为 $\langle x \rangle = \dfrac{|x| + x}{2}$。

将式（5-13）代入式（5-12）得

$$\dot{D} = \frac{\sigma^2 |\sigma - \bar{\sigma}|^{\beta}}{B(1-D)^{\alpha}} \langle \dot{\sigma} \rangle \tag{5-14}$$

其中　　　　　　　　　　$B = 2ES_0 K^{\beta}, \quad \alpha = \alpha_0 + \beta + 3$

$$\bar{\sigma} = (\sigma_{\max} + \sigma_{\min})/2$$

式中，$\bar{\sigma}$ 为平均应力。

把式（5-14）的导数变为微分，在一个应力循环中积分，则有

$$\int_{D}^{D+\frac{\delta D}{\delta n}} \mathrm{d}D = \int_{0}^{\sigma_{\max}} \frac{\sigma^2 |\sigma - \bar{\sigma}|^{\beta}}{B(1-D)^{\alpha}} \mathrm{d}\sigma \tag{5-15}$$

在一个应力循环中 D 的变化很小，可近似认为是常数。

当平均应力 $\bar{\sigma} = 0$ 时，可得

$$\frac{\delta D}{\delta n} = \frac{\sigma_{\max}^{\beta+3}}{(3+\beta)B(1-D)^{\alpha}} \tag{5-16}$$

当 $\bar{\sigma} \neq 0$ 时，考虑平均应力的影响，式（5-16）变为

$$\frac{\delta D}{\delta n} = \frac{\left[(\bar{\sigma} + \sigma_a)\sigma_a\right]^{\frac{\beta+3}{2}}}{(3+\beta)B(1-D)^{\alpha}} \tag{5-17}$$

其中

$$\sigma_a = \frac{1}{2}\Delta\sigma, \quad \Delta\sigma = \sigma_{\max} - \sigma_{\min}$$

把式（5-17）中 D、n 分别置于等式两边进行积分，可得

$$\int_{0}^{D} \frac{\mathrm{d}D}{(1-D)^{\alpha}} = \int_{0}^{n} \frac{\left[(\bar{\sigma} + \sigma_a)\sigma_a\right]^{\frac{\beta+3}{2}}}{(3+\beta)B} \mathrm{d}n \tag{5-18}$$

积分得

$$\frac{1-(1-D)^{1+\alpha}}{1+\alpha} = \frac{\left[(\bar{\sigma} + \sigma_a)\sigma_a\right]^{\frac{\beta+3}{2}}}{(3+\beta)B} n + C \tag{5-19}$$

在周期性循环中，根据边界条件，当 $N=0$ 时，$D=0$，得 $C=0$；当 $N=N_f$ 时，$D=1$。作简单变换可得

$$D = 1 - \left(1 - \frac{N}{N_f}\right)^{\frac{1}{\alpha+1}} \tag{5-20}$$

式（5-20）曾被成功地应用于混凝土数据的拟合验证[15]，确定了公式中相应的参数形式。下面将首先利用第 3 章的试验数据来分析式（5-20）对所研究砂岩的描述程度，先进行初步的拟合验算，拟合结果如图 5-1 所示。

从以上拟合结果可以发现，式（5-20）和砂岩疲劳损伤的试验数据拟合效果很差，主要表现在第一、二阶段中计算的损伤值与试验过程中的损伤值相比都普遍偏小，而且相差幅度都比较大，所以利用式（5-20）来描述砂岩的损伤过程及进行疲劳寿命的预估是偏于危险的，因此将根据实际试验数据的发展情况对式（5-20）进行改进，使其可以更客观地描述砂岩的疲劳损伤过程。

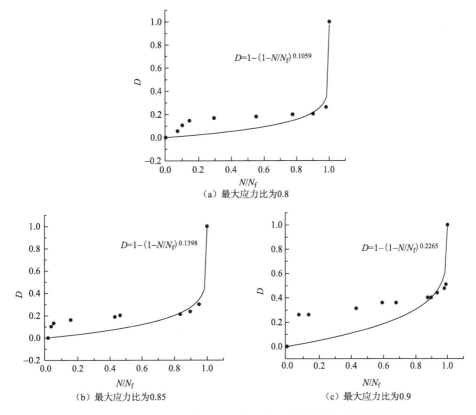

图 5-1　不同应力比条件下试验数据与计算数据的初步拟合曲线

观察分析图 5-1 中砂岩疲劳损伤全过程，发现在第一阶段就使损伤值有一个较大幅度的增加，使其从一开始就偏离了式（5-20）所描述的理论曲线。考虑试验中所用砂岩本身具有一定风化程度的特点，含有微裂隙、微孔洞等初始缺陷的天然材料，所以应考虑初始损伤对整个疲劳损伤过程的影响。按 Yang 等[16] 的理论，材料在疲劳过程的初期，首先发生位错，在相对位置达到稳定前有一个初始损伤 D_0 的存在。岩石具有明显的初始损伤，并在很大程度上影响新裂纹的产生、损伤演化规律及最终的损伤破坏。初始损伤的细观特征主要与岩石的类型、组构特征及成岩过程有关，岩石颗粒界面和界面裂纹是一种初始损伤，也是一种能量屏障，因而对损伤演化具有重要影响。在砂岩的疲劳试验过程中，发现疲劳初期砂岩发生压密及颗粒间的位错而产生的初始损伤现象非常明显，所以符合砂岩疲劳损伤的函数形式可修正为

$$D = 1 - (1 - D_0)\left(1 - \frac{N}{N_f}\right)^{\frac{1}{\alpha+1}} \tag{5-21}$$

式中，D_0 为压密及颗粒间的位错至稳定而产生的初始损伤；α 是表示损伤累积程

度的量，与加载时的应力条件（最大应力水平 $\sigma_{\max}$ 和平均应力 $\bar{\sigma}$）有关，将其写成函数的形式，即

$$D = 1 - (1 - D_0)\left(1 - \frac{N}{N_{\mathrm{f}}}\right)^{\alpha'(\sigma_{\max},\,\bar{\sigma})} \qquad (5\text{-}22)$$

5.1.3 试验拟合分析及疲劳演化模型参数的确定

本节将利用第 3 章中的试验数据来拟合分析已改进的砂岩疲劳损伤演化方程，并确定模型参数。用式（5-21）对砂岩试件损伤变量与循环次数比的试验曲线进行拟合，拟合结果如图 5-2 所示。

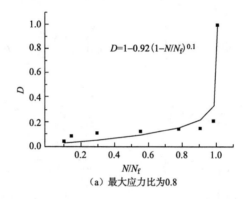

（a）最大应力比为0.8

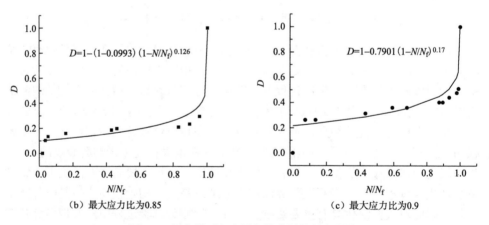

（b）最大应力比为0.85　　　　　　　（c）最大应力比为0.9

图 5-2　损伤模型和实测损伤变量的拟合曲线

当最大应力比为 $S=0.8$ 时，$D_0=0.077\,35$。

拟合理论模型为

$$D = 1 - 0.92\left(1 - \frac{N}{N_{\mathrm{f}}}\right)^{0.1} \qquad (5\text{-}23)$$

当最大应力比为 S=0.85 时，D_0=0.0993。

拟合理论模型为

$$D = 1 - 0.9007\left(1 - \frac{N}{N_f}\right)^{0.126} \tag{5-24}$$

当最大应力比为 S=0.9 时，D_0=0.2099。

拟合理论模型为

$$D = 1 - 0.7901\left(1 - \frac{N}{N_f}\right)^{0.17} \tag{5-25}$$

从图 5-2 中可以看出，用式（5-22）描述的损伤演化曲线与实测值相比较，总体拟合效果较好，可以比较客观地描述砂岩的疲劳损伤演化过程。

根据各应力水平下的拟合结果，可以确定 α' 的取值，如表 5-5 所示。

表 5-5　α' 的拟合结果

S	α'
0.80	0.100
0.85	0.126
0.90	0.170

参照 Wang[17] 损伤模型中系数形式的定义方式，考虑到对岩石疲劳损伤影响因素的研究成果中认为上限应力是影响疲劳寿命的第一要素，也是模型建立时需要首先考虑的因素，因此有

$$\alpha' = aS^b \tag{5-26}$$

根据表 5-5 的数据回归，如图 5-3 所示，得

$$\alpha' = 0.2746S^{4.627} \tag{5-27}$$

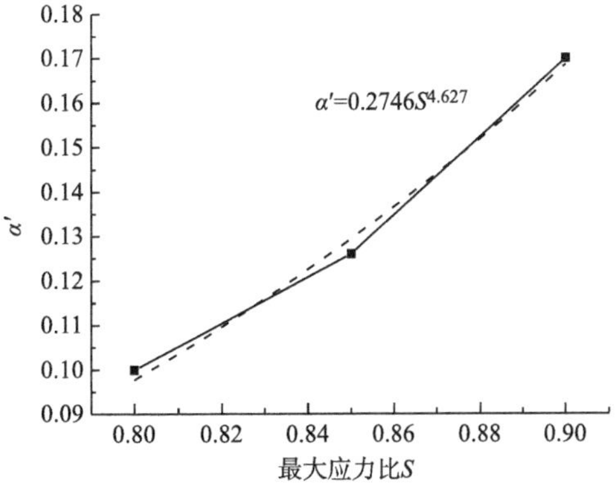

图 5-3　回归计算得到 α'-S 关系

将式（5-27）代入式（5-22）得

$$D = 1 - (1-D_0)\left(1 - \frac{N}{N_f}\right)^{aS^b} = 1 - (1-D_0)\left(1 - \frac{N}{N_f}\right)^{0.274\,6S^{4.627}} \tag{5-28}$$

5.1.4　疲劳剩余寿命预测

为利用 5.1.3 节建立的疲劳损伤累积模型预测疲劳寿命，利用式（5-21）进行进一步的推导。

5.1.4.1　两级加载条件公式推导

根据式（5-21），考虑两级加载的情况如下。

如果第 1 级加载其寿命为 N_{f_1}，则由式（5-21）计算在第 1 级加载下作用 n_1 所造成的损伤为

$$D_{1,\,n_1} = 1 - (1-D_0)\left(1 - \frac{n_1}{N_{f_1}}\right)^{\frac{1}{\alpha_1+1}} \tag{5-29}$$

利用损伤的等效性，第 1 级荷载下作用 n_1 次加载造成的损伤等于在第 2 级荷载作用 n_1' 次加载造成的损伤（图 5-4），即

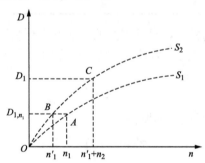

图 5-4　两级加载情况示意图

$$D_{1,\,n_1} = 1 - (1-D_0)\left[1 - \frac{n_1}{N_{f_1}}\right]^{\frac{1}{\alpha_1+1}} = 1 - (1-D_0)\left[1 - \frac{n_1'}{N_{f_2}}\right]^{\frac{1}{\alpha_2+1}}$$

$$= 1 - (1-D_0)\left[1 - \frac{N_{f_2}-n_2}{N_{f_2}}\right]^{\frac{1}{\alpha_2+1}} \tag{5-30}$$

只有在两次荷载下，$n_1' + n_2 = N_{f_2}$，则

$$D_{1,\,n_1} = 1 - (1-D_0)\left[\frac{n_2}{N_{f_2}}\right]^{\frac{1}{\alpha_2+1}} \tag{5-31}$$

$$\frac{n_2}{N_{f,}} = \left[1 - \frac{n_1}{N_{f_1}} \right]^{\frac{\alpha_2+1}{\alpha_1+1}} \tag{5-32}$$

式（5-32）即为两级加载条件下疲劳损伤累积模型。

5.1.4.2　多级加载条件公式推导

同样根据损伤的等效性，将多级最终转化为两级，来推导多级加载下的疲劳损伤累积公式。设存在一多级荷载，根据式（5-21），第 1 级荷载造成的损伤为

$$D_{1,n_1} = 1 - (1 - D_0) \left[1 - \frac{n_1}{N_{f_1}} \right]^{\frac{1}{\alpha_1+1}} \tag{5-33}$$

由式（5-33）可以看出，在第 1 级作用 n_1/N_{f_1} 所造成的损伤相当于在第 2 级作用 n_2'/N_{f_2} 所造成的损伤，则两级时累积循环次数比为

$$\frac{n_2'}{N_{f_2}} + \frac{n_2}{N_{f_2}} = 1 - \left[1 - \frac{n_1}{N_{f_1}} \right]^{\frac{\alpha_2+1}{\alpha_1+1}} + \frac{n_2}{N_{f_2}} \tag{5-34}$$

如只有两级加载，由于 $n_2' + n_2 = N_{f_2}$，则式（5-34）变为式（5-32）。

如果将第 1 级与第 2 级荷载作用所造成的损伤看成是相当于在第 3 级荷载下作用 n_3'/N_{f_3} 所造成的损伤，将式（5-34）代入式（5-21）中，则得

$$\frac{n_3'}{N_{f_3}} 1 - \left\{ 1 - \left[1 - \left(1 - \frac{n_1}{N_{f_1}} \right)^{\frac{\alpha_2+1}{\alpha_1+1}} + \frac{n_2}{N_{f_2}} \right]^{\frac{\alpha_3+1}{\alpha_2+1}} \right\} \tag{5-35}$$

那么三级加载时累积循环次数比为

$$\frac{n_3'}{N_{f_3}} + \frac{n_3}{N_{f_3}} 1 - \left\{ 1 - \left[1 - \left(1 - \frac{n_1}{N_{f_1}} \right)^{\frac{\alpha_2+1}{\alpha_1+1}} + \frac{n_2}{N_{f_2}} \right]^{\frac{\alpha_3+1}{\alpha_2+1}} \right\} + \frac{n_3}{N_{f_3}} \tag{5-36}$$

如只有三级加载，即 $n_3' + n_3 = N_{f_3}$，则损伤累积公式为

$$\frac{n_3}{N_{f_3}} \left\{ 1 - \left[1 - \left(1 - \frac{n_1}{N_{f_1}} \right)^{\frac{\alpha_2+1}{\alpha_1+1}} + \frac{n_2}{N_{f_2}} \right]^{\frac{\alpha_3+1}{\alpha_2+1}} \right\} \tag{5-37}$$

以此类推，可得任意加载下的损伤累积公式，以上推导可写成递推公式的形式。

设 $Y_i = 1 - (1 - D_i)^{1+\alpha_i}$，则累积循环次数比为

$$Y_i = 1 - (1 - D_i)^{1+\alpha_i} + \frac{n_i}{N_{f_i}}$$

$$= 1 - (1 - Y_{i-1})^{\frac{1+\alpha_i}{1+\alpha_{i-1}}} + \frac{n_i}{N_{f_i}} \quad (i = 2, 3, 4, \cdots, n) \tag{5-38}$$

当累积循环次数比 $Y_i = 1$ 时，发生疲劳破坏，便可得出相应的疲劳寿命。

5.1.4.3　变幅疲劳试验寿命与理论模型预测对比分析

为了验证疲劳损伤演化方程式（5-21）在多级加载下的描述能力，利用第 3 章的试验数据进行两级及三级加载下本节建立模型理论计算寿命与试验寿命的对比分析。分析计算结果列于表 5-6 和表 5-7 中，其中两级加载下的预测值根据式（5-32）计算给出，三级加载下的预测值根据式（5-37）计算给出。

表 5-6　砂岩试件两级加载下本节模型预测值与试验值的比较

加载顺序 （应力比）	N_1/次	$\dfrac{N_1}{N_{f_1}}$	本节模型预测剩余 寿命/次	试验值/次	预测值与试验值 误差/%
低—高 （0.8~0.9）	12440	0.2	7402	6200	19.39
高—低 （0.9~0.8）	1520	0.2	21148	28580	−26.00

表 5-7　砂岩试件三级加载下本节模型预测值与试验值的比较

加载顺序 （应力比）	N_1/次	N_2/次	本节模型预测剩余 寿命/次	试验值/次	预测值与试验值 误差/%
低—高 （0.8~0.9）	6220	7350	7220	6144	17.51
高—低 （0.9~0.8）	1520	7350	13020	18600	−30.00

根据表 5-6 和表 5-7 的计算结果可以看出，本章所建立模型的预测值与试验值误差相对较小，说明基于损伤力学基本理论推导的疲劳累积损伤模型对砂岩在多级加载条件下具有较好的描述能力。

5.1.4.4　各种模型计算精度分析

对前述中的模型预测结果进行综合分析，如表 5-8 所示。从表 5-8 中对剩余疲劳寿命及误差的预测结果可知，Miner 准则在本节研究的范围内是不适用的，在预测高—低变幅试验疲劳寿命时误差达到 70%~100%，与实际结果偏差太大；而 Corten-Dolan 损伤公式由于考虑了荷载顺序的影响，预测精度比 Miner 准则大大提高，在本书研究范围中误差最高达 40%；本书所建立的基于损伤力学基础的

疲劳累积损伤模型，借助严密的数学、力学概念表征损伤演化规律，对本节研究的范围适应性很好，预测误差最大控制在 30%，精度是比较高的。但是，进一步分析，本书模型之所以还存在较大幅度的误差，应该与损伤在多级荷载下累积的过程中假定遵循损伤等效性累积有直接的关系。

表 5-8　各种模型计算精度对比分析

加载形式（应力比）	试验值	Miner 准则计算剩余寿命 N_c	计算值与试验值误差	C-D 法则计算剩余寿命 N_c	计算值与试验值误差	本节模型计算剩余寿命	计算值与试验值误差
两级低—高（0.8~0.9）	6200	6080	−1.94%	5676.7	−8.44%	7402	19.39%
两级高—低（0.9~0.8）	28580	49760	74.11%	39325	37.60%	21148	−26.00%
三级低—高（0.8~0.9）	6144	4560	−25.78%	3667.8	−40.30%	7220	17.51%
三级高—低（0.9~0.8）	18600	37320	100.65%	25027.6	34.56%	13020	−30.00%

5.2　节理岩体的疲劳损伤

　　天然状态下的岩石，特别是含有裂隙等缺陷的岩石，由于其采样较困难、材料离散性大、试验情况复杂，研究难度也相应增大。开展方便、有效的疲劳劣化研究，建立具有工程适用性的疲劳损伤模型，是学者们一直以来的目标。本节通过对类岩模型试样展开研究，选择合适的损伤变量，建立适用于类岩材料的疲劳累积损伤模型，为裂隙岩石材料在循环荷载作用下的疲劳损伤特性及疲劳寿命的估算提供一定的理论依据。

5.2.1　模型试样疲劳损伤演化规律

　　各裂隙倾角的典型模型试样初始损伤 D_0 如表 5-9 所示。

表 5-9　各模型试样初始损伤 D_0

裂隙情况	完整试样	单裂隙					双裂隙				
		0°	30°	45°	60°	90°	0°	30°	45°	60°	90°
初始损伤 D_0	0	0.021	0.048	0.075	0.119	0.202	0.032	0.091	0.127	0.170	0.253

　　由表 5-9 可知，一旦有预设裂隙，模型试样都存在不同程度的初始损伤；对单、双裂隙试样均存在初始损伤随裂隙倾角的增大而增大，且随裂隙倾角的增大初始损伤增大的趋势更加明显。这是因为损伤变量 D 由超声波速来定义，裂隙尺

寸对超声波速有很大的影响。由于裂隙宽度固定，随着裂隙倾角的增大，在垂直超声波传播方向上裂隙的投影宽度逐渐增大，阻碍超声波传播的界面尺寸逐渐变大，测得的超声波速逐渐变小，所反映出来的损伤变量随之逐渐增大。不同裂隙倾角反映出的实质是试样不同的初始损伤。

利用各试样在上限应力为 S_{max} 的循环加载试验过程中测得的超声波速分别计算得到相应的损伤变量 D。以损伤变量 D 为纵坐标，循环次数比 N/N_f 为横坐标，得到模型试样的疲劳损伤演化曲线，如图 5-5 和图 5-6 所示。

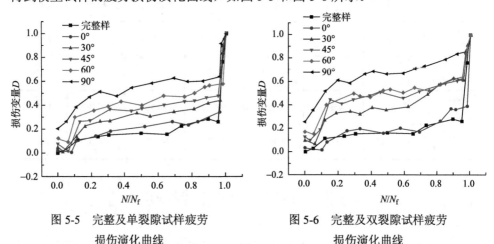

图 5-5　完整及单裂隙试样疲劳　　　　　　图 5-6　完整及双裂隙试样疲劳
　　　　　损伤演化曲线　　　　　　　　　　　　　　损伤演化曲线

由图 5-5 和图 5-6 可知，模型试样疲劳损伤的演化规律也表现出明显的三阶段趋势：第一阶段损伤速率较大，较快速地发展到一个较稳定的水平，占总疲劳寿命的 10%～20%；第二阶段为疲劳损伤缓慢累积的阶段，占总疲劳寿命的 75%～85%；第三阶段损伤急剧增大，试样快速达到破坏，这一阶段约占总疲劳寿命的比例不到 10%。从整体趋势看，随着循环加载的进行，试样疲劳损伤总体呈递增的规律。在第一阶段，大多数试样出现不同程度的损伤负增长，是因为在循环加载初期，试样内部预设裂隙、微裂隙、孔隙等被压密，波速有所提高。

从第一、二阶段损伤程度看，单裂隙及双裂隙的 0°试样损伤程度相对较小，与完整试样损伤程度较接近；双裂隙各角度试样的损伤程度均大于同样裂隙倾角的单裂隙试样，这种情况在第一阶段表现最为明显。这表明初始损伤的增大使试样在循环加载下的损伤程度也相应加剧。

5.2.2　非线性三阶段疲劳累积损伤模型

为更好地描述模型试样的疲劳损伤演化，亟须建立一个合适的数学模型来反映试样疲劳损伤的变化规律。从图 5-5 和图 5-6 以超声波速定义损伤变量所体现的试样疲劳损伤演化规律中可以看出，模型试样疲劳损伤演化规律具有明显的三阶段特征。其中第一阶段发展较快，第二阶段发展缓慢，第三阶段发展迅速，整体呈倒 S 形的递增趋势。因此所建立的疲劳累积损伤方程也需要能体现出这种倒 S 形的三阶段的变化规律。

5.2.2.1　非线性三阶段疲劳累积损伤模型的提出

在生态学、经济学、社会学等领域中，经常需要对植物生长、种群增长、渔牧业最大持续产量、人口增长及病害流行等方面进行研究，这些方面存在一个共同的变化规律就是都经历发生、发展和成熟这三个阶段，且整体呈现出 S 形的变化趋势。在这些学科的研究中，对这种 S 形的变化趋势广泛使用 Logistic 方程来进行描述[18-20]。Logistic 方程于 1838 年由比利时数学家 Verhulst 首先提出，当时并未引起重视，直到 1920 年两位美国人口学家 Pearl 和 Reed 在研究美国人口问题时再次提出这个方程，才开始被推广使用，因此也被称为 Verhulst-Pearl 方程。工程中，Logistic 方程在沉降量预测、岩体分级和边坡及围岩稳定性评价等方面也有很广泛的应用[21-24]，金解放[25] 将其变化方程运用到受循环冲击荷载作用的岩石的疲劳损伤研究中，获得较好的效果，丰富了 Logistic 方程在岩土工程中的应用。

Logistic 方程的标准形式为

$$y = \frac{k}{1 + e^{\alpha - \beta x}} \tag{5-39}$$

式中，k、α 和 β 为常数。

通过对 Logistic 方程描绘的曲线进行分析，发现其逆函数所表现的曲线形式具有倒 S 形的三阶段变化趋势，与以超声波速定义损伤变量所体现的试样疲劳损伤演化规律相类似，可以用来描述试样疲劳损伤演化规律，即

Logistic 方程为

$$y = a - b \ln\left(\frac{k}{x} - p\right) \tag{5-40}$$

应用于试样疲劳损伤演化，可以改写为

$$D = a - b \ln\left(\frac{k}{n} - p\right) \tag{5-41}$$

式中，n 为自变量，根据本节试验，可以取循环次数比 N/N_f，也可以取循环次数 N；D 为因变量，指试样的疲劳累积损伤；a、b、k 和 p 为参数。

调整参数 a、b、k 和 p，可以得到与试验结果拟合较好的疲劳累积损伤演化曲线，式（5-41）为根据本节试验结果提出的非线性三阶段疲劳累积损伤模型。该模型的曲线如图 5-7 所示。

5.2.2.2　模型参数的意义

由式（5-41）可知，非线性三阶段疲劳累积损伤模型共有四个可以调整的参数，分别是 a、b、k 和 p，下面将对这四个参数进行分析讨论。

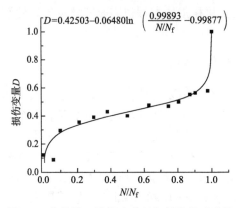

图 5-7　非线性三阶段疲劳累积损伤模型曲线

当式（5-41）中的 n 取循环次数比 N/N_f，b=0.05，k=1，p=1，对 a 分别取不同值 0.22、0.37、0.52、0.67 和 0.82，所得疲劳损伤演化规律曲线如图 5-8 所示。图 5-8 中显示参数 a 的不同取值主要影响着曲线在 y 轴上的截距，也即试样的初始损伤，随着参数 a 的增大，曲线表示的试样的初始损伤也越大。因此，可将参数 a 称为第一阶段因子或初始损伤因子，根据第 3 章的试验数据，a 的取值范围为（0,1）。

当式（5-41）中的 n 取循环次数比 N/N_f，b=0.05，k=1，p=1，对 b 分别取不同值：0.020、0.035、0.050、0.065 和 0.080，所得疲劳损伤演化规律曲线如图 5-9 所示。图 5-9 中显示参数 b 的不同取值主要影响着曲线第二阶段的斜率，随着参数 b 的增大，曲线第二阶段的斜率也越大，即第二阶段疲劳损伤的累积速度也越快。因此，可将参数 b 称为第二阶段因子或斜率因子，根据第 3 章的试验数据，b 的取值范围为（0,0.2）。

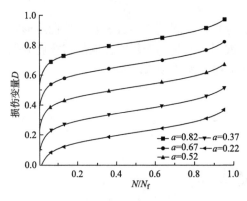

图 5-8　参数 a 对模型曲线的影响

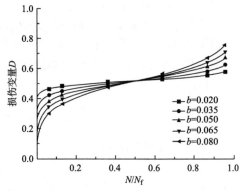

图 5-9　参数 b 对模型曲线的影响

当式（5-41）中的 n 取循环次数比 N/N_f 时，基于试验数据所拟合的曲线中，参数 k 变化范围很小且无一定规律；当式（5-41）中的 n 取循环次数 N（表示为 $N \times 10^3$ 的形式）时，通过调整参数 a、b 和 p，参数 k 可表示试样所受上限应力值或上限应力比。以典型试样 D60 为例，参数 k 对模型曲线的影响如图 5-10 所示。由图 5-10 可知，参数 k 取上限应力或上限应力比，通过调整参数 a、b 和 p 的值，即可得到高质量的拟合曲线。

当式（5-41）中的 n 取循环次数比 N/N_f，a=0.52，b=0.080，k=1，对 p 分别取不同值 0.70、0.80、0.90、0.95 和 0.99，参数 p 对模型曲线的影响如图 5-11 所示。

由图 5-11 可知，参数 p 的不同取值主要影响曲线第三阶段的收敛速度，随着参数 p 的增大，曲线第三阶段的收敛速度也越快，即第三阶段疲劳损伤的累积速度也越快。因此，可将参数 p 称为第三阶段因子或收敛因子。参数 p 的取值受参数 k 及自变量 n 的表示方法所影响，当 n 取循环次数比 N/N_f 时，根据本节试验数据可以看出参数 p 值与 k 值很接近，p 的取值范围为（0,1）；当 n 取循环次数 N（表示为 $N \times 10^3$ 的形式），k 以上限应力或上限应力比表示时，一般地，$p < k/N_f$。

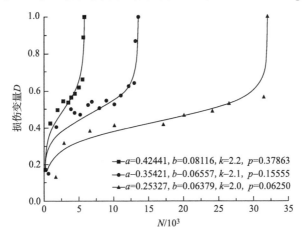

图 5-10　参数 k 对模型曲线的影响

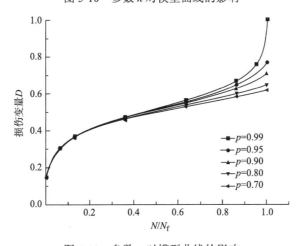

图 5-11　参数 p 对模型曲线的影响

5.2.2.3　试验数据拟合分析

根据损伤变量的定义和建立的非线性三阶段疲劳累积损伤模型，要判断该模型对试样是否具有普遍的适用性，还需要对试验数据进行拟合分析。对试验所得的数据按式（5-41）的疲劳累积损伤模型进行曲线拟合，结果如图 5-12 和图 5-13 所示。

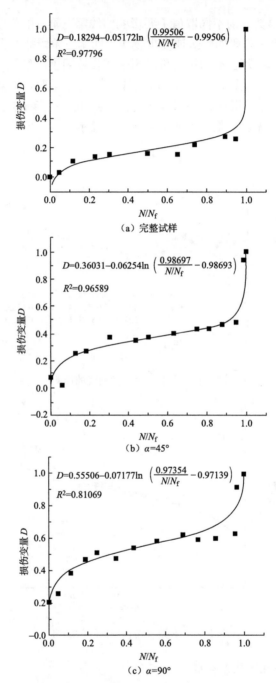

图 5-12 典型完整试样及单裂隙试样损伤模型和试验数据的拟合曲线

从图 5-12 和图 5-13 中的拟合曲线上看，非线性三阶段疲劳累积损伤模型可以较好地描述试样疲劳损伤演化的倒 S 形三阶段规律。相关系数是测定变量之间

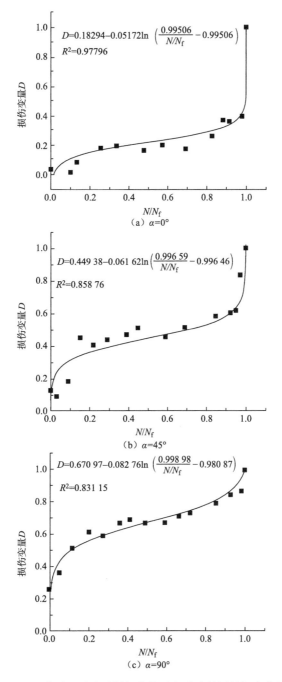

图 5-13 典型双裂隙试样损伤模型和试验数据的拟合曲线

关系密切程度的量，是评价拟合曲线与试验数据之间相关程度的重要指标。相关系数一般的划分标准为：$0 < R \leqslant 0.3$ 为微弱相关；$0.3 < R \leqslant 0.5$ 为低度相关；$0.5 <$

$R \leqslant 0.8$ 为显著相关；$0.8 < R \leqslant 1$ 为高度相关。从试验数据的拟合结果来看，其相关系数平方 R^2 均在 0.81 以上，属于高度相关，表明非线性三阶段疲劳累积损伤模型和试验数据的拟合程度较好，进一步验证了该模型的普适性。

5.2.2.4　累积损伤演化发展的影响因素

影响岩石疲劳累积损伤演化发展的因素大致可分为两个方面：一是岩石本身的组成及构造；二是岩石所处的环境条件。岩石的组成及构造包括组成岩石的材料（岩石本身材料、夹层材料及软弱结构面充填物等），岩石内的节理、裂隙、微裂纹及孔洞等缺陷的数量、分布及形成角度等；岩石所处的环境条件包括岩石所受荷载条件（静荷载和动荷载），环境气候条件，环境温度条件等。本节从试验出发，主要考虑初始损伤及上限应力对试样累积损伤演化发展的影响。

1）初始损伤对累积损伤演化的影响

天然岩石中或多或少地存在节理、裂隙、微裂纹及孔洞等缺陷，这些缺陷数量、分布及形成角度的不同造成了岩石存在不同程度的初始损伤。本试验对模型试样预设不同角度及数量的裂隙，形成试样不同程度的初始损伤，初始损伤代表着试样循环加载前的损伤状态。

从图 5-12 和图 5-13 的累积损伤拟合曲线中的参数可以看出，不同的初始损伤对参数 a、b 有一定的影响，各情况试样初始损伤 D_0 及参数 a、b 如表 5-10 所示。

表 5-10　各情况试样初始损伤 D_0 及参数 a、b

裂隙情况		初始损伤 D_0	a	b
完整试样 W		0	0.18294	0.05172
单裂隙	J0	0.02107	0.20749	0.04981
	J30	0.04796	0.29693	0.05554
	J45	0.07531	0.36031	0.06254
	J60	0.11892	0.42503	0.06480
	J90	0.20184	0.55506	0.07177
双裂隙	D0	0.03239	0.21707	0.05045
	D30	0.0914	0.40646	0.05933
	D45	0.12716	0.44938	0.06162
	D60	0.17032	0.49767	0.06934
	D90	0.25346	0.67097	0.08276

由表 5-10 可知，随着初始损伤增大，参数 a 也随之增大。参数 a 的取值主要影响曲线 y 轴上的截距，截距可反映试样的初始损伤。当式（5-41）中的 n 取循

环次数比 N/N_f 时，根据表 5-10 中的数据，参数 a 和试样初始损伤 D_0 的关系如图 5-14 所示。

对图 5-14 中的数据点进行分段拟合，可用方程表示为

$$a = \begin{cases} 0.1733 + 2.25443D_0 & 0 \leqslant D_0 \leqslant 0.107 \\ 0.23935 + 1.62854D_0 & 0.107 < D_0 \leqslant 1 \end{cases} \tag{5-42}$$

根据本试验所测数据，初始损伤 D_0 只测到 0.26，大于 0.26 的部分可以根据经验公式适当外推，但应注意 a 的取值范围为（0,1）。

参数 b 反映的是累积损伤第二阶段的斜率，不同的裂隙情况对其第二阶段的斜率有不同的影响，表 5-10 中的数据显示，对单裂隙及双裂隙试样均存在初始损伤越大，其参数 b 也越大的规律。但初始损伤并不是影响累积损伤第二阶段的斜率的唯一因素，裂隙倾角及数量的不同使试样疲劳损伤发展过程中裂纹形成、扩展、贯通等有所不同，也会对第二阶段的斜率造成影响。

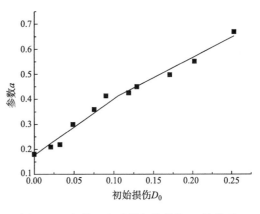

图 5-14　参数 a 和试样初始损伤 D_0 的关系

2）上限应力对累积损伤演化的影响

上限应力对试样疲劳损伤寿命同样有重要影响，已有研究表明，上限应力甚至是影响试样疲劳寿命的首要因素。对典型试样（D60）进行不同上限应力的循环加载，典型试样（D60）疲劳损伤演化规律如图 5-15 所示。

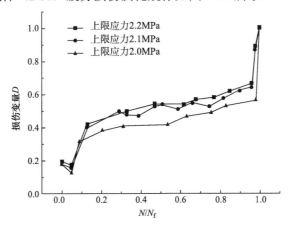

图 5-15　典型试样（D60）疲劳损伤演化规律

由图 5-15 可知，在初始损伤大致相同的情况下，当上限应力较大时，试样疲

劳损伤演化规律第一阶段的损伤值较大；第一阶段、第三阶段占总循环次数的比例也较大，相应地第二阶段占总循环次数的比例较小。疲劳损伤第二阶段是试样疲劳寿命的主要阶段，由此可以判断当上限应力较大时，试样的疲劳寿命较短。当上限应力较小时，试样第一阶段损伤值较小；第一阶段、第三阶段占总循环次数的比例也较小，相应地第二阶段占总循环次数的比例较大，可以判断当上限应力较小时，试样的疲劳寿命较长。

　　典型试样（D60）不同上限应力的疲劳损伤演化规律拟合曲线如图 5-16 所示。由图 5-16 可知，拟合曲线参数 b 的值随上限应力的增大而增大，表明随着上限应力的增大，试样疲劳损伤累积过程第二阶段的损伤速率增快，进而致使试样在第二阶段的损伤增大。

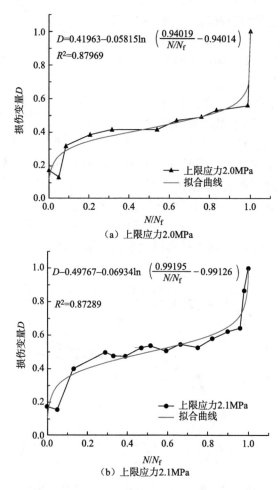

图 5-16　典型试样（D60）不同上限应力的损伤演化规律拟合曲线

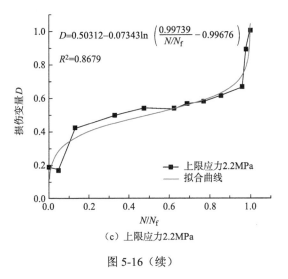

$$D=0.50312-0.07343\ln\left(\frac{0.99739}{N/N_{\mathrm{f}}}-0.99676\right)$$

$$R^2=0.8679$$

（c）上限应力2.2MPa

图 5-16（续）

5.2.3　模型试样疲劳寿命估算

对材料进行疲劳寿命的研究和分析，其目的在于尽可能准确计算其疲劳寿命。对材料疲劳寿命的计算，必须要有精确的荷载谱、材料的动力响应特性和疲劳寿命曲线、适合的疲劳累积损伤理论及裂纹扩展理论等，同时还需要考虑一些对疲劳寿命有较大影响的因素。在目前的研究情况下，要满足诸点要求，难度很大。因此，目前国内外的疲劳寿命研究中，都还没有精确的确定疲劳寿命的方法，只能做到估算或预测。

5.2.3.1　S-N 曲线法

针对 S-N 曲线表征应力水平和材料疲劳寿命之间关系的特点，国内外研究者在试验基础上提出了许多经验模型，常用的有以下几种形式。

（1）指数函数模型：

$$Ne^{\alpha S}=C \tag{5-43}$$

式中，α和 C 为材料常数。

（2）幂函数模型：

$$S^{\alpha}N=C \tag{5-44}$$

（3）三参数幂函数模型：

$$(S-S_{f_1})^{\alpha}N=C \tag{5-45}$$

式中，S_{f_1} 代表岩石疲劳极限的标准化值，可根据疲劳极限与岩石静态强度的比值确定，其也为与岩石性质有关的材料常数。

在实际工程中，S-N 曲线一般应根据其相应的模型，通过对室内疲劳试验数据进行拟合获得。

采用幂函数形式的 *S-N* 曲线对试验数据进行拟合，并通过与拟合曲线对应的相关系数平方 R^2 来判定曲线的拟合程度。典型完整及单裂隙和双裂隙试样 *S-N* 拟合曲线如图 5-17 和图 5-18 所示。

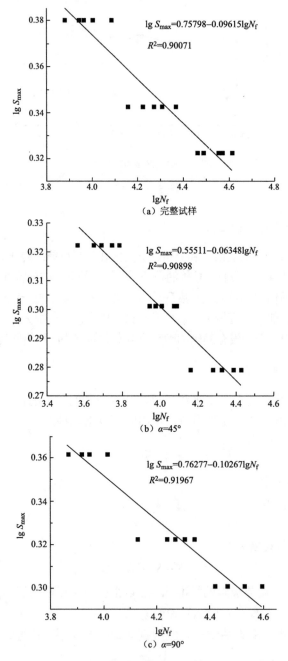

$\lg S_{\max}=0.75798-0.09615\lg N_{\mathrm{f}}$
$R^2=0.90071$

（a）完整试样

$\lg S_{\max}=0.55511-0.06348\lg N_{\mathrm{f}}$
$R^2=0.90898$

（b）$\alpha=45°$

$\lg S_{\max}=0.76277-0.10267\lg N_{\mathrm{f}}$
$R^2=0.91967$

（c）$\alpha=90°$

图 5-17　典型完整试样及单裂隙试样 *S-N* 拟合曲线

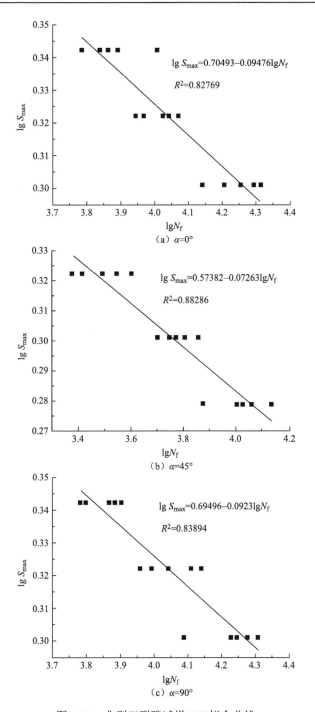

图 5-18 典型双裂隙试样 *S-N* 拟合曲线

由图 5-17 和图 5-18 可知，在循环荷载作用下，对裂隙倾角 α 及数量相同的同一组试样，上限应力越大，试样的疲劳寿命越短；反之，则越长。就 *S-N* 拟合曲线的斜率而言，斜率越小，试样疲劳寿命受加载应力的影响越敏感，加载应力微小的变化就会引起疲劳寿命较大幅度的变化。因此，*S-N* 拟合曲线的斜率越小进行疲劳寿命预测时引起的偏差范围应该越大，斜率越大疲劳寿命预测的偏差范围应该越小。

由于在制样及试验过程中，不可避免地存在误差，因此，相同裂隙倾角的模型试样在相同的上限应力 S_{max} 条件下，疲劳寿命并不完全相同，有些模型试样的疲劳寿命离散性较大，疲劳寿命存在数量级上的差别。但从试验数据的拟合结果来看，相关系数平方 R^2 均在 0.82 以上，属于高度相关，表明 *S-N* 模型和试验数据的拟合程度较好。在实际工程中，*S-N* 拟合曲线因其概念清晰、形式简单、测量方便，在材料疲劳寿命的研究中得到了广泛的应用。对于等幅加载条件下，通过在 *S-N* 曲线上使用插值法可以大致估算岩石的疲劳寿命。

与此同时，在试验中发现，不同倾角的预设裂隙对模型试样的疲劳寿命也存在显著影响，图 5-19 给出在上限应力 S_{max}=2.1MPa 时不同裂隙倾角模型试样的疲劳寿命变化规律，图中曲线则为各裂隙倾角模型试样的平均疲劳寿命连线。

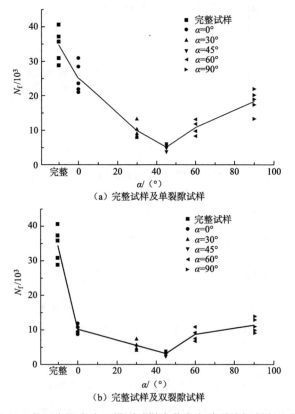

（a）完整试样及单裂隙试样

（b）完整试样及双裂隙试样

图 5-19　相同上限应力下模型试样疲劳寿命随裂隙倾角变化曲线

由图 5-19 可知，对单裂隙及双裂隙试样而言，当裂隙倾角 $\alpha<45°$ 时，模型试样的疲劳寿命随裂隙倾角的增大而减小；当 $\alpha>45°$ 时，疲劳寿命随裂隙倾角的增大而增大。根据所测试样的疲劳寿命数据，在相同上限应力作用下，完整试样疲劳寿命最大，单裂隙试样疲劳寿命由大到小排序为 0°、90°、60°、30°和 45°，双裂隙试样疲劳寿命由大到小排序为 90°、0°、60°、30°和 45°。总体上，疲劳寿命的影响因素众多，但上限应力应是第一影响要素。对在相同上限应力的情况下，一般来说，试样单轴抗压强度越高，其上限应力比就越小，疲劳寿命越高；反之越低。

5.2.3.2　非线性三阶段累积损伤模型

对于等幅加载条件下试样的疲劳寿命，可以简便地利用 S-N 曲线来估算，但对于两级或多级变幅加载的情况下，可利用 5.2.3 节所提的非线性三阶段累积损伤模型进行总疲劳寿命的估算。

为了验证非线性三阶段累积损伤模型在变幅加载下的描述能力，通过试验数据对变幅加载下的试验测试寿命与非线性三阶段累积损伤模型计算寿命进行对比分析。试验数据取自樊秀峰等[26]对灰黄色砂岩进行的疲劳荷载试验，试验加载频率为 5Hz，加载波形选用正弦波，变幅疲劳试验分为低—高、高—低的两级加载形式。试样等幅疲劳试验结果及拟合曲线公式如表 5-11 所示。本节损伤模型与灰黄色砂岩试验测量损伤量的拟合曲线如图 5-20 所示。

表 5-11　试样等幅疲劳试验结果及拟合曲线公式

试样编号	上限应力比	下限应力比	疲劳寿命/次	拟合曲线公式
1	0.8	0.1	62200	$D = 0.18021 - 0.03276\ln\left(\dfrac{0.90225}{N/N_f} - 0.90225\right)$
2	0.9	0.1	7600	$D = 0.26602 - 0.04882\ln\left(\dfrac{0.90726}{N/N_f} - 0.90726\right)$

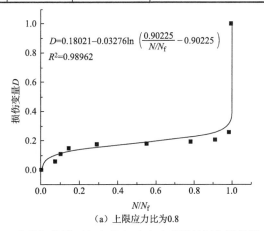

（a）上限应力比为0.8

图 5-20　本节损伤模型与灰黄色砂岩试验测量损伤量的拟合曲线

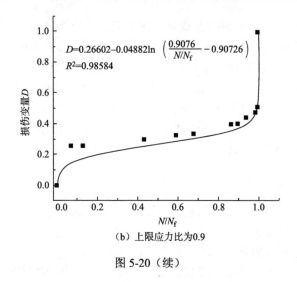

$$D=0.26602-0.04882\ln\left(\frac{0.9076}{N/N_f}-0.90726\right)$$

$$R^2=0.98584$$

（b）上限应力比为0.9

图 5-20（续）

　　根据拟合曲线公式进行两级变幅加载下的剩余疲劳寿命和疲劳总寿命的预测，并与试验测试值进行比较，试验变幅加载采用第一级加载至循环次数比 0.2 时换为第二级加载至试样破坏。模型计算值与试验值的比较如表 5-12 所示。

表 5-12　灰黄色砂岩试样两级变幅加载下模型计算值与试验值的比较

加载顺序（应力比）	N_1/次	本节模型预测寿命/次		试验值/次		计算值与试验值误差/%	
		剩余寿命	总寿命	剩余寿命	总寿命	剩余寿命	总寿命
低—高（0.8～0.9）	12 440	7 128	19 568	6 200	18 640	14.97	4.98
高—低（0.9～0.8）	1 520	22 103	23 623	28 580	30 100	−22.66	−21.52

　　由表 5-12 可知，非线性三阶段累积损伤模型的计算值与试验值的误差相对较小，表明该模型对灰黄色砂岩在变幅加载条件下具有较好的适用性。为进一步说明该模型的优越性，将其与 Miner 准则和 C-D 法则等经典的疲劳损伤模型所得疲劳寿命及误差进行对比分析，结果如表 5-13 所示。

表 5-13　灰黄色砂岩在两级变幅加载下不同模型计算剩余疲劳寿命及误差对比分析

加载顺序（应力比）	试验平均值	Miner 准则		C-D 法则		本节模型	
		计算剩余寿命	计算值与试验值误差/%	计算剩余寿命	计算值与试验值误差/%	计算剩余寿命	计算值与试验值误差/%
低—高（0.8～0.9）	6200	6080	−1.94	5676.7	−8.44	7128	14.97
高—低（0.9～0.8）	28580	49760	74.11	39325	37.60	22103	−22.66

从表5-13中对灰黄色砂岩在两级变幅加载下剩余疲劳寿命及误差的预测结果可知，Miner 准则在预测低—高变幅试验疲劳寿命时误差较低，但在预测高—低变幅试验疲劳寿命时误差达到 74.1%，与实际结果偏差太大；C-D 法则由于考虑了荷载顺序的影响，预测精度有所提高，特别是在预测高—低变幅试验疲劳寿命时与 Miner 准则相比大为提高，但误差仍高达 37.6%；而本章所提的非线性三阶段累积损伤模型，是以岩石材料及类岩材料的疲劳累积损伤三阶段演化规律为基础，对所选取的灰黄色砂岩适应性较好，精度相对较高。

5.3　小　　结

本章在前述等幅和变幅抗压疲劳试验的基础上，分别研究了完整砂岩、含节理类岩试样的疲劳累计损伤规律，并建立了其疲劳寿命预测模型。具体结论如下。

（1）基于损伤力学的基础理论，选择随损伤变化比较敏感、适合工程应用的超声波速定义损伤变量，建立了砂岩单轴非线性疲劳损伤累积模型。

（2）推导了非线性疲劳损伤模型在多级加载下的递推公式，对变幅荷载下的试验数据进行剩余疲劳寿命的计算，并与 Miner 准则及 C-D 法则进行精度对比，验证了该模型的准确性与适用性。

（3）依托含节理类岩试样的疲劳损伤试验，提出非线性三阶段累积损伤模型，并分析了模型中各参数的意义及其取值范围，通过对试验数据的拟合分析，验证了该模型的合理性。

（4）探讨了初始损伤及上限应力对疲劳累积损伤演化的影响。结果表明：当裂隙倾角 $\alpha \leqslant 45°$ 时，模型试样的疲劳寿命随裂隙倾角的增大而减小；当 $\alpha > 45°$ 时，疲劳寿命随裂隙倾角的增大而增大。

（5）根据非线性三阶段累积损伤模型对灰黄色砂岩在变幅荷载下的试验数据进行疲劳寿命的预测，结果表明该模型对所选取的灰黄色砂岩适应性较好，预测误差最大控制在 23% 以内，高于 Miner 准则及 C-D 法则的预测精度。

参 考 文 献

[1] 李朝阳，宋玉普. 混凝土海洋平台疲劳损伤累积 Miner 准则适用性研究 [J]. 中国海洋平台，2001，16（3）：1-4.

[2] TEPFERS R，FRIDEN C，GEORGSSON L. A study of the applicability to the fatigue of concrete of the Palmgren-Miner partial damage hypothesis [J]. Magazine of Concrete Research，1977，29（100）：123-130.

[3] 鞠杨，樊承谋，潘景龙，等. 变幅疲劳荷载下钢纤维混凝土的损伤演化行为研究 [J]. 实验力学，1997，12（1）：110-118.

［4］HILSDORF H K，KESLER C E. Fatigue strength of concrete under varying flexural stresses ［J］. ACI Journal Proceedings，1966，63（10）：1059-1076.

［5］SUARIS W，FERNANDO V. Ultrasonic pulse attenuation as a measure of damage growth during cyclic loading of concrete ［J］. ACI Materials Journal，1987，84（3）：185-193.

［6］张滨生，吴科如. 水泥混凝土疲劳破坏的损伤力学分析 ［J］. 同济大学学报，1989，17（1）：59-70.

［7］鞠杨. 钢纤维（增强）混凝土疲劳损伤行为及其累积损伤理论和疲劳寿命估算方法研究 ［D］. 哈尔滨：哈尔滨建筑大学，1995.

［8］朱劲松. 混凝土双轴疲劳试验与破坏预测理论研究 ［D］. 大连：大连理工大学，2003.

［9］尚德广，姚卫星. 单轴非线性连续疲劳损伤累积模型的研究 ［J］. 航空学报，1998，19（6）：647-656.

［10］杨晓华，姚卫星，段成美. 确定性疲劳累积损伤理论进展 ［J］. 中国工程科学，2003，5（4）：81-87.

［11］李兆霞. 损伤力学及其应用 ［M］. 北京：科学出版社，2002.

［12］易成，沈世钊，谢和平. 局部高密度钢纤维混凝土弯曲疲劳损伤演变规律 ［J］. 工程力学，2002，19（5）：1-6.

［13］LI Z X，CHAN T H T，KO J M. Fatigue damage model for bridge under traffic loading：Application made to Tsing Ma Bridge ［J］. Theoretical and Applied Fracture Mechanics，2001，35（1）：81-91.

［14］LI Z X，CHAN T H T，KO J M. Fatigue analysis and life prediction of bridges with structural health monitoring data—Part I：Methodology and strategy ［J］. International Journal of Fatigue，2001，23（1）：45-53.

［15］潘华，邱洪兴. 基于损伤力学的混凝土疲劳损伤模型 ［J］. 东南大学学报（自然科学版），2006，36（4）：605-608.

［16］YANG R，BAWDEN W F，KATSABANIS P D. A new constitutive model for blast damage ［J］. International Journal of Rock Mechanics and Mining Sciences，1996，33（3）：245-254.

［17］WANG J. Low cycle fatigue and cycle dependent creep with continuum mechanics ［J］. International Journal of Damage Mechanics，1992，1（2）：237-244.

［18］莫红，陈瑛. 基于 Logistic 方程的植物生长过程模型与最优分析 ［J］. 焦作大学学报，2006（4）：70-71.

［19］代涛，徐学军，黄显峰. 离散 Logistic 人口增长预测模型研究 ［J］. 三峡大学学报（自然科学版），2010，32（5）：102-105.

［20］杨建洲，赵正元，文师吾，等. 多水平 Logistic 回归模型在血吸虫病流行因素研究中的优越性 ［J］. 中国卫生统计，2012，29（4）：504-506.

［21］宰金珉，梅国雄. 全过程的沉降量预测方法研究 ［J］. 岩土力学，2000，21（4）：322-325.

［22］张文志，邹友峰，任筱芳. Logistic 模型在开采沉陷单点预测中的研究 ［J］. 采矿与安全工程学报，2009，26（4）：486-489.

［23］张菊连，沈明荣. 岩体分级的多分类有序因变量 Logistic 回归模型 ［J］. 同济大学学报（自然科学版），2011，39（4）：507-511.

[24] 徐飞，徐卫亚，刘造保，等. 基于 PSO-PP 的边坡稳定性评价 [J]. 岩土工程学报，2011，33（11）：1709-1711.

[25] 金解放. 静荷载与循环冲击组合作用下岩石动态力学特性研究 [D]. 长沙：中南大学，2012.

[26] 樊秀峰，简文彬. 岩土材料疲劳损伤过程的数值跟踪分析 [J]. 岩土力学，2007，28（S1）：85-88.

第 6 章　列车荷载下边坡响应分析

列车荷载是一种典型的变频率、变振幅、长期作用的不规则循环荷载。本章首先针对锚杆、抗滑桩等边坡支挡结构，推导了反映其动力特性的解析解；之后借助数值模拟方法分别建立了高速列车荷载下含节理岩体边坡的动力数值模型，系统研究了不同列车车速、列车振动次数以及荷载输入形式等因素下边坡的动力响应特性。

6.1　列车荷载下边坡支挡结构的动力特性

在常规场地环境中边坡支挡结构的稳定性和可靠性已被充分检验，但是对位于复杂震动环境中边坡支挡结构承载性能研究却显不足，更无现成规范可供查询，在面临场地带有永久震动源激励时，对永久性边坡支挡结构能否适用于类似场地环境带有很大的疑问，特别是外部震动激励可能会造成支挡结构体系产生共振。鉴于此，本节拟以锚杆、抗滑桩等边坡支挡加固结构为例，从理论上探讨其在动力荷载下的振动特性，以期为工程实践提供理论依据。

6.1.1　锚杆轴向振动特性解析理论

6.1.1.1　土-锚杆动力相互作用的假设

通常在解析方程推导前均需引入一定的假设条件或应用前提，这里需要对锚杆做如下基本假设。

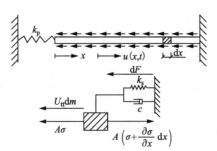

图 6-1　土-锚杆系统的力学模型

（1）锚杆横截面相同，浆料和杆材假设复合成一种材料，且是全长注浆。

（2）锚杆通过土层为均质，基岩段视为嵌固。

（3）锚杆-岩土的动力相互作用描述为分布切向弹簧和与速度有关的分布阻尼器，方向均平行于锚杆轴向，且弹簧系数 k_s 和阻尼系数 c 是与位置无关的常数。土-锚杆系统的力学模型如图 6-1 所示。

6.1.1.2　锚杆轴向自振的频率和振型基本方程

由 6.1.1.1 节第（3）条假设，可得锚杆杆侧由土提供的剪应力为

$$\tau = \frac{1}{2\pi R}(k_s U + C U_t) \tag{6-1}$$

式中，k_s、C 分别为锚杆杆侧土弹簧系数、杆侧土阻尼系数；R 为锚杆半径。

为简洁起见，引入下列符号：

$$U_t = \frac{\partial U}{\partial t} \tag{6-2}$$

$$U_{tt} = \frac{\partial^2 U}{\partial t^2} \tag{6-3}$$

微元上土提供的阻力为

$$dF = 2\pi D\tau dx = k_s U dx + C U_t dx \tag{6-4}$$

由 Hooke 定理，有

$$\sigma = E U_x \tag{6-5}$$

则平衡微分方程为

$$U_{tt} + \frac{k_s}{A\rho}U + \frac{C}{A\rho}U_t = a^2 U_{xx} \tag{6-6}$$

式中，A 为锚杆截面积；

$$a = \sqrt{\frac{E}{\rho}} \tag{6-7}$$

对无阻尼问题，有

$$U_{tt} + \frac{k_s}{A\rho}U = a^2 U_{xx} \tag{6-8}$$

类似介质中的杆状构件均使用式（6-8）[1]，为双曲型二阶线性齐次偏微分方程，可用分离变量法求解，即引进一个只与 t 有关的主坐标函数 q 和一个只与 x 有关的振型函数 ϕ。令方程（6-8）有如下形式解

$$U = \phi(x)q(t) \tag{6-9}$$

代入式（6-8）并分离变量后，有

$$\frac{q_{tt}}{q} = a^2 \frac{\phi_{xx}}{\phi} - \frac{k_s}{A\rho} \tag{6-10}$$

为得到振动形式的解，式（6-10）须等于一个负实数 $-\omega^2$，则得到主坐标方程和振型方程表示的一个微分方程组

$$q_{tt} = \omega^2 q = 0 \tag{6-11}$$

$$\phi_{xx} + \frac{\omega^2 - \dfrac{k_s}{A\rho}}{a^2} \phi = 0 \tag{6-12}$$

引进参数 μ 满足

$$\mu^2 = \frac{\omega^2 - \dfrac{k_s}{A\rho}}{a^2} \tag{6-13}$$

则振型方程也可写成

$$\phi_{xx} + \mu^2 \phi = 0 \tag{6-14}$$

从式（6-11）观察，其形式等同单自由度系统的振动方程，所以 ω 应是固有圆频率，求 ω 要先求出 μ，为此须在边界条件中考虑。

写出图 6-1 所示的边界条件如下：

$$U(0,t) = \frac{AE}{k_p} U_x(0,t) \tag{6-15}$$

$$U(l,t) = 0 \tag{6-16}$$

如用振型表示，则也可写成

$$\phi(0) = \frac{AE}{k_p} \phi(0) \tag{6-17}$$

$$\phi(l) = 0 \tag{6-18}$$

此时式（6-14）、式（6-16）、式（6-18）组成一个新边值问题。方程（6-14）的通解为

$$\phi = A\cos\mu x + B\sin\mu x \tag{6-19}$$

式中，A、B 为单值积分常数。将通解代入边界条件式（6-17）和式（6-18），可得到 $A=0$；$B\sin\mu l=0$。

为得到非零解，须有 $\sin\mu l=0$，即

$$\mu = \frac{n\pi}{l} \quad (n=1,2,3,\cdots) \tag{6-20}$$

至此已可求出固有频率的表达式为

$$\omega_n = \sqrt{\frac{k_s}{A\rho} + \frac{En^2\pi^2}{\rho l^2}} \quad (n=1,2,3,\cdots) \tag{6-21}$$

代入式（6-19）后，可求出固有振型

$$\phi_n = B_n \sin\frac{n\pi}{l}x \quad (n=1,2,3,\cdots) \tag{6-22}$$

锚杆轴向振动前三阶固有振型如图 6-2 所示。

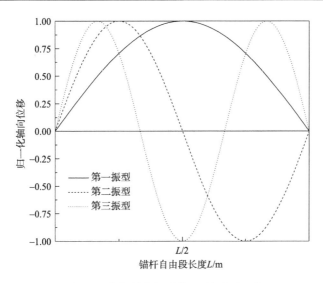

图 6-2　锚杆轴向振动前三阶固有振型

6.1.1.3　参数和算例分析

算例采用的锚杆材料如表 6-1 所示，其中复合弹性模量按面积等效的原则予以确定。

表 6-1　锚杆材料表

材料	密度/（kg/m³）	弹性模量/MPa	备注
水泥砂浆	1900	2.67×10^4	水灰比 1∶0.5，水泥强度等级 42.5
钢筋	7850	2.5×10^5	HRB 335 级钢筋 1 根，面积 491mm²
复合杆体（密度）		$\dfrac{1900R^2 + 3.7}{R^2}$	R 为杆体直径
复合杆体（弹模）		$\dfrac{2.67 \times 10^4 R^2 + 108.4}{R^2}$	

利用文献［2］推荐的公式：

$$k_s = 2.75G_s \qquad (6\text{-}23)$$

假设土泊松比为 0.3，则式（6-23）也可写成

$$k_s = 1.06E_s \qquad (6\text{-}24)$$

式（6-21）可以写成

$$\omega_n = \sqrt{\dfrac{E_s}{0.00141R^2 + 2.74} + \dfrac{(2.263R^2 + 1068.8)n^2}{(0.0019R^2 + 3.7)l^2}} \quad (n = 1,2,3,\cdots) \qquad (6\text{-}25)$$

至此，固有频率可用 3 个参数来表示，分别是土弹性模量、锚杆体直径和自由段长度。现对第一阶频率进行参数分析，此时 $n=1$，即有

$$f_1 = \frac{1}{6.28}\sqrt{\frac{E_s}{0.00141R^2 + 2.74} + \frac{(2.263R^2 + 1068.8)}{(0.0019R^2 + 3.7)l^2}} \tag{6-26}$$

上述三个参数表示的锚杆纵向自振基频如图 6-3 所示。

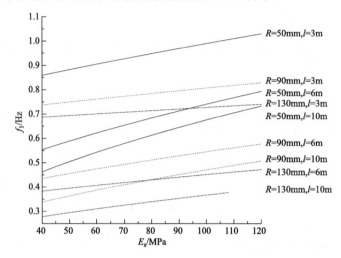

图 6-3　三个参数表示的锚杆纵向自振基频

由图 6-3 可知，锚杆轴向自振频率为低频，在工程范围内，基频介于 0.3～1.0Hz，自振周期介于 1～3.3s。

6.1.2　弹性介质中考虑剪切变形的抗滑桩弯曲振动特性解析理论

抗滑桩是一种梁系抗弯构件组成的支护结构，采用桩的施工方法施工，通常应用在较重要或者安全等级较高的场合。抗滑桩的工程模型如图 6-4 所示。桩周土简化成分布线弹簧，桩顶端为自由端、下段固定，这对嵌固在基岩中的桩是完全适合的。由于桩作为抗弯构件在截面上高度较高，而桩长度较短，其力学性状相当于结构力学中的深梁，所以简易的欧拉梁模型不适用于抗滑桩，本节中梁模型考虑了剪切变形的影响。

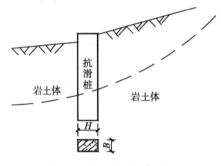

图 6-4　抗滑桩的工程模型

6.1.2.1　基本方程

弹性介质中 Timoshenko 梁计算模型如图 6-5 所示，该模型考虑了剪切变形和转动惯量。同时为了简化计算，假设地基单位长度刚度系数为一常数，即其不随 x、t 改变。截面为方形，这决定了关于截面的有关计算常数。

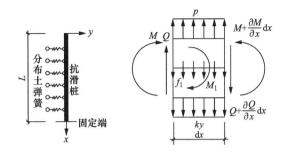

图 6-5　弹性介质中 Timoshenko 梁计算模型

1）建立平衡方程

$$Q + p\mathrm{d}x - ky\mathrm{d}x - \left(Q + \frac{\partial Q}{\partial x}\mathrm{d}x \right) - f_1\mathrm{d}x = 0 \tag{6-27}$$

相关关系式代入式（6-27）并作适当变形，式（6-27）也可写成

$$k'A_C G\left(\frac{\partial a}{\partial x} - \frac{\partial^2 y}{\partial x^2} \right) - p + ky + m\frac{\partial^2 y}{\partial t^2} = 0 \tag{6-28}$$

由式（6-28）可解出

$$\frac{\partial a}{\partial x} = \frac{\partial^2 y}{\partial x^2} + \frac{1}{k'A_C G}\left(p - ky - m\frac{\partial^2 y}{\partial x^2} \right) \tag{6-29}$$

式中，k 为地基水平刚度系数，为简化推导，设定为一参数，即其不随 x、t 改变；A_C 为横截面面积；p 为干扰力分布集度，是 x 和 t 的函数；y 为横向位移，待求函数，是 x 和 t 的函数。

f_I 为微段惯性力分布集度

$$f_I = m\frac{\partial^2 y}{\partial t^2} \tag{6-30}$$

$$M_I = mr^2\frac{\partial^2 a}{\partial t^2} \tag{6-31}$$

$$a = \beta + \frac{\partial y}{\partial x} \tag{6-32}$$

式中，m 是单位长度上的质量分布集度；M_I 为单位长度惯性转动力矩；r 为惯性半径，$r^2 = \dfrac{I}{A_C}$，A_C 为横截面面积，I 为横截面惯性矩；a 为梁截面的转角；β 为剪切角；$\dfrac{\partial y}{\partial x}$ 为弹性轴转角。

$$M = EI\frac{\partial a}{\partial x} \tag{6-33}$$

$$Q = k'A_C G\beta \tag{6-34}$$

式中，M 为弯矩；Q 为剪力；k' 为截面有效剪切系数，对于矩形截面为 5/6；G 为剪切模量。

2）建立力矩平衡方程

$$M + Q\mathrm{d}x + M_I\mathrm{d}x - \left(M + \frac{\partial M}{\partial x}\mathrm{d}x\right) = 0 \tag{6-35}$$

相关关系式代入式（6-35）并作适当变形，式（6-35）也可写成

$$EI\frac{\partial}{\partial x}\left(\frac{\partial a}{\partial x}\right) = k'A_C G\left(a - \frac{\partial y}{\partial x}\right) + mr^2\frac{\partial^2 a}{\partial t^2} \tag{6-36}$$

式（6-36）两边对 x 求导，之后将式（6-29）代入，得到弹性介质中 Timoshenko 梁的弯曲振动方程

$$EI\frac{\partial^4 y}{\partial x^4} - P + ky + m\frac{\partial^2 y}{\partial t^2} - mr^2\frac{\partial^4 y}{\partial x^2\partial t^2} + \frac{EI}{k'A_C G}\frac{\partial^2}{\partial x^2}\left(p - ky - m\frac{\partial^2 y}{\partial t^2}\right)$$

$$- \frac{mr^2}{k'A_C G}\frac{\partial^2}{\partial t^2}\left(p - ky - m\frac{\partial^2 y}{\partial t^2}\right) = 0 \tag{6-37}$$

至此可得弹性介质中考虑剪切变形和转动惯量的梁弯曲振动方程。为简便起见，式（6-37）也可写出其他简化的梁模型。

（1）弹性介质中 Euler 梁弯曲振动方程

$$EI\frac{\partial^4 y}{\partial x^4} - p + ky + m\frac{\partial^2 y}{\partial t^2} = 0 \tag{6-38}$$

（2）弹性介质中考虑剪切变形的梁弯曲振动方程

$$EI\frac{\partial^4 y}{\partial x^4} - p + ky + m\frac{\partial^2 y}{\partial t^2} + \frac{EI}{k'A_C G}\frac{\partial^2}{\partial x^2}\left(p - ky - m\frac{\partial^2 y}{\partial t^2}\right) = 0 \tag{6-39}$$

6.1.2.2 弹性介质中 Timoshenko 梁弯曲振动振型函数的全部解集

式（6-37）去掉干扰力后，即为弹性介质中 Timoshenko 梁弯曲自由振动方程

$$EI\frac{\partial^4 y}{\partial x^4} + ky + m\frac{\partial^2 y}{\partial t^2} - mr^2\frac{\partial^4 y}{\partial x^2\partial t^2} - \frac{EI}{k'A_C G}\frac{\partial^2}{\partial x^2}\left(ky + m\frac{\partial^2 y}{\partial t^2}\right)$$

$$+ \frac{mr^2}{k'A_C G}\frac{\partial^2}{\partial t^2}\left(ky + m\frac{\partial^2 y}{\partial t^2}\right) = 0 \tag{6-40}$$

同样，弹性介质中只考虑剪切变形的梁弯曲自由振动方程

$$EI\frac{\partial^4 y}{\partial x^4} + ky + m\frac{\partial^2 y}{\partial t^2} - \frac{EI}{k'A_C G}\frac{\partial^2}{\partial x^2}\left(ky + m\frac{\partial^2 y}{\partial t^2}\right) = 0 \tag{6-41}$$

以下主要求解弹性介质中只考虑剪切变形的梁弯曲自由振动。

假设位移随时间简谐变化，即有

$$y=\phi(x)\sin\omega t \tag{6-42}$$

式中，$\phi(x)$ 为振型函数。

式（6-41）可化成

$$\phi''''-\frac{(k-m\omega^2)}{k'A_C G}\phi''+\frac{k-m\omega^2}{EI}\phi=0 \tag{6-43}$$

对于此四阶常微分方程，其解分多种情况讨论如下。

1）当 $k-m\omega^2>0$

式（6-43）的特征方程可写成

$$r^4-p^2 r^2+q^4=0 \tag{6-44}$$

$$p=\sqrt{\frac{(k-m\omega^2)}{k'A_C G}} \tag{6-45}$$

$$q=\sqrt[4]{\frac{(k-m\omega^2)}{EI}} \tag{6-46}$$

式中，p 和 q 均为正实数。

式（6-44）可化成

$$(r^2+q^2+r\sqrt{p^2+2q^2})(r^2+q^2-r\sqrt{p^2+2q^2})=0 \tag{6-47}$$

观察式（6-47），随 p 和 q 的相互关系，式（6-47）的解有以下两种情况。

（1）当 $p^2-2q^2>0$ 时。此时式（6-44）有 4 个单实根，即

$$r_{1,2,3,4}=\frac{\pm\sqrt{p^2+2q^2}\pm\sqrt{p^2-2q^2}}{2}=\pm\alpha\pm\beta \tag{6-48}$$

其中

$$\alpha=\frac{\pm\sqrt{p^2+2q^2}}{2}=\sqrt{\frac{(k-m\omega^2)}{4k'A_C G}}+\sqrt{\frac{k-m\omega^2}{4EI}} \tag{6-49}$$

$$\beta=\frac{\sqrt{p^2-2q^2}}{2}=\sqrt{\frac{(k-m\omega^2)}{4k'A_C G}}+\sqrt{\frac{k-m\omega^2}{4EI}} \tag{6-50}$$

式（6-43）的解为

$$\phi(x)=C_1 e^{(\alpha+\beta)x}+C_2 e^{(\alpha-\beta)x}+C_3 e^{(-\alpha+\beta)x}+C_4 e^{(-\alpha-\beta)x} \tag{6-51}$$

式中，C_1、C_2、C_3、C_4 是与边界条件有关的参数。

（2）当 $p^2-2q^2<0$ 时。此时式（6-44）有两对单复根，分别是

$$r_{1,2,3,4}=\pm\alpha\pm j\gamma \tag{6-52}$$

其中

$$\gamma = \frac{\sqrt{-p^2 + 2q^2}}{2} = \sqrt{-\frac{(k - m\omega^2)}{4k'A_C G} + \sqrt{\frac{k - m\omega^2}{4EI}}} \qquad (6\text{-}53)$$

式（6-43）的解为

$$\phi(x) = e^{\alpha x}(C_1 \cos \gamma x + C_2 \sin \gamma x) + e^{-\alpha x}(C_3 \cos \gamma x + C_4 \sin \gamma x) \qquad (6\text{-}54)$$

也见于相关文献［3］。

2）当 $k - m\omega^2 < 0$

此时，式（6-43）的特征方程写成

$$r^4 + g^2 r^2 - h^4 = 0 \qquad (6\text{-}55)$$

$$g = \sqrt{\frac{(m\omega^2 - k)}{k'A_C G}} \qquad (6\text{-}56)$$

$$h = \sqrt[4]{\frac{m\omega^2 - k}{EI}} \qquad (6\text{-}57)$$

式中，g 和 h 均为正实数。

式（6-55）可化成

$$\left(r^2 + \frac{1}{2}g^2\right)^2 = \frac{1}{4}g^4 + h^4 \qquad (6\text{-}58)$$

此时式（6-58）有两个单实根和一对单复根，即

$$r_{1,2} = \pm\sqrt{\sqrt{\frac{1}{4}g^4 + h^4} - \frac{1}{2}g^2} = \pm\delta \qquad (6\text{-}59)$$

$$r_{3,4} = \pm j\sqrt{\sqrt{\frac{1}{4}g^4 + h^4} + \frac{1}{2}g^2} = \pm j\varepsilon \qquad (6\text{-}60)$$

其中

$$\delta = \sqrt{\sqrt{\left(\frac{(m\omega^2 - k)}{2k'A_C G}\right)^2 + \frac{m\omega^2 - k}{EI}} - \frac{m\omega^2 - k}{2k'A_C G}} \qquad (6\text{-}61)$$

$$\varepsilon = \sqrt{\sqrt{\left(\frac{(m\omega^2 - k)}{2k'A_C G}\right)^2 + \frac{m\omega^2 - k}{EI}} + \frac{m\omega^2 - k}{2k'A_C G}} \qquad (6\text{-}62)$$

式（6-43）的解为

$$\phi(x) = C_1 e^{\delta x} + C_2 e^{-\delta x} + C_3 \cos\varepsilon x + C_4 \sin \varepsilon x \qquad (6\text{-}63)$$

综合式（6-51）、式（6-54）、式（6-63），式（6-43）的完整的解集如表6-2所示。

表 6-2 弹性介质中考虑剪切变形的梁弯曲自由振动振型函数 $\phi(x)$ 的解集

情形		$\phi(x)$ 解析式
$k-m\omega^2>0$	$p^2-2q^2>0$	$\phi(x)=C_1e^{(\alpha+\beta)x}+C_2e^{(\alpha-\beta)x}+C_3e^{(-\alpha+\beta)x}+C_4e^{(-\alpha-\beta)x}$
	$p^2-2q^2<0$	$\phi(x)=e^{\alpha x}(C_1\cos\gamma x+C_2\sin\gamma x)+e^{-\alpha x}(C_3\cos\gamma x+C_4\sin\gamma x)$
$k-m\omega^2<0$		$\phi(x)=C_1e^{\delta x}+C_2e^{-\delta x}+C_3\cos\varepsilon x+C_4\sin\varepsilon x$
参数表达式		$\alpha=\dfrac{\sqrt{p^2+2q^2}}{2}=\sqrt{\sqrt{\dfrac{(k-m\omega^2)}{4k'A_CG}}+\sqrt{\dfrac{k-m\omega^2}{4EI}}}$ $\beta=\dfrac{\sqrt{p^2-2q^2}}{2}=\sqrt{\sqrt{\dfrac{(k-m\omega^2)}{4k'A_CG}}-\sqrt{\dfrac{k-m\omega^2}{4EI}}}$ $\gamma=\dfrac{\sqrt{-p^2+2q^2}}{2}=\sqrt{-\sqrt{\dfrac{(k-m\omega^2)}{4k'A_CG}}+\sqrt{\dfrac{k-m\omega^2}{4EI}}}$ $\delta=\sqrt{\sqrt{\dfrac{(m\omega^2-k)^2}{(2k'A_CG)}+\dfrac{m\omega^2-k}{EI}}-\dfrac{m\omega^2-k}{2k'A_CG}}$ $\varepsilon=\sqrt{\sqrt{\dfrac{(m\omega^2-k)^2}{(2k'A_CG)}+\dfrac{m\omega^2-k}{EI}}+\dfrac{m\omega^2-k}{2k'A_CG}}$

6.1.2.3 弹性介质中考虑剪切变形的抗滑桩固有频率解析方程

本节研究对象边界条件是：梁一端嵌固，即位移和转角均为零；另一端为自由端，坐标系如图 6-4 所示。推导针对表 6-2 中 $k-m\omega^2>0$ 且 $p^2-2q^2<0$ 的情形，实际上在工程范围内只有该情况才符合实际。

（1）$x=0$ 处弯矩等于零。用振型表示即

$$\phi''(0)=0 \tag{6-64}$$

式（6-54）两边对 x 两次求导，并将 $x=0$ 代入，得到

$$(\alpha^2-\gamma^2)(C_1+C_3)+2\alpha\gamma(C_2-C_4)=0 \tag{6-65}$$

（2）$x=0$ 处剪力等于零。用振型表示为

$$\phi'''(0)=0 \tag{6-66}$$

式（6-54）两边对 x 三次求导，并将 $x=0$ 代入，得

$$(\alpha^3-3\alpha\gamma^2)(C_1-C_3)-(\gamma^3-3\alpha^2\gamma)(C_2+C_4)=0 \tag{6-67}$$

（3）$x=L$ 处位移为零。用振型表示为

$$\phi(L)=0 \tag{6-68}$$

即有

$$e^{aL}C_1\cos L\gamma+e^{aL}C_2\sin L\gamma+e^{-aL}C_3\cos L\gamma+e^{-aL}C_4\sin L\gamma=0 \tag{6-69}$$

（4）$x=L$ 处转角为零。用振型表示

$$\phi'(L) = 0 \tag{6-70}$$

即有

$$(ae^{aL}\cos L\gamma - \gamma e^{aL}\sin L\gamma)C_1 + (\gamma e^{aL}\cos L\gamma + ae^{aL}\sin L\gamma)C_2$$

$$-(ae^{aL}\cos L\gamma + \gamma e^{-aL}\sin L\gamma)C_3 + (\gamma e^{-aL}\cos L\gamma - ae^{-aL}\sin L\gamma)C_4 = 0 \tag{6-71}$$

联立式（6-65）、式（6-66）、式（6-69）、式（6-61），要使 C_1、C_2、C_3、C_4 有非零解，则必须其行列式的值等于零，即

$$\begin{vmatrix} \alpha^2 - \gamma^2 & 2\alpha\gamma & \alpha^2 - \gamma^2 & -2\alpha\gamma \\ \alpha^3 - 3a\gamma^2 & -\gamma^3 + 3\alpha^2\gamma & -\alpha^3 + 3\alpha\gamma^2 & -\gamma^3 + 3\alpha^2\gamma \\ e^{aL}\cos L\gamma & e^{aL}\sin L\gamma & e^{-aL}\cos L\gamma & e^{-aL}\sin L\gamma \\ B_1 & B_2 & B_3 & B_4 \end{vmatrix} = 0 \tag{6-72}$$

其中

$$B_1 = ae^{aL}\cos L\gamma - \gamma e^{aL}\sin L\gamma \tag{6-73}$$

$$B_2 = \gamma e^{aL}\cos L\gamma + \alpha e^{aL}\sin L\gamma \tag{6-74}$$

$$B_3 = -(ae^{-aL}\cos L\gamma + \gamma e^{-aL}\sin L\gamma) \tag{6-75}$$

$$B_4 = \gamma e^{-aL}\cos L\gamma - \alpha e^{-aL}\sin L\gamma \tag{6-76}$$

式（6-72）是关于固有频率 ω 的代数方程，至此已经得到了所求的解析方程。

6.1.2.4　抗滑桩固有特性的算例分析

某抗滑桩混凝土强度等级 C35，$E=3.15\times10^7\text{kN/m}^2$，$G=1.26\times10^7\text{kN/m}^2$，$H=3.2\text{m}$，$B=2.1\text{m}$，$m=17.82\text{t/m}$，$L=15.0\text{m}$，$A_c=6.72\text{m}^2$，$I=5.734\,4\text{m}^4$。计算当 $k=10\,000\text{kN/m}^2$，$25\,000\text{kN/m}^2$，$50\,000\text{kN/m}^2$，$70\,000\text{kN/m}^2$，$100\,000\text{kN/m}^2$，$200\,000\text{kN/m}^2$ 时的前两阶频率和振型。

观察式（6-72），其是一个非常复杂的超越方程，所以第一阶频率只能得到数值解，而第二阶频率只要满足下式即可给出相应的闭合解。

$$k - m\omega^2 = 0 \tag{6-77}$$

此时，相应的第二阶频率为

$$f_2 = \frac{1}{6.28}\sqrt{\frac{k}{m}} \tag{6-78}$$

由此即可得到抗滑桩第一、二阶模态频率的解随 k 的分布，如图 6-6 所示。

将上述所得的频率代入式（6-72）以求解系数 C_1、C_2、C_3、C_4 之后代入振型函数式（6-54），即可得到振型函数的解析方程。

例如，在 $k=10\times10^3\text{kN/m}^2$ 下（软土），其第一阶模态的振型方程为

$$\phi(x) = e^{0.047\,3x}(-0.423\,2\cos 0.047\,1x + 0.281\,8\sin 0.047\,1x)$$

$$+ e^{-0.047\,3x}(\cos 0.047\,1x - 0.285\,1\sin 0.047\,1x) \tag{6-79}$$

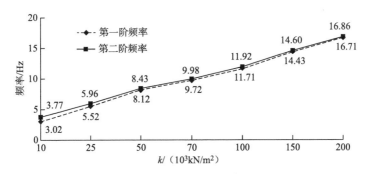

图 6-6　抗滑桩第一、二阶模态频率的解随 k 的分布

第二阶模态的振型方程为

$$\phi(x) = 0 \tag{6-80}$$

由此得到的第一、二阶模态的振型图如图 6-7 所示。

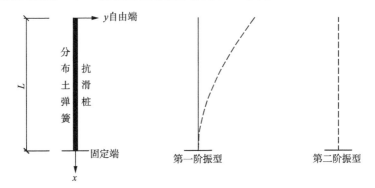

图 6-7　抗滑桩第一、二阶振型（图中虚线表示振型）

　　由算例可知，抗滑桩的第一、二阶固有频率和地基水平刚度近似成单调递增的直线关系，即在越硬的介质中其固有频率越大；其第一阶、二阶模态在频率上很临近，且第二阶频率只同地基水平刚度和抗滑桩的线质量密度有关，而与桩长度和桩材料参数均无关；除此之外，其第二阶模态在振型上是零解，即不产生位移响应。

6.2　高速列车荷载下节理岩体边坡动力响应分析

　　在实际工程中，高速列车所产生的振动荷载对边坡底部各个部位的影响是各不相同的，而常规振动台所能模拟的振动荷载在边坡模型底部是均匀的。为准确模拟高速列车振动荷载下节理岩体边坡的动力响应，以及不同速度的高速列车荷载下边坡的动力响应的差异，本节拟采用数值计算的手段开展相应工作，并探讨高速列车的车速变化对边坡材料的劣化影响和边坡的稳定性影响。

6.2.1　动力有限元模型的建立

6.2.1.1　几何模型与计算参数

边坡计算模型取自位于低丘陵地貌地区某拟建边坡，坡顶标高约 55m，边坡高度约 26m，边坡原地形的自然坡度约 25°，后经过开挖成边坡。边坡原型的工程地质剖面如图 6-8 所示。根据勘察资料显示，边坡中存在如图 6-9 所示的由两组节理裂隙交叉产生的节理裂隙带，节理裂隙带的厚度较小，胶结状态较差。边坡的岩土体特征及分布规律自上而下分别为：①粉质黏土，棕红色、可塑、稍湿，钻孔揭露厚度约 4.10m。②残坡积砂质黏性土，褐黄色、散体质结构，矿物多已风化为土状，少量石英残留；揭露层厚约 2.67m。③强风化英安质晶屑凝灰熔岩，褐黄、灰白色，散体状结构，矿物多已风化，残留石英粗粒，钻孔揭露厚度约 5.6m。④中风化英安质晶屑凝灰熔岩，浅灰色，风化较明显，岩体较破碎，揭露厚度约为 4.3m。⑤微风化英安质晶屑凝灰熔岩，浅灰色，熔接结构，块状构造，新鲜、坚硬，在勘察中未揭穿本次。

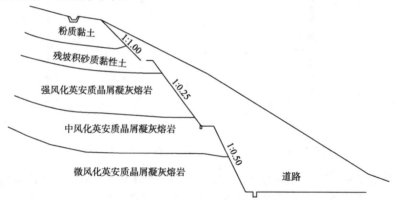

图 6-8　边坡原型的工程地质剖面

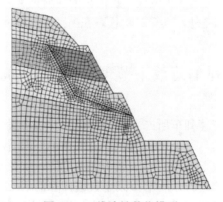

图 6-9　二维边坡数值模型

　　场区地下水主要为基岩风化带水、构造裂隙水，受大气降水及地势较高的东北部地下水侧向补给的影响，向西南部径流排泄。由于地势较高，地下水径流排泄条件好，赋水条件差，含水岩组富水性贫乏。钻孔静止水位埋深 19.5~21.0m，处于边坡的微风化层。由于该边坡的地下水位较低，且边坡在设计、建设过程中排水措施较为完善，大气降水对边坡体的地下水位影响不大，因此在之后的边坡数值模拟中未考虑地下水及大气降水对边坡的稳定的影响。

　　拟建的二维边坡数值模型如图 6-9 所示，其岩土体材料采用 Mohr-Coulomb 屈服准则，相应网格采用四边形平面应变单元，节理面采用 0.1m 厚的夹层单元予以模拟。计算参数则根据勘察报告和当地经验公式予以确定，见表 6-3。

表 6-3　模型材料参数选取值

土层名称	密度ρ/ (g/cm³)	黏聚力 c/kPa	内摩擦角 φ/ (°)	泊松比 μ	弹性模量 E/MPa	剪切波速 c_s/ (m/s)	压缩波速 c_p/ (m/s)
粉质黏土	1.8	18	18.9	0.37	150	180	370
残坡积砂质黏性土	1.85	24	20	0.35	250	230	550
强风化凝灰熔岩	2.1	35	30	0.31	750	600	1122
中风化凝灰熔岩	2.45	2500	42	0.27	4500	1637	2800
微风化凝灰熔岩	2.53	5000	47	0.24	10000	2400	4000
强风化层中的节理	1.9	20	20	0.35	150		
中风化层中的节理	1.9	28	25	0.35	175		

　　另外，动力问题的边界条件对于计算结果的正确性和精确性影响显著。为减小模型边界对波动能量的反射，模型边界采用了弹簧-阻尼边界条件，相应计算结果见表 6-4。

　　首先，其竖直地基反力系数为

$$k_v = k_{v_0} \left(\frac{B_v}{30} \right)^{-\frac{3}{4}} \tag{6-81}$$

其水平地基反力系数为

$$k_h = k_{h_0} \left(\frac{B_h}{30} \right)^{-\frac{3}{4}} \tag{6-82}$$

$$k_{v_0} = k_{h_0} = \frac{1}{30} \alpha E_0 \tag{6-83}$$

其中

$$B_h = \sqrt{A_h}$$
$$B_v = \sqrt{A_v}$$

岩土体的阻尼常数可表示为

$$C_{p} = \rho A \sqrt{\frac{\lambda + 2G}{\rho}} = \rho A c_{p} \qquad (6\text{-}84)$$

$$C_{s} = \rho A \sqrt{\frac{G}{\rho}} = \rho A c_{s} \qquad (6\text{-}85)$$

其中

$$\lambda = \frac{E\mu}{(1 + \mu)(1 - 2\mu)}$$

$$G = \frac{E}{2(1 + \mu)}$$

式中，c_p 为压缩波速值；c_s 为剪切波速值。

表 6-4　模型边界参数表

土层	弹簧刚度系数/（kN/m³）		阻尼系数/（kN·s/m）	
	K_x	K_y	C_p	C_s
粉质黏土	17 240.213		666.0	324.0
残坡积砂质黏性土	28 512.567		1 017.5	425.5
强风化凝灰熔岩	56 689.342		2 356.2	1 260.0
中风化凝灰熔岩	560 931.132		6 860.0	4 010.7
微风化凝灰熔岩	1 681 802.892	991 132.044	10 120.0	6 072.0

6.2.1.2　高速列车荷载的确定

高速列车运行引起的振动是较复杂的随机荷载，是由静荷载和若干个较规则的正弦波叠加组合而成，如式（5-12）所示，为方便数值分析计算，将振动荷载简化为正弦函数[4,5]，即

$$F(t) = p_0 + p_1 \sin \omega_1 t + p_2 \sin \omega_2 t + p_3 \sin \omega_3 t \qquad (6\text{-}86)$$

式中，p_0 为静荷载；p_1 为几何不平顺管理值；p_2 为动力附加荷载；p_3 为波形磨损。

可将列车荷载简化为

$$F(t) = p_0 + p \sin \omega t \qquad (6\text{-}87)$$

式中，p_0 为车轮净重（根据高速铁路的要求一般取单边净重 80kN）；p 为动力附加荷载的振动荷载幅值（与列车簧下质量有关）。

假设列车的质量为 M_0，a 为矢高，ω 为振动的圆频率（$\omega = 2\pi v/L$），v 为列车行驶速度，L_1 为不平顺波长，振动频幅为

$$P_1 = M_0 a \omega^2 \qquad (6\text{-}88)$$

因此 $F（t）$ 可表示为

$$F(t) = p_0 + \frac{4M_0 a \pi^2 v^2}{L_1^2} \sin\left(\frac{2\pi v t}{L_1}\right) \qquad (6\text{-}89)$$

由于列车荷载是作用在枕轨上的，考虑到列车的一个轮重荷载一般由 5 个枕轨承受，其中最大受荷轨枕的所受荷载为轮重的 30%～40%，同时考虑周围轮重的应力叠加影响，并根据关于我国现行 22t 轴重的高速列车的实测资料，将一般断面的动荷载取 $0.7p_0$（p_0 一般取 80kN），可得

$$F(t) = 0.7p_0 + \frac{2.8M_0a\pi^2v^2}{L_1^2}\sin\left(\frac{2\pi vt}{L_1}\right) \tag{6-90}$$

参照我国的列车标准，M_0 取 750kg。表 6-5 为英国高速列车的轨道几何不平顺管理标准，确定矢高 a=0.6mm，波长 L=2m，进而得到列车速度分别为 200km/h、250km/h 和 300km/h 时的荷载方程，如图 6-10 所示。

表 6-5　英国高速列车的轨道几何不平顺管理标准

控制条件	波长/m	正矢/mm
按行车平顺性	50.00	16.000
	20.00	9.000
	10.00	5.000
按作用到线路上的动力附加荷载	5.00	2.500
	2.00	0.600
	1.00	0.300
波形磨耗	0.50	0.100
	0.05	0.005

$$F_{(t)1} = 56 + 9.72\sin 174.52t\left(\frac{\pi}{2} - \theta\right) \tag{6-91}$$

$$F_{(t)2} = 56 + 15.19\sin 218.15t \tag{6-92}$$

$$F_{(t)3} = 56 + 18.64\sin 241.65t \tag{6-93}$$

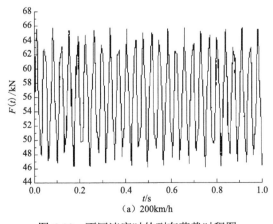

（a）200km/h

图 6-10　不同速度时的列车荷载时程图

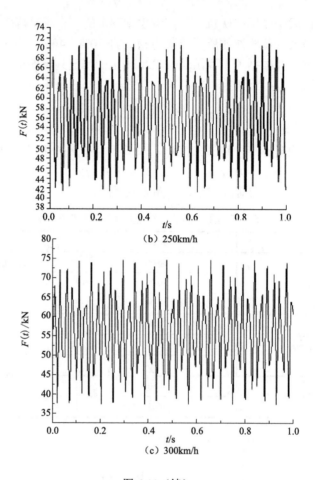

(b) 250km/h

(c) 300km/h

图 6-10（续）

6.2.2　计算结果分析

6.2.2.1　岩质边坡对列车荷载的动力响应

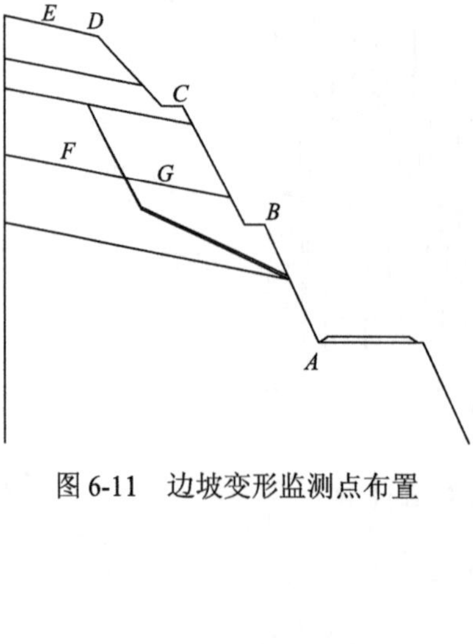

　　为便于研究岩质边坡对高速列车荷载的动力响应，在其模型上布置相应的监测点，这些监测点可以简洁、形象地描述出边坡的动力响应参数等。图 6-11 为相应的边坡变形监测点布置。以 250km/h 的列车速度为例进行动边坡数值模拟分析，列车的荷载作用为 10s，时程分析的时间为 14s，分析边坡在列车荷载下水平和竖直方向位移和速度的动力响应规律。

图 6-11　边坡变形监测点布置

1）边坡位移的动力响应分析

图 6-12 和图 6-13 分别为边坡振动达到相对稳定时的水平和竖直位移云图。由图可知，水平位移在边坡临空面分布较大，在铁路上边坡的临空面和下边坡的下半部分达到 6.77×10^{-6}m，局部达到 1.04×10^{-5}m，同时水平位移的较大部分发生在节理裂隙向外的部分以及节理下部的中分化和强风化岩体部分；竖直位移则是以列车轨道为中心的向外呈波纹状扩散的云图，在轨道处由于列车荷载直接作用于道床和基岩上，因此引起的竖直位移较大，约 2.7×10^{-4}mm。随着水平距离和竖直距离的增加，在监测点 A、B、C、D 及 E 处的竖向位移分别为 9.0×10^{-5}mm、5.6×10^{-5}m、3.2×10^{-5}m、2.1×10^{-5}m 和 1.8×10^{-5}m。

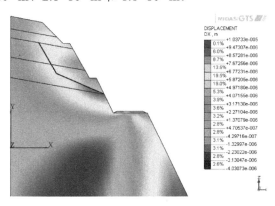

图 6-12　边坡水平位移云图

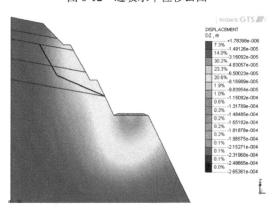

图 6-13　边坡竖向位移云图

进一步，在同一振动周期内，边坡竖向位移比水平位移大一个数量级，高速铁路轨道以下的边坡的动力位移响应比轨道以上的动力位移响应大一个数量级。可见，列车振动引起的动力响应主要发生在竖直方向且处于高速铁路轨道以下位置，因此竖向位移和加速度将是本节研究的重点。

图 6-14 与图 6-15 为监测点 A 的竖向位移时程曲线，其中前者为 $t=0\sim1.00$s

时刻的振动位移时程曲线，后者为 t=9.50～12.00s 时的位移时程曲线。当列车从远处行驶到计算截面处时由于其振动荷载引起边坡的振动响应，第一个振动周期的振幅较大，最大振幅达到 $1.17×10^{-4}$m；经过 0.13s 之后，在偏离平衡位置约 $8.9×10^{-5}$m 处进行稳定振动，振动频率较大，持续时间 9.87s。当列车车体驶出计算截面范围之后，由于列车荷载作用的消失，边坡经历一个较大幅度的振动之后衰减至平衡位置，在边坡自身阻尼的作用下经历数个振动周期之后归于平衡，持续时间约 0.8s，至此本次列车经过的荷载作用结束。

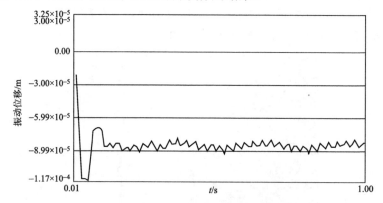

图 6-14　监测点 A 在 0～1.00s 时的竖向位移时程曲线（时速 250km）

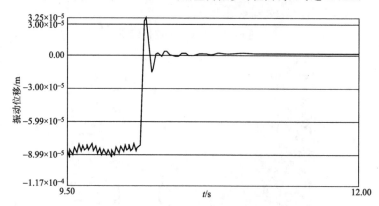

图 6-15　监测点 A 在 9.50～12.00s 时的竖向位移时程曲线（时速 250km）

图 6-16 为监测点 B、C、D 在 0～1.00s 的竖向位移时程曲线。分析可知，此 3 点的振动与监测点 A 均是经历过较大振幅之后在偏离平衡位置一定的距离后达到振动稳定。其不同之处在于随着监测点距离高铁路面振源垂直高度的增加，振动稳定后偏离平衡位置的距离越来越小，且从 A 点到 D 点的振动位移越来越小，衰减幅度也越来越小。这是由于振动荷载在岩土体中传播随着垂直高度的增加而逐渐衰减，且距离振源越近，衰减越快。因此，距振源近的 A 点、B 点的振动位移衰减较大；而 C 点、D 点的振动位移衰减较小，相差甚微。

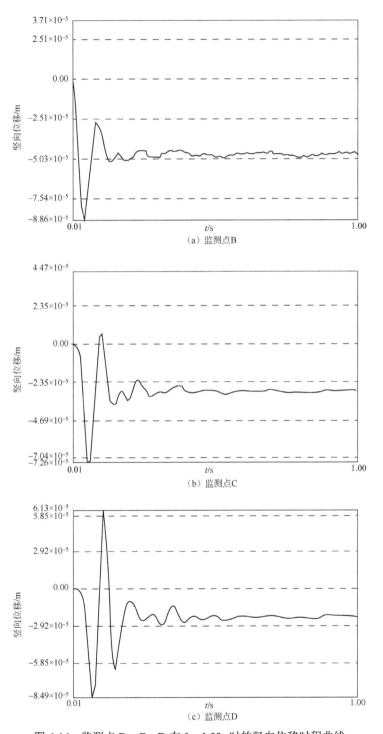

图 6-16　监测点 B、C、D 在 0～1.00s 时的竖向位移时程曲线

图 6-17 为振动稳定后竖向位移峰值随边坡高度变化的曲线。由图 6-17 可知，随着坡体高度的增加，其竖向位移越来越小，且衰减趋势变缓。有必要说明的是，该计算结果仅仅是由路面上的振动荷载引起的边坡临空面的各点的竖向振动位移，未考虑天然状态的位移。因此，从整体上来看，该边坡临空面各点的振动位移随距路面高度的增加而衰减，且表现为距路面越近衰减越快。

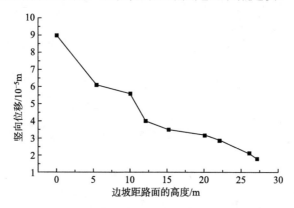

图 6-17　振动稳定后竖向位移峰值随边坡高度变化的曲线

同样，图 6-18 分别给出监测点 E、F 和 G 的位移时程曲线。对比可知，处于同一水平线的各测点振动位移相差不大，由于 G 点更靠近临空面，距振源更近，致使其振动位移大于监测点 E、F。而 F 点与 G 点分别位于节理裂隙面的两侧，其振动位移不相同、振动不同步有可能致使节理裂隙面两侧产生微小的错动，在长期高速列车振动荷载的作用下，可能导致节理裂隙带的性能劣化，降低边坡的稳定性系数。

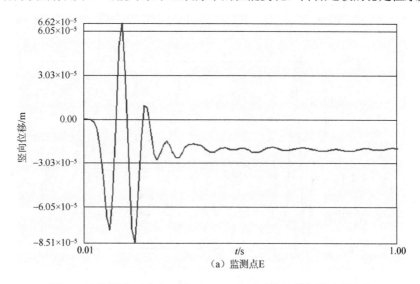

（a）监测点 E

图 6-18　监测点 E、F、G 在 0.00～1.00s 时的竖向位移时程曲线

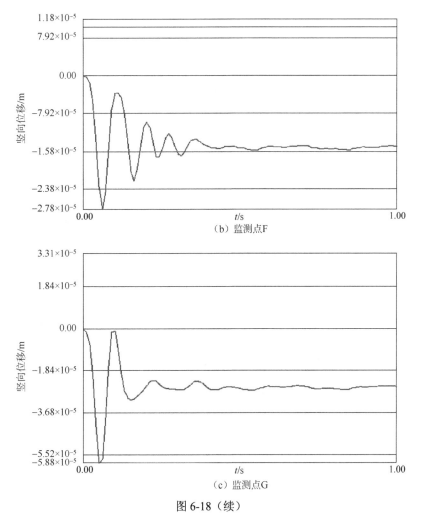

（b）监测点 F

（c）监测点 G

图 6-18（续）

2）边坡加速度的动力响应分析

当高速列车从轨道上经过时，由于列车荷载快速地直接作用在轨道上，且轨道本身的不平顺和缺陷以及列车自身的性质，将在轨道上产生振动。图 6-19 为路基监测点的竖向加速度时程曲线。由图 6-19 可知，在列车荷载作用的初始阶段，其振动加速度呈喇叭形，在 0.10s 时达到峰值 73 212mm/s²，之后开始衰减，经过约 0.4s 后趋于稳定，并在接下来的 9.6s 内持续稳定振动。当列车驶出计算区域后，其振动加速度由平衡位置经数个振动周期之后的 0.6s 内衰减至零。

进一步，图 6-20 分别给出了监测点 A、B、C 与 D 的竖向加速度时程曲线。对比可知，在列车荷载加载的初始阶段，其振动加速度较大，经历一个或数个周期之后振动加速度趋于平衡并在剩下的荷载作用时间内保持基本不变。位于高处的监测点，其经历强振幅的振动加速度时间较长。距离振源越近，其最大振动加速度越大，但其最大振动加速度的衰减越快。

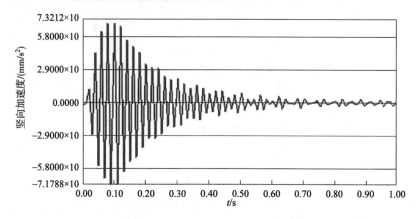

图 6-19　轨道下路基监测点 0.00~1.00s 竖向加速度时程曲线

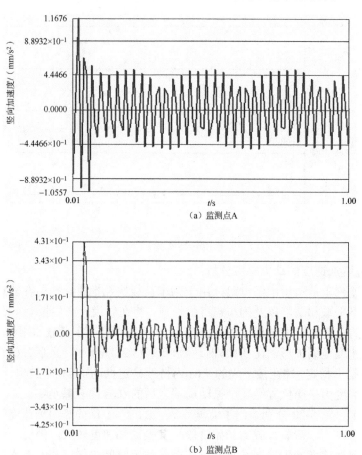

图 6-20　监测点 A、B、C、D 的竖向加速度时程曲线

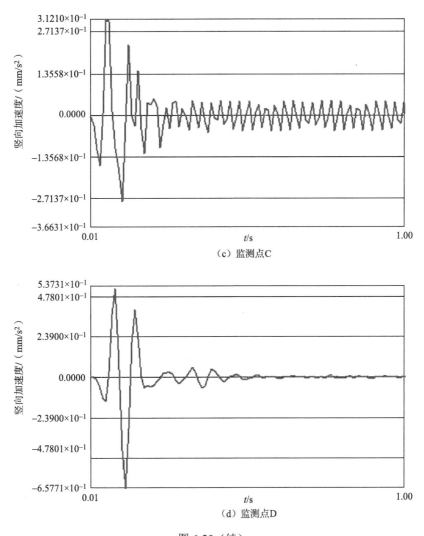

（c）监测点C

（d）监测点D

图 6-20（续）

3）现场测试与室内模拟的参数对比

作者曾对某高速铁路段进行高速列车荷载的现场测试，测试系统由爆破振动记录仪、信号放大器、计算机和多个低频速度传感器组成，形成了一套具有接收、采集、显示与分析处理的测试系统。测试系统组成如图 6-21 所示。

测试采用 941B 型超低频测振仪。该测振仪是一种用于超低频或低频振动测量的多功能仪器，采用无源闭环伺服技术，通频带较宽，为 0.25～100Hz。配合使用的 941B 型拾振器设有加速度、小速度、中速度和大速度四挡，可测量加速度、速度和位移，数据采集采用实时监测方式。

为满足设计、安全的需要，测试地点应选择在覆盖层较薄，距离火车铁轨较近的位置。经过实地勘察,本次测点布置在鹰潭市余江县杨溪乡附近一座小山丘边,基岩岩性为砂岩。火车铁轨为双向并排铺设,测点距离最近的铁轨约 6m,铁轨基础的砾石垫层靠测点一侧厚约 0.8m。监测点的位置示意如图 6-22 所示。所选的场地位置基本可以测试区域所在的位置振动输入时程特点。

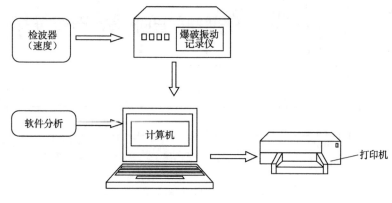

图 6-21　测试系统组成

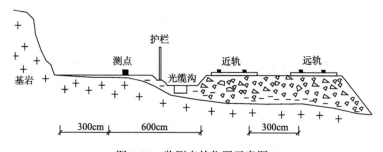

图 6-22　监测点的位置示意图

表 6-6 为实测现场振动参数与计算模拟的动力响应参数。对比可知,整体上两者相差不大,其中计算模拟所得的最大振动位移与实测的振动位移非常接近,计算模拟所得的振动加速度略小于实测的平均振动加速度,但仍在实测波动范围之内。

表 6-6　实测现场振动参数与计算模拟的动力响应参数对比

实测位移/mm	计算位移/mm	实测加速度/（mm/s²)	计算加速度/（mm/s²)
0.08		695.68	
0.08		449.29	
0.06	0.09	652.20	460.34
0.08		420.31	
0.10		507.27	
0.08		724.67	

续表

实测位移/mm	计算位移/mm	实测加速度/（mm/s²）	计算加速度/（mm/s²）
0.08		492.77	
0.06	0.09	478.28	460.34
0.08		550.75	
0.08		463.79	

6.2.2.2　不同列车速度下的边坡的动力响应分析

本节拟对列车速度为 200km/h、250km/h 和 300km/h 时模拟其对边坡动力响应的影响，并比较分析不同的列车速度对边坡的动力差异。基于式（6-17）～式（6-19），可直接确定不同列车速度下振动荷载的最大振动荷载与频率，如图 6-23 和图 6-24 所示。显然，不同的列车速度具有不同的振动荷载和振动频率，此时可将其作为荷载输入参数以探讨边坡的动力响应，下面从振动位移和振动加速度方面进行对比分析。

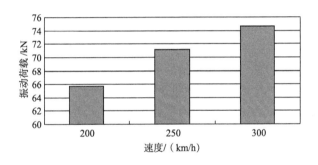

图 6-23　不同列车速度时最大振动荷载

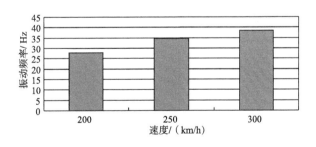

图 6-24　不同列车速度时振动频率

首先，图 6-25 分别给出不同列车速度时不同监测点竖向振动位移曲线。由图 6-25 可知，各点的竖向振动位移均随列车速度的增大而增大，进一步说明列车速度越快振动荷载越大，引起路面和边坡各点的振动响应越大，其中路面的振动响应最大，距离轨道最远处的振动响应最小。同时，路床监测点的竖向振动位移基本呈直线增大，而其他监测点呈折线增加，表明列车振动荷载在路床处衰减较少。事实上，振动的能量是从轨道处开始传播，在传播中逐渐衰减，且初始衰减最大，之后衰减幅度在依次减弱。

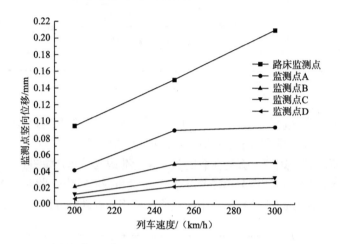

图 6-25　不同列车速度时不同监测点竖向振动位移曲线

　　其次，图 6-26 和图 6-27 分别给出不同列车速度时路床与其他监测点的竖向加速度曲线。由图可知，路床监测点的竖向振动加速度较其他监测点显著增加，整体上，各测点的竖向加速度随着列车速度的增大而增大，但增长趋势却有所不同。其中，监测点 A 的竖向加速度随列车速度的变化曲线与路床的变化曲线相似；监测点 B 的竖向加速度随着列车车速的增加略有增长，但增幅不大；监测点 C 的竖向加速度基本上不随列车车速的增加有较大变化，基本上呈水平线变化；监测点 D 的变化则随着列车车速的变化先减小后增大。

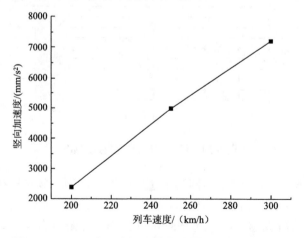

图 6-26　不同列车速度时路床监测点的竖向加速度曲线

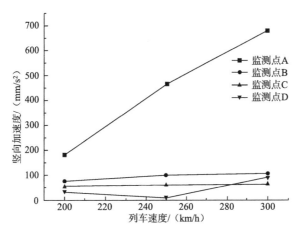

图 6-27　不同列车速度时各监测点的竖向加速度曲线

6.3　高速列车荷载下节理岩体边坡疲劳劣化分析

疲劳是指材料在经过足够的应力或应变循环之后，损伤累积到使原材料产生新的裂纹或旧裂纹扩展，材料的性能下降的现象。疲劳破坏的特点是材料长期处于交变荷载的作用下，其最大的工作应力远低于材料的屈服强度或强度极限，无明显的塑性变形情况下突然发生破坏[6]。劣化是指某材料受到其他因素的影响表现出性能下降的现象，在本节中特指边坡岩土体在长期高速列车振动荷载下力学参数值下降的现象。

6.3.1　振动台数值试验的振动荷载与列车荷载的对比

室内节理岩体边坡振动台模型中振动台产生的振动荷载是比较均匀的，即边坡模型底部不同部位受到的振动荷载差别不大，而现实中边坡与高速道路路面平行的边坡底部受到的振动荷载与所处位置与高铁路面的距离相关，越靠近高铁路面受到的振动荷载所产生的振动加速度就越大，反之越小。事实上，上述数值模型已证实边坡在高速列车荷载下的动力响应与实际的高速列车荷载引起边坡产生的动力响应是一致的，因此作者取数值计算中二级边坡中部位置对应的与道路路床同一水平线节点处的振动加速度与振动台所产生的振动加速度进行对比，进而确定振动台在不同振幅下所产生的振动加速度，如表 6-7 所示。

表 6-7　振动台产生振动加速度

振幅/mm	加速度/（mm/s²）	振幅/mm	加速度/（mm/s²）
1.0	62.7	1.5	94.1
1.25	78.4		

图 6-28 为不同列车速度作用下监测点振动加速度时程曲线。由图 6-8 可知，在列车速度为 200km/h、250km/h 与 300km/h 时，与路面处在同一水平线的节点的稳定振动加速度分别为 51.2mm/s²、74.9mm/s² 和 90.8mm/s²，这与振动台所产生的振动加速度几乎一致（表 6-1），且两者都是类似正弦的波动荷载。因此，振动台的数值试验在一定程度上可反映列车荷载的振动。其中 1.0mm 的振动荷载大致可以等效 200km/h 的高速列车振动荷载，1.25mm 的振动荷载大致等效 250km/h 的高速列车振动荷载，1.5mm 的振动荷载大致等效 300km/h 的高速列车振动荷载。但有必要说明的是，高速列车荷载对边坡的振动荷载是不均匀的，边坡底部各点接收到的振动荷载的振幅和频率也是不同的。

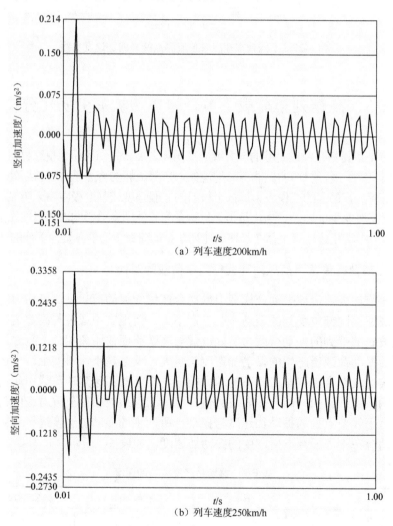

图 6-28　不同列车速度作用下监测点振动加速度时程曲线

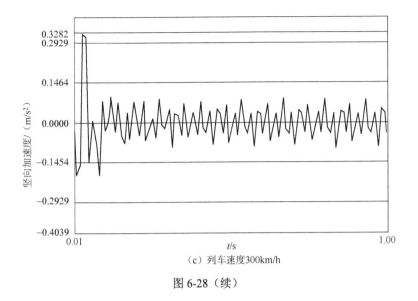

（c）列车速度300km/h

图 6-28（续）

6.3.2　振动荷载作用下的边坡模型的劣化

在研究高速列车荷载作用下边坡的动力响应分析与其稳定性分析，数值模型均假定边坡岩土体的力学性质是固定不变的，因此难以模拟振动作用下边坡材料的劣化及稳定性系数下降。为了能够具体地分析高速列车荷载对边坡的材料的劣化特性，作者采用反分析法，依据室内节理岩体边坡振动台试验产生的位移振动增幅，之后在数值模型中适当降低边坡岩土体材料的力学参数再进行计算，使所得位移较原位移的增长幅度与前者相符合，借此可近似确定高速列车荷载长期作用下，边坡岩土体材料力学性能的劣化，进而判断边坡的稳定性状态。

首先，从试验数据中整理出各模型不同监测点的边坡竖向和水平位移与非振动模型中位移的比例关系，即如表 6-8 所示室内模型位移变化（假设 S 模型的各监测点位移比例为 1）。表 6-9 为天然状态下边坡各监测点的位移。然后，借助有限元软件，把同一地层的岩体分为不同的部分，遵循靠近临空面的岩土体劣化较大、远离临空面的岩土体劣化较小，节理裂隙的劣化大于周围中风化和微风化岩体的劣化的原则，进行试算，使模拟结果与试验结果吻合，比较此时岩土体的力学参数。此时，通过获得的振动荷载影响下边坡材料的劣化数值，同时计算出此时边坡的稳定性系数。在进行劣化反分析时以节理裂隙面为界将整个边坡分为两个部分，两个部分受到的高速列车荷载的作用差异较大，致使两部分岩土体所受的劣化影响差别也较大。在本次模拟中将除微风化层以外的其他地层分为两个部分进行不同的劣化试算，编号为地层 1 的为劣化较少的地层，编号为地层 2 的为劣化较多的地层，不带数字的表示未经列车荷载扰动的原地层。

另外，假设计算所选的边坡截面每小时经过的高速列车数量为 2 列，每次列车经过的时间大约为10s，在很长的一段时间内单位时间经过计算的边坡截面列车数量大致保持不变，则室内节理岩土边坡振动台模型经振动台持续加载振动荷载15 天的时间所模拟的列车振动荷载的实际时间为

$$t = \frac{15 \times 24 \times 3600 \times 7}{20 \times 24 \times 365} \approx 51.8 (\text{年}) \tag{6-94}$$

即室内节理岩体边坡振动台模型可以模拟约 50 年的高速列车振动荷载对节理岩体边坡的影响。

表 6-8　室内模型位移变化

模型编号	底部水平位移/mm	中部竖向位移/mm	顶部水平位移/mm	顶中部水平位移/mm	中上部的竖向位移/mm
S	1	1	1	1	1
V1.0	1.306	1.273	1.327	1.191	1.328
V1.25	1.528	2.097	1.564	1.526	1.375
V1.5	1.583	1.758	1.827	1.553	1.844
H1.5	1.278	1.091	1.214	1.105	1.264

表 6-9　天然状态下边坡各监测点的位移

监测点代号	节点号	水平位移/mm	竖向位移/mm	监测点代号	节点号	水平位移/mm	竖向位移/mm
1、2	7104	4.13	1.09	7	6890	1.9	4.69
3、4	7109	3.91	1.52	8、9	6993	3.17	2.02
5、6	6925	2.61	5.04				

1）V1.0 模型的疲劳劣化表征分析

根据表 6-8 和表 6-9 可以得出该模型各点在经过振动荷载作用之后的位移，采用反分析法通过降低各岩土层及节理裂隙的力学参数，使模拟后的位移增幅与室内节理岩体边坡振动台模型试验的增幅一致。相应的位移云图如图 6-29 所示。经过试算，可确定疲劳劣化之后各岩土层的材料参数，如表 6-10 所示，此时边坡的稳定性系数约为 1.36。

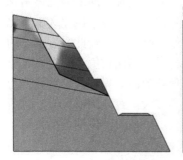 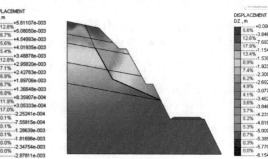

（a）水平向位移图　　　　　　　　　　（b）竖直向位移图

图 6-29　V1.0 模型疲劳劣化后边坡位移云图

表 6-10　V1.0 模型各岩土层的材料参数

土层名称	密度ρ/（g/cm³）	黏聚力 c/kPa	内摩擦角φ/（°）	泊松比 μ	弹性模量 E/MPa
粉质黏土 1	1.80	18.0	18.9	0.37	$1.50×10^2$
粉质黏土 2	1.80	17.3	18.0	0.38	$1.44×10^2$
粉质黏土	1.80	18.0	18.9	0.37	$1.50×10^2$
残坡积砂质黏性土 1	1.85	23.5	19.6	0.35	$2.48×10^2$
残坡积砂质黏性土 2	1.85	23.0	19.0	0.37	$2.45×10^2$
残坡积砂质黏性土	1.85	24.0	20.0	0.35	$2.50×10^2$
强风化凝灰熔岩 1	2.10	34.0	29.5	0.31	$7.45×10^2$
强风化凝灰熔岩 2	2.10	33.0	28.1	0.32	$7.25×10^2$
强风化凝灰熔岩	2.10	35.0	30.0	0.31	$7.50×10^2$
中风化凝灰熔岩 1	2.45	2500.0	42.0	0.27	$4.50×10^3$
中风化凝灰熔岩 2	2.45	2460.0	41.2	0.27	$4.42×10^3$
中风化凝灰熔岩	2.45	2500.0	42.0	0.27	$4.50×10^3$
强风化层中的节理 1	1.90	19.0	19.0	0.38	$1.46×10^3$
强风化层中的节理	1.90	20.0	20.0	0.38	$1.50×10^3$
中风化层中的节理 1	1.90	24.5	23.0	0.34	$1.66×10^2$
中风化层中的节理	1.90	28.0	25.0	0.34	$1.75×10^2$

2）V1.25 模型的疲劳劣化表征分析

同理，根据表 6-8 和表 6-9 得出该模型各点在经过振动荷载作用之后的位移，再采用反分析法通过降低各岩土层及节理裂隙的力学参数，使模拟后的位移增幅与室内节理岩体边坡振动台模型试验的增幅一致，如图 6-30 所示。经过试算，振动荷载作用约 50 年后边坡各岩土层材料的力学性能发生劣化现象，疲劳劣化后的模型材料参数如表 6-11 所示，此时边坡的稳定性系数为 1.34。

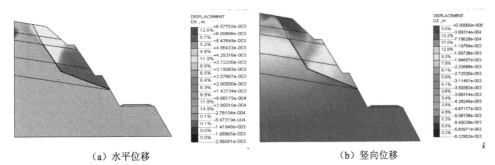

（a）水平位移　　　　　　　　　（b）竖向位移

图 6-30　V1.25 模型疲劳劣化后边坡水平位移

表 6-11　V1.25 模型材料参数

土层名称	密度ρ/ (g/cm³)	黏聚力 c/ kPa	内摩擦角φ/ (°)	泊松比 μ	弹性模量 E/MPa
粉质黏土 1	1.80	18.0	18.9	0.37	1.50×10^2
粉质黏土 2	1.80	17.0	18.0	0.38	1.45×10^2
粉质黏土	1.80	18.0	18.9	0.37	1.50×10^2
残坡积砂质黏性土 1	1.85	23.5	19.0	0.35	2.50×10^2
残坡积砂质黏性土 2	1.85	22.0	18.0	0.37	2.43×10^2
残坡积砂质黏性土	1.85	24.0	20.0	0.35	2.50×10^2
强风化凝灰熔岩 1	2.10	34.0	29.0	0.31	7.45×10^2
强风化凝灰熔岩 2	2.10	32.0	28.0	0.32	7.20×10^2
强风化凝灰熔岩	2.10	35.0	30.0	0.31	7.50×10^2
中风化凝灰熔岩 1	2.45	2 500	42.0	0.27	4.50×10^3
中风化凝灰熔岩 2	2.45	2 300	41.0	0.27	4.40×10^3
中风化凝灰熔岩	2.45	2 500	42.0	0.27	4.50×10^3
强风化层中的节理 1	1.90	18.4	18.5	0.38	1.42×10^2
强风化层中的节理	1.90	20.0	20.0	0.38	1.50×10^2
中风化层中的节理 1	1.90	24.0	23.0	0.34	1.64×10^2
中风化层中的节理	1.90	28.0	25.0	0.34	1.75×10^2

3）V1.5 模型的疲劳劣化表征分析

同样，采用上述方法即可确定 V1.5 模型在列车荷载作用所产生的疲劳劣化后的各岩土层的参数，如表 6-12 所示。此时，边坡的稳定性系数为 1.28。

表 6-12　V1.5 模型材料参数

土层名称	密度ρ/ (g/cm³)	黏聚力 c/ kPa	内摩擦角φ/ (°)	泊松比 μ	弹性模量 E/MPa
粉质黏土 1	1.80	18.0	18.9	0.37	1.50×10^2
粉质黏土 2	1.80	16.5	18.0	0.38	1.40×10^2
粉质黏土	1.80	18.0	18.9	0.37	1.50×10^2
残坡积砂质黏性土 1	1.85	23.5	19.0	0.35	2.50×10^2
残坡积砂质黏性土 2	1.85	21.0	17.5	0.37	2.38×10^2
残坡积砂质黏性土	1.85	24.0	20.0	0.35	2.50×10^2
强风化凝灰熔岩 1	2.10	34.0	29.0	0.31	7.45×10^2
强风化凝灰熔岩 2	2.10	31.0	28.0	0.32	7.10×10^2

续表

土层名称	密度ρ/(g/cm³)	黏聚力 c/kPa	内摩擦角φ/(°)	泊松比μ	弹性模量E/MPa
强风化凝灰熔岩	2.10	35.0	30.0	0.31	7.50×10^2
中风化凝灰熔岩 1	2.45	2 500	42.0	0.27	4.50×10^3
中风化凝灰熔岩 2	2.45	2 400	41.0	0.27	4.35×10^3
中风化凝灰熔岩	2.45	2 500	42.0	0.27	4.50×10^3
强风化层中的节理 1	1.90	17.5	18.0	0.38	1.40×10^2
强风化层中的节理	1.90	20.0	20.0	0.38	1.50×10^2
中风化层中的节理 1	1.90	23.0	22.0	0.34	1.59×10^2
中风化层中的节理	1.90	28.0	25.0	0.34	1.75×10^2

4）H1.5 模型的疲劳劣化表征分析

同样，H1.5 模型经疲劳劣化后的各岩土层的参数，如表 6-13 所示。此时，边坡的稳定性系数为 1.38。

表 6-13 H1.5 模型材料参数

土层名称	密度ρ/(g/cm³)	黏聚力 c/kPa	内摩擦角φ/(°)	泊松比μ	弹性模量E/MPa
粉质黏土 1	1.80	18.0	18.9	0.37	1.50×10^2
粉质黏土 2	1.80	17.5	18.0	0.38	1.48×10^2
粉质黏土	1.80	18.0	18.9	0.37	1.50×10^2
残坡积砂质黏性土 1	1.85	23.5	20.0	0.35	2.50×10^2
残坡积砂质黏性土 2	1.85	23.0	19.0	0.37	2.45×10^2
残坡积砂质黏性土	1.85	24.0	20.0	0.35	2.50×10^2
强风化凝灰熔岩 1	2.10	34.0	30.0	0.31	7.50×10^2
强风化凝灰熔岩 2	2.10	33.0	29.0	0.32	7.43×10^2
强风化凝灰熔岩	2.10	35.0	30.0	0.31	7.50×10^2
中风化凝灰熔岩 1	2.45	2 500	42.0	0.27	4.50×10^3
中风化凝灰熔岩 2	2.45	2 450	41.0	0.27	4.48×10^3
中风化凝灰熔岩	2.45	2 500	42.0	0.27	4.50×10^3
强风化层中的节理 1	1.90	19.0	19.0	0.38	1.48×10^2
强风化层中的节理	1.90	20.0	20.0	0.38	1.50×10^2
中风化层中的节理 1	1.90	24.8	24.0	0.34	1.69×10^2
中风化层中的节理	1.90	28.0	25.0	0.34	1.75×10^2

综合上述四个模型的劣化表征可知：

（1）微风化岩层由于比较坚硬、材料本身的微裂隙比较少，吸收的振动能量也较少，性能劣化甚微。

（2）节理裂隙面以上靠近边坡临空面的中风化层和强风化层，因为距离振源较近，振动能量传播到此时衰减较少，这部分岩体受到的振动扰动较大，传播衰减中吸收的能量也较多，材料性能的疲劳劣化较微风化大。而节理裂隙面内侧的岩体距离振源较远，受到的扰动较少，疲劳劣化表现得不明显。

（3）节理裂隙面以上临近临空面的残坡积土层和粉质黏土层由于位置较高，所受到的振动能量较少，但是本身较差的力学性能使其抵抗振动扰动的能力较差，因此也有一定程度的疲劳。

（4）节理裂隙面内侧岩土体的力学性能较其本身强，而振动能量在岩土体中呈波浪式传播，节理裂隙面两侧的振动加速度大小不同且振动不同步，因此导致节理裂隙带受到微小的剪切作用；振动能量传播到节理裂隙带时，其破碎性导致吸收更多的能量，可能会引起微裂纹的扩展和微观塑性应变，表现为节理裂隙带的力学参数下降得较多。

（5）边坡的稳定性主要受到节理裂隙的影响，节理裂隙带疲劳劣化较大，致使边坡的稳定性下降。另外，振动荷载越大，其稳定性下降也越多。

6.3.3　振动荷载作用下的边坡稳定性变化规律

以 V1.5 室内节理岩体边坡振动台模型为例，借此研究边坡稳定性随振动时间的变化，以及节理岩体边坡在高速列车长期振动荷载下的性能演化规律，以期为节理岩体边坡在振动荷载下的稳定性变化情况提供评估依据。

分别取经历 1.5d、3.0d、6.0d、9.0d、12.0d 和 15.0d 后边坡模型典型监测点的位移，其相对于非振动的 S 模型的位移增幅如表 6-14 所示。在此基础上，以反算法来计算不同时刻边坡的稳定系数，并换算成实际情况下边坡经历 5 年、10 年、20 年、30 年、40 年和 50 年的高速列车振动边坡的稳定性系数，如图 6-31 所示，其中横坐标即为换算后的实际工况中边坡所受到的高速列车振动的年数，纵坐标则为边坡的稳定性系数。

表 6-14　不同时间各监测点的位移增幅

时间/d	底部水平位移/mm	中部竖向位移/mm	顶部水平位移/mm	顶中部水平位移/mm	中上部竖向位移/mm
0.0	1.000	1.000	1.000	1.000	1.000
1.5	1.083	1.080	1.027	1.105	1.031
3.0	1.097	1.227	1.127	1.184	1.203
6.0	1.472	1.515	1.618	1.316	1.688
9.0	1.472	1.697	1.709	1.421	1.75

续表

时间/d	底部水平位移/ mm	中部竖向位移/ mm	顶部水平位移/ mm	顶中部水平位移/ mm	中上部竖向位移/ mm
12.0	1.556	1.727	1.773	1.545	1.844
15.0	1.583	1.758	1.827	1.553	1.844

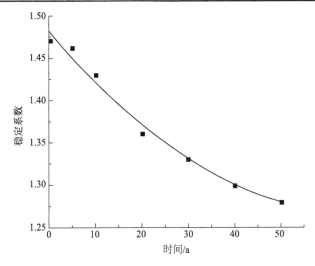

图 6-31　稳定性随时间变化的曲线

由图 6-31 可知，前五年边坡的稳定性系数变化较慢，之后稳定性系数下降增快，30 年之后稳定性系数降幅又稍有减缓。经拟合可得稳定系数为

$$F_{\mathrm{S}} = 1.481\,6 - 6.55 \times 10^{-3} t + 4.99 \times 10^{-5} t^{2}$$

6.3.4　减少列车荷载引起边坡破坏的措施

由于边坡长期受到高速列车振动荷载的影响，会产生疲劳劣化现象，边坡各岩土层材料的力学性质会下降，边坡的整体稳定性降低，可能发生局部滑塌、掉块和整体性滑坡破坏，为了减少和防止此类灾害的发生，需要对边坡采取一些必要的措施。

1）通过高新技术改进轨道和列车结构

高速列车振动荷载产生的根源是因为轨道的缺陷和列车车厢的性质，要从根本上解决振动荷载的产生就需要利用高新技术改进列车轨道和车体结构，减少振动的产生，边坡受到的扰动减小，疲劳劣化现象也不再明显。

2）通过改变坡形改变自身频率

在一定范围内改变坡形对疲劳性能的影响是比较明显的，边坡形状的改变将改变坡体的形态和自重，从而改变边坡的自振频率，改变边坡的应力-应变状态，减少高速列车荷载对边坡的不利影响,降低由边坡疲劳劣化引起地质灾害的可能。

3）设置隔振沟

边坡距离振源越近振动响应越明显,在边坡坡脚的位置设置隔振沟,使从轨道上传来的能量消散掉一部分,减少边坡接收到的能量,降低边坡的动力响应,弱化边坡的疲劳劣化效应,增加边坡的服役寿命。

4）增加边坡的安全储备

边坡经受长期的振动荷载的影响,稳定性系数随着时间的持续而不断降低,如加固节理裂隙带的力学性能、增设穿过节理裂隙面的锚杆等有效措施适当提高边坡设计时的安全系数,可以有效减少由稳定性下降导致的整体滑坡灾害的发生。

5）对坡面实施挂网防护

边坡材料经过长期振动荷载之后,局部会因变形过大或新的裂隙的出现发生掉块和滑塌现象,方量一般较小,对坡面进行挂网柔性防护,可以有效防止此类破坏造成的损失。

6）对边坡进行定时观测

长期的振动会使边坡产生顶部裂纹,顶部裂纹是预警的一个重要信息,要及时观测到裂纹是否出现并做好治理措施。

6.4　小　　　结

本章综合研究了列车荷载下边坡支挡结构的动力特性、高速列车荷载下岩质边坡与土质边坡的动力响应,得到如下结论。

（1）研究了全长注浆锚杆的固有特性,推导了基于三参数的锚杆轴向振动固有频率和固有振型的解析解,指出土介质中锚杆件自振频率的特征同介质刚度近似成单调递增的直线关系。

（2）将抗滑桩视为弹性介质中的 Timoshenko 梁,并推导了其固有频率和振型的解析方程,并借助工程实例,指出抗滑桩第一、二阶模态在频率上很临近,第二阶模态在振型上是零解且频率只与地基水平刚度、抗滑桩密度有关,而与桩长度和桩刚度均无关。

（3）借助数值分析手段研究了高速列车长期荷载作用下节理岩体边坡的疲劳劣化、边坡性能与时间的变化关系,通过反分析方法指出经列车长期振动荷载,边坡岩土体的力学参数发生一定程度的变化,进而影响其稳定性,在此基础上提出了减少高速列车振动可能诱发地质灾害的措施。

参 考 文 献

[1] 徐攸在. 桩的动测新技术 [M]. 2 版. 北京:中国建筑工业出版社,2002.

［2］钱家欢，殷宗泽. 土工原理与计算［M］. 2 版. 北京：中国水利电力出版社，1994.

［3］胡安峰，谢康和，应宏伟，等. 粘弹性地基中考虑桩体剪切变形的单桩水平振动解析理论［J］. 岩石
力学与工程学报，2004，23（9）：1515-1520.

［4］杨喆. 机车振动作用下黄土滑坡滑带土的动力特性及其稳定性研究［D］. 西安：西北大学，2008.

［5］蔡袁强，王玉，曹志刚，等. 列车运行时由轨道不平顺引起的地基振动研究［J］. 岩土力学，2012，
33（2）：327-335.

［6］曾春华，邹十践. 疲劳分析方法及应用［M］. 北京：国防工业出版社，1991.

第7章 爆破荷载下复杂岩质高边坡动力响应及其稳定性演化规律

岩质边坡动力反应分析既是研究边坡岩体在动荷载下疲劳劣化规律的基础，同时也是进行边坡稳定分析的基础。近年来，随着计算机技术和计算力学的快速发展，运用数值模拟方法进行边坡动力响应分析获得了深入的研究和广泛的应用。为此，本章借助数值模拟，依托福建某露天采石场，细致研究了爆破荷载作用下岩质高边坡动力响应，探讨含优势结构面岩质边坡的动力演化过程，并借此提出多次循环爆破荷载下岩质边坡的稳定性演化规律。

7.1 爆破荷载下复杂岩质高边坡动力响应数值分析方法

对于岩质高边坡而言，边坡的体量巨大，在进行边坡静力稳定分析时通常可以通过在非关键部位适当加粗网格的方法提高计算效率。然而，对于动力分析而言，网格的密度必须满足一定的要求才能保持地震波在模型中传播时不失真。这就会使数值模型的节点数量变得异常巨大。对于一个中等的模型，进行 2s 的完全非线性动力计算时，耗时已达 2h 左右[1]。对于复杂岩质高边坡，要进行长时间循环荷载作用下的数值模拟是很难实现的。但是，边坡在动荷载循环作用下的疲劳损伤是动荷载单次作用不断累积的结果。因此，研究边坡在单次动荷载作用下的动力响应规律对揭示边坡的疲劳损伤机理是有帮助的。

岩质边坡的动力响应规律主要受边坡地质条件和地震动特征（强度、频谱和持时）的影响[2]。对于地震荷载下的边坡动力响应规律已经有较多的研究[3,4]，其基本结论可概括为以下几点。

（1）岩质边坡对输入地震波存在临空面放大作用和高程放大作用。

（2）振幅对边坡的振动位移影响很大，振幅越大振动位移越大。

（3）边坡土体对输入地震波具有低频放大，高频滤波作用。

（4）地震动持时对边坡峰值动力响应的影响不大。

上述结论对爆破荷载未必适用。主要原因在于：地震荷载通常是在地质模型的底部以平面波的形式输入，在模型底部范围内其地震动特征是相同的。对于爆破荷载，往往要求从模型内部输入，这样输入的波其实是球面波，随着边坡土体与爆源距离的增加，其所受动应力逐渐减小。因此，爆破荷载未必存在上述临空面放大作用和高程放大作用。

7.1.1 边坡动力反应分析基本原理

在边坡动力有限元分析中，通常采用等效线性法模拟岩土的动力学行为，即用黏弹性 Kelvin 模型反映岩土体在周期荷载下的滞回性。通过试验获得每个时步剪切模量、阻尼比与剪应变的关系，采用时步的迭代近似模拟岩土体的非线性性质。该方法对于小应变且地震加速度小于 $0.3g\sim0.4g$ 的情况下具有较好的模拟效果[1]。但存在不能合理模拟岩土体阻尼，不能计算永久变形、塑性屈服模拟不合理、大应变时误差较大和本构模型单一等缺点[5]。建立在动力方程基础上并采用显式算法的完全非线性动力分析方法很好地克服了上述缺点。对于动力方程而言，求解静力问题和动力问题采用的是同样的方程，只是在静力问题的处理上，为了尽快达到收敛的目的而设置了特殊的阻尼，因而在本构方程的选取上不存在限制，只需本构方程本身可以反映材料的滞回特性即可。此外，由于采用了非线性本构方程，不同频率的波之间能自然地出现干涉和混合，这是等效线性方法难以实现的[5]。因此，本节拟采用 FLAC 有限差分中的完全非线性分析方法开展动力反应分析。

7.1.2 露天采场岩质高边坡动力模型的建立

7.1.2.1 工程概况

福建某露天采场地形陡峻，切割强烈，山形坡度 30°～40°，植物茂盛，属中等高度山区。采场地形图如图 7-1 所示。取图 7-1 中断面位置进行研究。该断面的工程地质剖面如图 7-2 所示。边坡总高度 179m。792 平台以上边坡坡高 130m，总体坡度 42°，各台阶坡度 55°～65°。

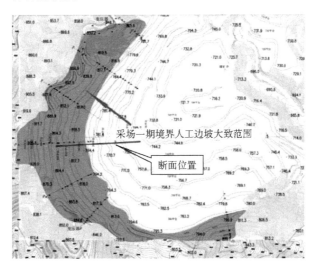

图 7-1　采场地形图

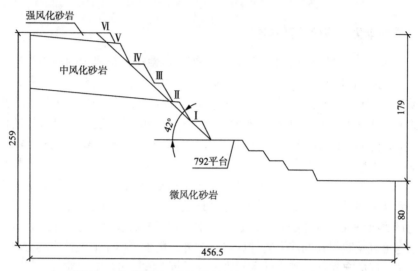

图 7-2　典型断面工程地质剖面图（尺寸单位：mm）

根据现场调查和勘察报告结果，采场自上而下岩土层主要有以下几类。

（1）残积土：灰色硬塑-坚硬，湿-干，厚度 1～7m，无摇震反应，干强度及韧性中等，砂粒尺寸与含量不均匀，遇水易软化、崩解。

（2）强风化岩：灰色-灰红色，上部呈砂土状，下部呈碎块状，厚度 6～30m，原岩主要为花岗岩、砂岩和粉砂岩，组织结构已大部分破坏，成分显著变化，岩体破碎，风化裂隙发育。

（3）中风化岩：灰色-灰红色，北段为花岗岩，中段为砂岩，南段为粉砂岩，厚度 15～72m，均有不同程度的变质，矿物多呈压扁状定向排列，变质特征矿物增多。风化裂隙发育，粉砂岩及砂岩中层理面不清晰，不易辨认。天然形成裂隙多有石英脉体充填，因人工扰动形成的裂隙多为卸荷张裂隙，多数无充填，局部有渗水。

（4）微风化岩：灰色-灰红色，北段为花岗岩，中段为砂岩，南段为粉砂岩，均有不同程度的变质。原岩结构基本未变，裂隙多为开挖卸荷裂隙，局部有渗水。裂隙切割岩石形成的块体一般较大。

目前，采场已进行一期开采界线内（792 平台以上边坡）开采，其剖面图如图 7-2 所示。将在一期开采境界下部各台阶继续进行爆破开采，现研究已有及后续爆破作用对一期开采境界边坡的稳定性的影响。

采场受地质构造及后期爆破作用，形成一系列结构面。这些结构面的存在将对边坡的稳定性造成影响。然而，完全考虑这些结构面将会对动力计算带来极大的负担。此外，随着采场开挖深度的加大，目前爆破作业区域所涉及岩体主要以微风化岩体为主。因此，本节暂且忽略结构面的影响，将其视为均质体，以获得一些概念性的认识。

7.1.2.2　动力分析模型

根据地质测绘和现场勘察，对如图 7-2 所示的地质模型进行概化。岩土材料采用 Mohr-Coulomb 本构方程。根据采场勘察报告和经验值确定采场边坡岩土体的物理力学参数如表 7-1 所示。

表 7-1　岩土物理力学参数

编号	岩土层名称	体积模量/MPa	剪切模量/MPa	密度/（kg/m³）	内聚力/MPa	内摩擦角/（°）	抗拉强度/MPa
1	强风化砂岩	3.04×10^3	1.65×10^3	2 200	0.03	40	0.01
2	中风化砂岩	6.70×10^3	4.00×10^3	2 400	1.00	44	0.80
3	微风化砂岩	2.30×10^4	1.60×10^4	2 500	1.60	47	1.50

计算岩体的纵波和横波波速，继而确定最小网格尺寸如表 7-2 所示。

表 7-2　最小网格尺寸

K/MPa	G/MPa	C_s/（m/s）	C_p/（m/s）	f/Hz	L_{min}/m
2.3×10^4	1.6×10^4	2530	4211	55	4.6

对地质模型进行网格划分，建立如图 7-3 所示的数值模型。模型四周及底部采用黏弹性边界以最大限度地吸收反射波。根据模型试算，并参考福建地区经验[6]，确定模型阻尼比为 0.05，中心频率为 5Hz。

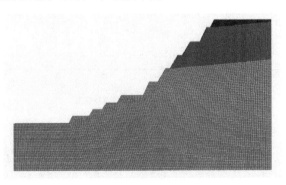

图 7-3　数值模型

动荷载输入采用实测爆破振动速度时程曲线，如图 7-4 所示[7]。分别对水平和垂直速度时程曲线进行基线校正，如图 7-5 所示。图 7-6 为位移基线校正，从图 7-6 可以看出，未经基线校正的速度时程将最终产生一定的残余位移。这一位移将作为模型的边界条件而影响动力分析结果的准确性，而基线校正能使得残余位移接近于 0，较好地解决了这一问题。

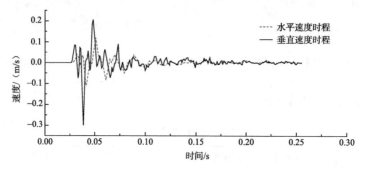

图 7-4　水平和垂直动荷载速度时程曲线

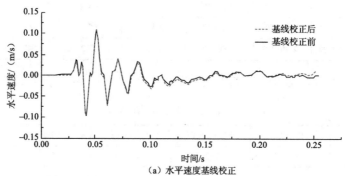

（a）水平速度基线校正

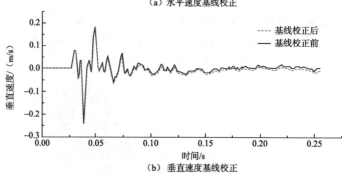

（b）垂直速度基线校正

图 7-5　速度基线校正结果

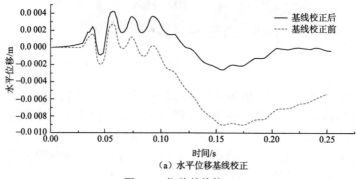

（a）水平位移基线校正

图 7-6　位移基线校正

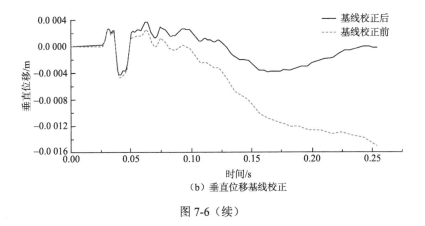

（b）垂直位移基线校正

图 7-6（续）

7.1.2.3　工况及监测点布置

为研究 792 平台以上及其以下爆破对边坡的影响，分别将动荷载在图 7-7 中 A 处和 B 处输入。在一期开采境界的坡体内设置了如图 7-7 所示的 32 个监测点，监测坡体在动荷载下的速度、位移和主应力变化情况。

将这 32 测点分为如下五个测线：

测线一：1，2，3，4，5，6，7，8，9，10，11，12；

测线二：13，14，15，16，17，18，19，20；

测线三：29，30，31，32，23；

测线四：16，27，28，29，6，7；

测线五：20，21，22，23，24，25，26，12。

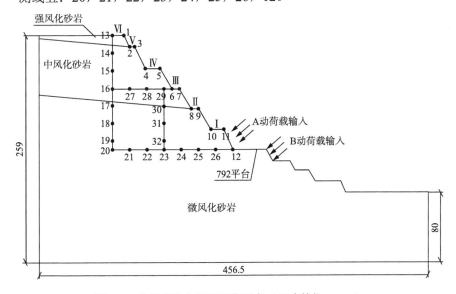

图 7-7　动荷载输入位置及监测点（尺寸单位：mm）

7.1.3 计算结果分析

图 7-8 为初始垂直和水平静力平衡结果。从图 7-8 可以看出，计算模型较好地再现了天然边坡所处的应力状态。

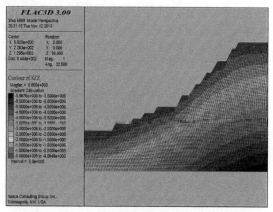

（a）垂向应力

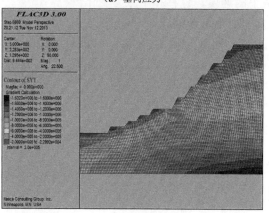

（b）水平向应力

图 7-8　初始静力平衡

1）水平速度响应规律

表 7-3 为不同时刻在 A 处和 B 处输入动荷载时边坡水平速度的分布情况。可以看出，动荷载输入首先使动荷载输入点附近的水平速度急剧增大。但这一增大的范围是有限的，并大致呈圆弧形。圆弧的半径与动荷载输入面的尺度相当。

总体上在 A 处输入动荷载较在 B 处输入动荷载引起的边坡速度分布大出 1～2 个数量级。这表明，动荷载输入点的高程对边坡的速度响应有显著影响。越是在边坡高程较高的地方输入动荷载引起的边坡的速度响应越剧烈。

动荷载输入位置的不同引起边坡速度分布的变化仅集中于动荷载作用期间。

可以发现，即使同一边坡，不同位置的动荷载输入引起的边坡速度振动相位也是不同的。因此，边坡的振动是边坡自身固有性质和动荷载输入共同作用的结果。动荷载作用结束后（0.25s 后），边坡速度分布情况基本相似，但速度的绝对值不同。

动荷载作用期间，边坡振动速度的峰值总是出现在动荷载输入位置附近。动荷载作用结束后，边坡振动速度的峰值不再出现在动荷载输入位置附近，而出现在动荷载输入位置以上的某一高程处，即边坡出现水平速度的高程放大效应。这表明，在爆破荷载作用下边坡同样存在动力响应的高程放大效应，且这个效应的存在是有条件的，大约存在于动荷载作用结束以后。同时，需要指出的是，这种高程放大效应是局部的、短时的。就边坡振动的全过程而言，边坡速度依然总体上是随距离爆源的增加而增大的。

表 7-3　边坡水平速度分布

时间/s	A 处输入	B 处输入
0.1		
0.15		
0.2		

续表

时间/s	A 处输入	B 处输入
0.25	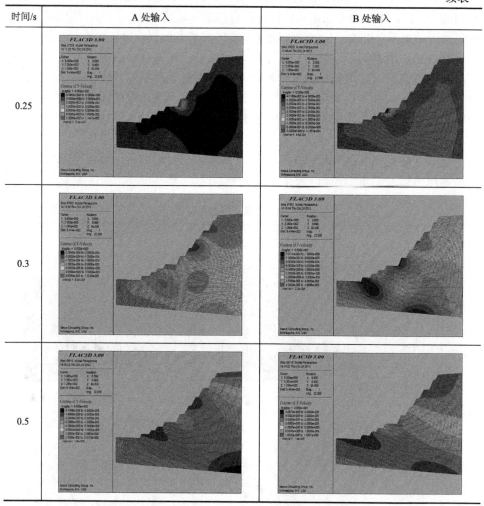	
0.3		
0.5		

图 7-9 为各测线水平速度的变化规律，图中高程均以 792 平台为零点，水平距离由坡面开始起算。从图 7-9（a）可以看出，边坡振动速度最大值随着高程增加而急剧减小，边坡坡面上并不出现水平速度的高程放大效应。当动荷载从 A 处输入时，动荷载输入面所在台阶及其上一级台阶的水平振动速度峰值急剧增大，其后水平速度峰值基本与在 B 处输入动荷载相一致。这表明，动荷载引起的边坡坡面水平振动速度的改变局限于一定高程范围内，结合表 7-3 可知，这一高程范围大约相当于动荷载输入面的尺度（约 23m）。

从图 7-9（b）可以看出，测线二上的水平速度峰值在一定范围内出现了高程放大效应，并且从边坡的不同部位输入动荷载，水平速度峰值开始出现与高程放大效应的高程值接近，均为 90m 左右。但总体而言，测线二上水平振动速度峰值依然呈衰减趋势，表明动荷载对边坡的影响总体上是随距离增大而衰减的。此外，在 A 处输入动荷载引起的边坡响应要显著高于在 B 处输入动荷载时的边坡响应。这表明通过设置平台是可以有效降低动荷载对边坡的损伤的。从图 7-9（c）可以看出，总体上，距离动荷载输入点较近的测线三的水平速度峰值也随高程呈衰减趋势，但其水平速度值比测线二高出许多。

从图 7-9（d）可以看出，在爆破荷载作用下，边坡动力响应依存在临空面放大效应，并且边坡水平速度峰值随测点离临空面距离增大较好地呈负指数形式衰减。图 7-9（e）展示了同样的规律。由图 7-9（e）可知，动荷载引起的边坡坡面水平振动速度的改变也局限于一定水平距离范围内，这一水平范围较动荷载所影响的高程范围稍大，约为动荷载输入面尺度的 2 倍。同时，动荷载引起的速度响应随水平距离的衰减速率要慢于随高程的衰减速率。

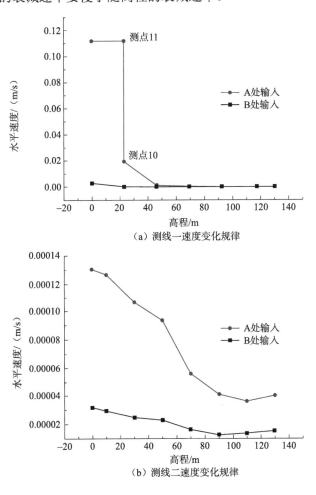

（a）测线一速度变化规律

（b）测线二速度变化规律

图 7-9　各测线水平速度的变化规律

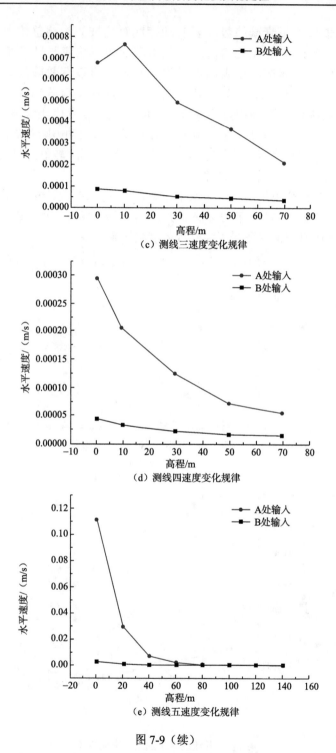

（c）测线三速度变化规律

（d）测线四速度变化规律

（e）测线五速度变化规律

图 7-9（续）

图 7-10 为边坡坡面上典型测点的速度时程。由图 7-10 可知，随着距离爆源距离的增大，边坡坡面上各点的水平振动速度迅速减小。同时，边坡各测点的振动频率随着距离爆源的增大也急剧减小。这表明在爆破荷载下边坡的低通滤波效应依然显著。

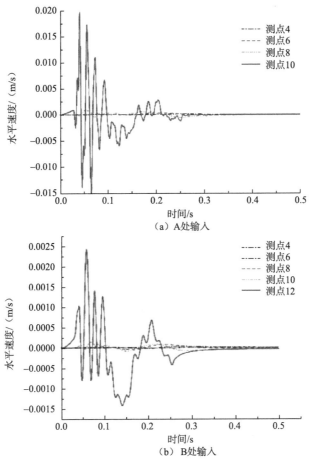

图 7-10　边坡坡面上典型测点的速度时程

2）应力响应规律

图 7-11 为测线一中各测点第一主应力和动荷载下第一主应力增量最大值的变化规律。由图 7-11 可知，由动荷载引起的边坡坡面主应力变化也大致局限在动荷载输入面的尺度范围内。边坡主应力随高程呈锯齿形衰减。边坡的速度反应随坡面是单调较小的，因此边坡速度和应力之间的关联并不密切。

另外，岩体的初始塑性变形越大，在循环加卸载下其劣化速度也越快。坡面岩体所受第一主应力越大，其发生塑性变形的可能性也越大。因此，边坡各级台阶的坡脚，尤其是最低一级台阶的坡脚是最容易发生疲劳破坏的部位，在进行边坡抗疲劳设计时应重点设防。

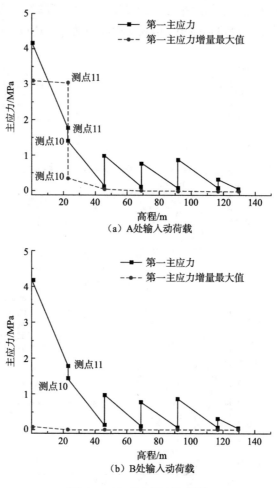

图 7-11　主应力的变化规律

同时，从图 7-11（a）中可以看出，动荷载输入点附近边坡岩体第一主应力增加了大约 75%。对比图 7-11（b）可知，增加了一个平台后边坡第一主应力几乎不增加，这再次表明设置平台对于预防边坡的疲劳劣化的效果是非常明显的。

　　3）位移响应规律

　　图 7-12 为计算所得各台阶坡脚测点的位移响应时程曲线。图 7-12 中"+"表示位移方向是指向坡外的。随着测点距爆源距离的增加，测点位移震荡的频率显著增大，振幅迅速减小。动荷载输入位置仅仅相隔一个平台，位移振幅下降一个数量级。同样，岩体的初始塑性变形越大，在循环加卸载下其劣化速度也越快。因而，距离爆源越近的点越容易发生疲劳破坏。此外，变形也侧面反映了边坡的损伤程度。这表明，距爆源越近的边坡岩体，其损伤程度也越大。

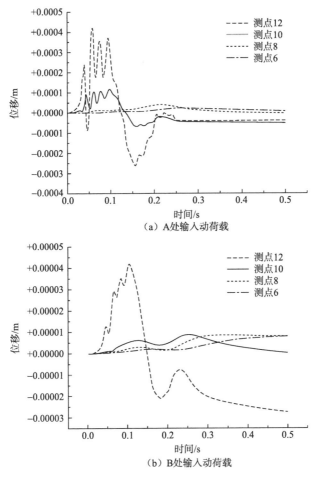

图 7-12　各台阶坡脚测点的位移响应时程曲线

7.2　含优势结构面岩质边坡稳定性演化规律

目前，对于边坡疲劳劣化规律的研究，主要集中于边坡岩石试块的研究[8,9]。对于天然岩质边坡在动荷载下的疲劳劣化规律的研究还很少报道[10]。另外，这些研究基本上均把边坡视为均质的弹性材料，沿用金属材料的疲劳分析方法。而实际的边坡远非均质材料，材料性质也远非弹性性质。此外，实际岩质边坡的稳定性往往受结构面控制[11,12]。结构面的损伤劣化才是边坡损伤的关键因素。这些都是以往研究较少考虑的。本章将借助第 3 章中开发的结构面循环剪切本构模型，以福建某矿山岩质边坡为例，采用离散元数值模拟，分析实际边坡在动荷载下的稳定性规律。

边坡岩体劣化机制十分复杂，受到诸如地下水、卸荷、风化、静力荷载、动荷载等一系列因素的影响。要综合讨论这些因素的影响是复杂的，甚至是难以完成的工作，也超出了本书讨论的范畴。为研究问题的方便，仅考虑动荷载对边坡劣化过程的影响，对其进行专门研究，对于其他因素暂不考虑。

7.2.1　含优势结构面岩质边坡稳定演化分析模型

7.2.1.1　数值模型的建立

从 7.1 节研究可以发现，爆破荷载对边坡的影响范围大致局限于高程等于动荷载输入面的尺度，水平距离等于动荷载输入面尺度 2 倍的范围内。因此，进行疲劳荷载下边坡稳定性的研究，仅考虑这一范围可基本满足要求。后续开采将挖除如图 7-14 所示的部分并对边坡进行修整形成高 23m、坡度 64°的新一级台阶。为研究后续爆破开挖对该级台阶的影响，以便指导矿山设计和施工，取出该级边坡进行离散元模拟研究，如图 7-13 中的 A 区域所示。

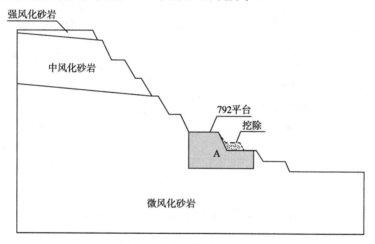

图 7-13　边坡模型的截取

经过边坡现场的结构面调查，取得了大量的结构面产状数据。进行赤平投影分析，如图 7-14 所示。分析所得边坡的优势结构面和可能失稳模式如表 7-4 所示。

表 7-4　边坡优势结构面和可能失稳模式

结构面	产状		可能的失稳模式
	倾向	倾角	
P	145°	60°	J_3 可能发生平面滑动破坏； J_6 可能发生倾倒破坏； J_1、J_5，J_1、J_4 可能发生楔形体破坏
J_1	178°	66°	
J_2	231°	56°	
J_3	158°	25°	

续表

结构面	产状		可能的失稳模式
	倾向	倾角	
J_4	87°	66°	J_3 可能发生平面滑动破坏；
J_5	52°	67°	J_6 可能发生倾倒破坏；
J_6	354°	84°	J_1、J_5，J_1、J_4 可能发生楔形体破坏

图 7-14 中 P 为坡面，落入图中阴影部分的结构面为可能发生相应模式失稳的结构面。图 7-14 中假定摩擦圆为 35°。由于边坡服役期间遭受频繁的爆破振动，由动荷载的反复循环作用可能导致结构面参数的弱化。若摩擦圆度数减小，贯通性结构面 J_3 将可能落入图 7-14（c）中阴影区域。因此，有必要对该边坡进行损伤劣化后的稳定性分析。

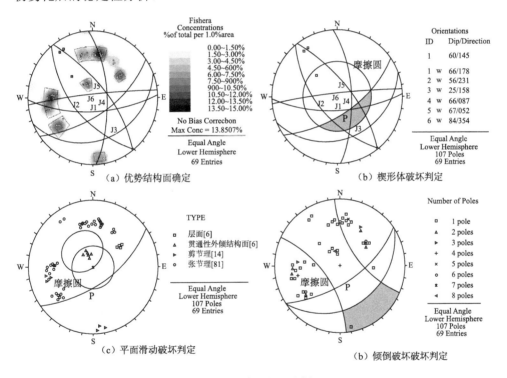

图 7-14　赤平投影分析

将天然边坡模型进行概化，得到如图 7-15 所示的地质模型。

在对网格进行划分时，另网格单元边长小于 2.5m，可允许 100Hz 以下的动荷载输入，其中模型左、右、下部均采用黏弹性边界，数值模型的网格离散如图 7-16 所示。

岩石材料采用 Mohr-Coulomb 本构模型，材料参数同表 7-1 中微风化砂岩的物理力学参数。结构面本构模型采用第 3 章所述结构面循环剪切本构模型。结构面本构模型的参数根据结构面调查并借鉴倪卫达等[13]的研究成果，如表 7-5 所示。

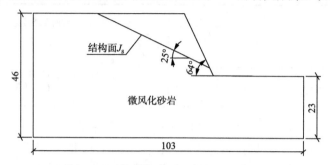

图 7-15　地质模型（尺寸单位：mm）

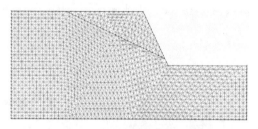

图 7-16　数值模型的网格离散

表 7-5　结构面力学参数

法向刚度/ （GPa/m）	剪切刚度/ （GPa/m）	内聚力/ kPa	内摩擦角/ （°）	a	b	R_0
10.2	6.1	15	27	0.76	0.15	0.77

7.2.1.2　边坡安全系数时程曲线计算的"矢量和"方法

边坡稳定分析方法大体发展了极限平衡和数值模拟两大类。极限平衡法的物理意义较为明确，参数也较易取得，被大量工程师所接受。数值模拟方法采用了变通的强度折减法计算安全系数，物理意义虽不像极限平衡法那么明确，但数值模拟可以反映边坡的应力-应变状态，这是极限平衡法难以企及的。可以说，这两种方法各有优势[14]。然而，对于动力问题，安全系数的适用性存在问题。这是由于动荷载的大小和方向都是随时间变化的，即使某一时刻边坡的安全系数小于 1，只要其后动荷载作用反向，对边坡起"制动"作用，边坡最终仍然可能是稳定的。诸多地震实例和数值模拟算例均证实了这一点[2]。

葛修润[9]提出的"矢量和"分析法较好地综合了极限平衡法和数值模拟法的优势。该方法的基本思想是分别计算边坡抗滑力矢和下滑力矢的矢量和，并向潜在滑动面上投影，按一定的强度准则计算边坡的抗滑能力。最终边坡的安全系数为

$$K = \frac{\sum R}{\sum T} \tag{7-1}$$

式中，K 为边坡的安全系数；$\sum R$ 为潜在滑动面上的抗滑力；$\sum T$ 为潜在滑动面上的下滑力。

该方法的关键是确定边坡的潜在滑动面。对于岩质边坡而言，其潜在滑动面一般是比较明确的。因而，该方法对于岩质边坡具有较好的适用性。

基于上述思想，通过编制 Fish 语言程序计算边坡安全系数的时程曲线，具体步骤如下：

（1）在动力计算过程的某一时刻，遍历结构面以上岩体的各个节点，计算该部分岩体所受外力的矢量和 $W(t)$。

（2）将外力矢量和向结构面投影得到总切向力 $S(t)$ 和总法向力 $R(t)$。

（3）假定潜在滑动面强度符合 Mohr-Coulomb 准则，则有边坡的瞬时安全系数为

$$F_s(t) = \frac{|R(t)|\tan\varphi(t) + c(t)A}{S(t)} \tag{7-2}$$

7.2.1.3　边坡动力稳定性评价指标

由于动荷载的大小和方向是时时变化的，每个荷载循环下计算的边坡安全系数都是一条曲线。这就难以对不同循环下边坡安全系数的下降程度作出定量评价。Newmark 较早意识到由于动荷载作用方向是随时间变化的，即使某一个时刻边坡安全系数小于 1，这时边坡必将发生滑动，但由于动荷载作用方向的改变，边坡可能因减速而最终稳定[15]。因此，以安全系数最小值作为边坡动力稳定性的评价指标是不合适的。而边坡的永久位移反映了边坡在动荷载作用下的损伤程度，用永久位移为指标评价边坡稳定性是更加合适的[2]。然而，遗憾的是，到目前为止，对于永久位移的最大允许值还几乎没有任何经验可以借鉴。刘汉龙等[16]提出的最小平均安全系数法为解决上述问题提供了新的思路。本节在借鉴了其方法的基础上，采用每次爆破荷载作用下的最小平均安全系数 $F_d(n)$ 评价边坡的动力稳定性，其表达式为

$$F_d(n) = F_{s_0} - 0.65(F_{s_0} - F_{s\min}(n)) \tag{7-3}$$

式中，F_{s_0} 为静力稳定安全系数；$F_d(n)$ 为第 n 次爆破的最小平均安全系数；$F_{s\min}$ 为第 n 次爆破的瞬时安全系数最小值。

虽然该方法具有一定的经验性，但较好地反映了动荷载作用下安全系数偏离静力安全系数的程度，且采用安全系数也较容易被工程设计人员所接受。

7.2.2　单次动荷载作用下岩质边坡稳定性演化规律

以往考虑结构面损伤劣化的边坡动力稳定性的研究多集中于地震荷载[12]。对于爆破荷载引起的结构面力学性质劣化对边坡稳定性的影响还鲜见开展。表 7-6 即系统地对比了地震荷载和爆破荷载的主要差异。可以看出，爆破荷载的频率、成分、

能量、持续时间都与地震荷载有很大不同。此外，爆破荷载和地震荷载的输入位置也有很大区别。因此，有必要对由爆破荷载引起的边坡稳定性进行专门研究。

为研究上述问题，在图 7-16 所示的数值模型的基础上，设置了如图 7-17 所示的边界条件，以分别模拟地震荷载和爆破荷载。爆破荷载从模型右侧以压缩波和剪切波的形式输入，输入曲线取第 4 章所示实测爆破振动时程曲线。地震荷载采用正弦波形式输入[12]，其表达式为如式（7-4）所示。取 $\lambda=0.31$，$f=2Hz$，相当于 V 级烈度的地震荷载[13]。地震荷载波形如图 7-18 所示。

$$v = \frac{\lambda}{2\pi f}\sin(2\pi f t) \tag{7-4}$$

表 7-6　地震荷载和爆破荷载对比

荷载类型	频率范围/Hz	成分特征	能量特征	持续时间
地震荷载	1～4	剪切波为主	大，衰减慢	长
爆破荷载	10～100	兼有压缩波和剪切波机制	小，衰减快	短

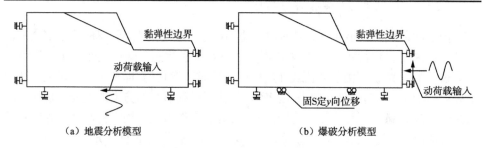

（a）地震分析模型　　　　　　　　　（b）爆破分析模型

图 7-17　地震和爆破分析模型

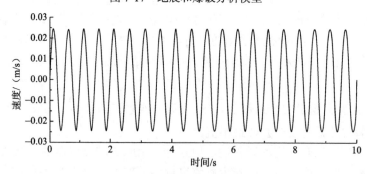

图 7-18　地震荷载波形

对于地震荷载和爆破荷载，均将速度时程按文献 [7] 的方法转换成应力时程作为最终的动荷载输入，其表达式为

$$\sigma_n = 2(\rho C_p)v_n \tag{7-5}$$

$$\sigma_s = 2(\rho C_s)v_s \tag{7-6}$$

计算所得地震荷载和爆破荷载作用下的边坡安全系数时程曲线分别如图 7-19 所示。

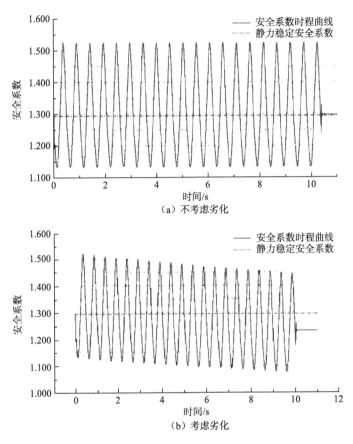

（a）不考虑劣化

（b）考虑劣化

图 7-19　单次地震荷载下的安全系数时程曲线

由图 7-19 可知，单次地震荷载作用下，边坡安全系数时程曲线以与输入地震波近乎相同的形式上下波动。在不考虑结构面劣化的情况下，边坡瞬时安全系数最大值、最小值基本不变，地震结束后边坡安全系数恢复到原来状态。当考虑了结构面劣化的情况时，边坡瞬时安全系数最大值、最小值均呈下降趋势，地震结束后边坡安全系数没有完全恢复，而是下降了一定的值。

图 7-20 表明爆破荷载作用下考虑和不考虑结构面劣化的边坡安全系数时程曲线近乎重叠。当考虑劣化的情况时，其安全系数有极小量的下降。边坡瞬时安全系数最大值先上升后下降，瞬时安全系数最小值先下降后上升，这恰恰反映了爆破脉冲对边坡稳定性的影响。

表 7-7 对比了单次地震和单次爆破荷载作用对边坡安全系数的影响。可以看出：V 级烈度的地震荷载单次作用就可以使边坡最终稳定的安全系数下降约

0.063，而爆破荷载单次作用只能使边坡最终稳定的安全系数下降约 0.004，下降量约为地震荷载的 1/15，即地震荷载引起的结构面劣化要显著高于爆破荷载。但是，值得注意的是，爆破荷载下的动力稳定评价指标则要低于地震荷载，即相比于Ⅴ级烈度的地震荷载，爆破荷载更容易使边坡在动荷载作用期间发生失稳。

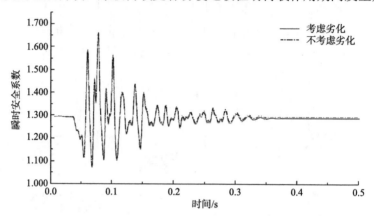

图 7-20　单次爆破荷载作用下的安全系数时程曲线

表 7-7　单次地震和单次爆破荷载作用对边坡安全系数的影响

荷载形式	静力安全系数	最终稳定的安全系数 F_{ss}	动力稳定评价指标 F_d
地震荷载	1.294	1.231	1.152 3
爆破荷载		1.290	1.149 7

7.2.3　多次动荷载作用下岩质边坡稳定性演化规律

7.2.3.1　多次动荷载作用下岩质边坡失稳模式

地震荷载具有罕遇的特点。一般进行单次地震荷载作用下的边坡稳定分析就足以满足工程要求。然而，对于爆破荷载，其作用次数是非常频繁的。以本章所研究的露天采场岩质边坡为例，边坡平均 1～2 天爆破 1 次，在如此频繁的爆破荷载循环作用下，边坡岩体将发生疲劳劣化，而以往对于岩质边坡爆破稳定性的研究极少考虑这一现象。

作者认为，在多次爆破作用下，岩质边坡的失稳模式可以概括为动力失稳型和后发失稳型两种，如表 7-8 所示。动力失稳型是在动荷载作用期间发生的，而在动荷载作用期间边坡的安全系数是随时间变化的。因此，研究动力失稳型破坏需要考查动荷载作用期间边坡的安全系数时程曲线。后发失稳型破坏是在动荷载作用后，边坡岩体力学性质发生劣化，边坡抗滑力下降，在外界因素的扰动下发生的。此时，需要考查的是边坡在每次动荷载作用后安全系数的下降情况，即需要考查边坡在每次动荷载作用结束后最终的静力安全系数 $F_{ss}(n)$ 的变化情况。

表 7-8 多次爆破荷载下边坡失稳模式

多次爆破作用下的失稳模式	特　　点
动力失稳型	边坡在动荷载作用期间发生失稳
后发失稳型	边坡在动荷载作用期间未发生失稳，但岩体力学性质发生劣化，安全系数降低。在风化、降雨、人工扰动等因素作用下发生失稳

7.2.3.2 多次动荷载作用下岩质边坡稳定性演化规律及概念模式

为研究多次爆破荷载作用下边坡安全系数的变化情况，对图 7-17（a）所示的爆破分析模型多次输入爆破荷载。为反映边坡在爆破荷载作用下结构面力学性质的不可逆劣化过程，不同次爆破的计算是随时间连续进行的。同时为避免相邻爆破荷载发生叠加造成计算结果失真，相邻爆破荷载间的时间间隔取 0.25s，以保证每次爆破荷载输入后边坡的安全系数已经稳定。

图 7-21 为计算所得不同爆破次数下的边坡安全系数时程曲线，图 7-22 为多次爆破下边坡安全系数演化规律。显然，若不考虑结构面力学性质的劣化对安全系数的影响，不同次爆破荷载输入下，边坡安全系数时程曲线应始终与图 7-20 中所示未考虑劣化的安全系数时程曲线一致，最终稳定的安全系数值也等于边坡的静力安全系数。而考虑了结构面力学性质劣化的情况下，不同次爆破荷载输入下边坡的安全系数时程曲线是不重叠的，并表现为边坡安全系数的时程曲线呈总体下移趋势，且每次爆破后最终稳定的安全系数也不断下降。这一点可以从图 7-22 中可以看出，每次爆破结束后，边坡安全系数最终稳定值大约呈线性减小。与此同时，瞬时安全系数最大值包络线表现为下降趋势，其瞬时安全系数最小值包络线则为先上升后减小，且瞬时安全系数变化幅度不断减小。这与边坡的"共振"现象有关。含结构面的岩体的自振频率可以估算为

$$f = \frac{1}{2\pi}\left(\frac{kl}{m}\right)^{1/2} \tag{7-7}$$

式中，k 为节理刚度；l 为节理接触长度；m 为岩石的总质量。

在动荷载循环作用下，节理刚度发生退化，即 k 减小。上部滑体向临空面方向滑移，导致节理接触长度 l 也减小。两者都将导致边坡的自振频率减小。参考文献［1］对边坡进行自振频率计算，得其初始自振频率为 24Hz。输入爆破荷载的主频率为 55Hz。爆破荷载反复作用下边坡自振频率逐步远离爆破荷载主频率，边坡的震荡程度逐步减弱，进而导致边坡安全系数的变化幅度不断减小。

边坡瞬时安全系数最大值和最小值的变化是安全系数变化幅度的减小和安全系数时程曲线的整体下移共同作用的结果。由于安全系数变化幅度的减小和安全系数时程曲线的下移都将导致瞬时安全系数最大值的减小，安全系数最大值是单调减小的。安全系数变化幅度减小会导致瞬时安全系数最小值的上升，而安

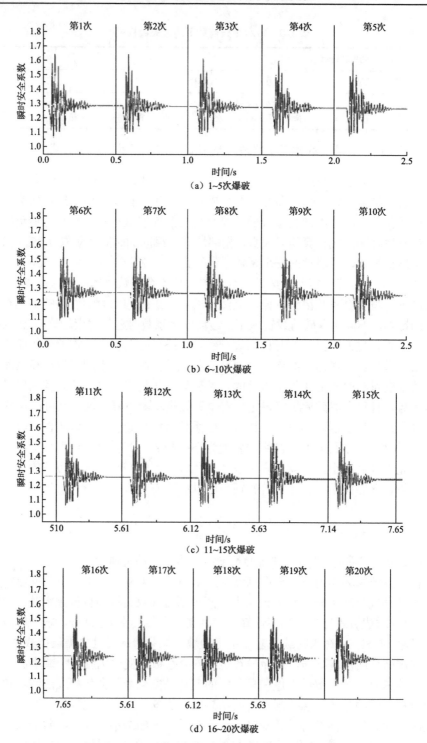

图 7-21 不同爆破次数下的边坡安全系数时程曲线

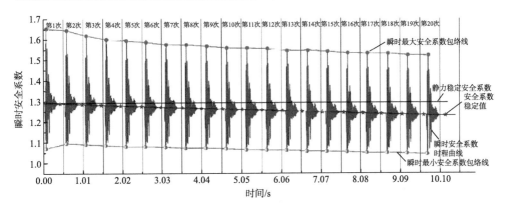

图 7-22　多次爆破下边坡安全系数演化规律

全系数时程曲线下移将导致瞬时安全系数最小值的减小。在第 2 次爆破时，安全系数时程曲线变化幅度减小较快，瞬时安全系数最小值的变化受其控制而上升。随后，安全系数时程曲线变化幅度减小速度减缓，瞬时安全系数最小值的变化转而受安全系数时程曲线下移控制而减小。

图 7-23 为边坡安全系数随爆破次数的变化情况。由图 7-23 可知，边坡动力稳定评价指标 F_d 在前两次爆破中呈增大趋势，其后 F_d 随爆破次数的增加呈波动减小趋势。从图 7-24（b）可以看出，每次爆破结束后边坡最终稳定的安全系数随爆破次数的增加呈线性减小趋势。分别对上述计算结果用幂函数进行拟合得到相关系数分别为 0.99 和 0.92 的拟合曲线的表达式，即

$$F_d(n) = -0.003\,09n + 1.291\,2 \tag{7-8}$$

$$F_{ss}(n) = -2.020\,4 \times 10^{-6}\,n^4 + 9.37 \times 10^{-4}\,n^3 - 0.001\,47n^2 + 0.007\,13n + 1.149\,5 \tag{7-9}$$

上述两点结论表明：边坡在多次爆破荷载作用下，在前几次爆破中，尤其是第 2 次爆破，其发生动力型失稳的可能性较小；随着爆破次数的增加，边坡发生动力型失稳的可能性越来越大，发生后发型失稳的可能性也越来越大。

综合上述研究，可得到多次爆破荷载作用下边坡稳定性发展的概念模式，如图 7-24 所示。其具体表现如下。

（1）瞬时安全系数最大值呈单调下降趋势。其中前 4 次爆破下降较快，其后下降缓慢。

（2）瞬时安全系数最小值表现为先增加后减小，且其在第 2 次爆破中以较快速度增加，其后缓慢减小。

（3）每次爆破结束后安全系数稳定值呈线性减小，表明每次爆破后结构面发生了累积损伤劣化，边坡发生后发型失稳的可能性越来越大。

（4）边坡动力稳定评价指标先增大后波动减小，动力稳定评价指标在第 2 次爆破中以较快速度增加，其后波动减小。这表明边坡发生动力型失稳的可能性总体随着爆破次数的增加而增大。

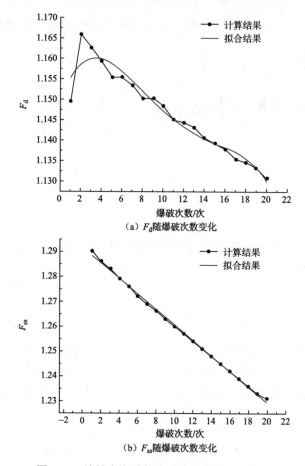

（a）F_d随爆破次数变化

（b）F_{ss}随爆破次数变化

图 7-23　边坡安全系数随爆破次数的变化情况

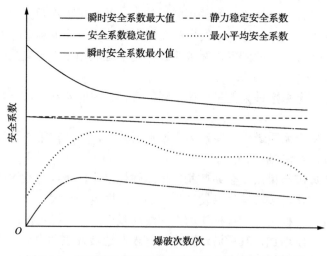

图 7-24　多次爆破荷载作用下边坡稳定性演化概念模式

7.3　小　　结

　　本章首先通过完全非线性动力反应分析方法对爆破荷载引起的边坡动力响应规律进行了研究，其后又采用离散元研究了爆破荷载作用下含优势结构面天然岩质边坡的稳定性演化规律，并得到以下结论：

　　（1）爆破荷载作用下边坡的水平速度响应总体上随距爆源距离的增大而减小。爆破荷载下边坡水平速度的高程放大效应不明显，仅在局部出现，但临空面放大效应明显，边坡水平速度峰值随测点离临空面距离增大较好地呈负指数形式衰减。边坡速度、位移的振动频率随着离爆源距离的增加而迅速减小，边坡的低通滤波效应明显。

　　（2）爆破荷载对边坡的影响范围有限，不会扩展至整个边坡。其高程影响范围大致等于动荷载输入面的尺度，水平距离大致等于动荷载输入面尺度 2 倍的范围内。

　　（3）在爆破荷载作用下，边坡各级台阶的坡脚，尤其是最低一级台阶的坡脚是最容易发生疲劳破坏的部位，在进行边坡抗疲劳设计时应重点设防。平台的设置对边坡抗疲劳损伤十分有利，在设置平台的条件下，边坡的位移、速度、应力响应均大大减小。

　　（4）在多次爆破荷载作用下，每次爆破结束后安全系数稳定值呈线性减小，表明每次爆破后结构面发生了累积损伤劣化，边坡发生后发型失稳的可能性越来越大。

　　（5）在多次爆破荷载作用下，边坡动力稳定评价指标（最小平均安全系数）表现为先增大后波动减小的趋势。其动力稳定评价指标在第 2 次爆破中以较快速度增加，其后以波动减小，表明边坡发生动力型失稳的可能性总体也随着爆破次数的增加而增大。

参 考 文 献

[1] 陈育民，徐鼎平. FLAC/FLAC3D 基础与工程实例 [M]. 北京：中国水利水电出版社，2009.

[2] 祁生文，伍法权，严福章，等. 岩质边坡动力反应分析 [M]. 北京：科学出版社，2007.

[3] 徐光兴. 地震作用下边坡工程动力响应与永久位移分析 [D]. 重庆：西南交通大学，2010.

[4] 徐光兴，姚令侃，李朝红，等. 边坡地震动力响应规律及地震动参数影响研究 [J]. 岩土工程学报，2008，30（6）：918-923.

[5] 蔡汉成. 边坡地震动力响应及其破坏机制研究 [D]. 兰州：兰州大学，2011.

[6] 夏祥，李俊如，李海波，等. 爆破荷载作用下岩体振动特征的数值模拟 [J]. 岩土力学，2005，26（1）：50-56.

[7] 刘亚群，李海波，李俊如，等. 爆破荷载作用下黄麦岭磷矿岩质边坡动态响应的 UDEC 模拟研究 [J]. 2004, 23 (21): 3659-3663.

[8] 肖建清. 循环荷载作用下岩石疲劳特性的理论与试验研究 [D]. 长沙：中南大学，2009.

[9] 葛修润. 岩石疲劳破坏的变形控制律、岩土力学试验的实时 X 射线 CT 扫描和边坡坝基抗滑稳定分析的新方法 [J]. 岩土工程学报，2008, 30 (1): 1-20.

[10] 彭军. 交通荷载作用下岩质边坡疲劳稳定性研究 [D]. 福州：福州大学，2009.

[11] 孙广忠. 岩体结构力学 [M]. 北京：科学出版社，1988.

[12] 王存玉，王思敬. 边坡模型振动试验研究 [M] //中国科学院地质研究所. 岩体工程地质力学问题（七）. 北京：科学出版社，1986.

[13] 倪卫达，唐辉明，刘晓，等. 考虑结构面震动劣化的岩质边坡动力稳定分析 [J]. 岩石力学与工程学报，2013, 32 (3): 492-500.

[14] 郑颖人，陈祖煜，王恭先，等. 边坡与滑坡工程治理 [M]. 北京：人民交通出版社，2007.

[15] NEWMARK N M. Effects of earthquakes on dams and embankments [J]. Géotechnique, 1965, 15 (2): 139-160.

[16] 刘汉龙，费康，高玉峰. 边坡地震稳定性时程分析方法 [J]. 岩土力学，2003, 24 (4): 553-556.